ドメイン駆動設計入門

ボトムアップでわかる! ドメイン駆動設計の基本

成瀬 允宣 著

本書内容に関するお問い合わせについて

このたびは翔泳社の書籍をお買い上げいただき、誠にありがとうございます。
弊社では、読者の皆様からのお問い合わせに適切に対応させていただくため、以下のガイドラインへのご協力をお願い致しております。
下記項目をお読みいただき、手順に従ってお問い合わせください。

ご質問される前に
弊社Webサイトの「正誤表」をご参照ください。これまでに判明した正誤や追加情報を掲載しています。

正誤表　https://www.shoeisha.co.jp/book/errata/

ご質問方法
弊社 Web サイトの「刊行物Q&A」をご利用ください。

刊行物 Q&A　https://www.shoeisha.co.jp/book/qa/

インターネットをご利用でない場合は、FAXまたは郵便にて、下記翔泳社愛読者サービスセンターまでお問い合わせください。電話でのご質問は、お受けしておりません。

回答について
回答は、ご質問いただいた手段によってご返事申し上げます。ご質問の内容によっては、回答に数日ないしはそれ以上の期間を要する場合があります。

ご質問に際してのご注意
本書の対象を越えるもの、記述個所を特定されないもの、また読者固有の環境に起因するご質問等にはお答えできませんので、予めご了承ください。

郵便物送付先およびFAX番号
送付先住所　〒160-0006　東京都新宿区舟町5
FAX 番号　03-5362-3818
宛先　㈱翔泳社 愛読者サービスセンター

※本書に記載されたURL等は予告なく変更される場合があります。
※本書の対象に関する詳細はvページをご参照ください。
※本書の出版にあたっては正確な記述につとめましたが、著者や出版社などのいずれも、本書の内容に対してなんらかの保証をするものではなく、内容やサンプルに基づくいかなる運用結果に関してもいっさいの責任を負いません。
※本書に掲載されているサンプルプログラムやスクリプト、および実行結果を記した画面イメージなどは、特定の設定に基づいた環境にて再現される一例です。
※本書に記載されている会社名、製品名はそれぞれ各社の商標および登録商標です。
※本書の内容は、2020年1月執筆時点のものです。

Preface

はじめに

開発者にとってドメイン駆動設計を学ぶことはその後のエンジニアリングに対するスタンスを変えうるほどの大きな学びです。

ドメイン駆動設計のコンセプトは単純です。ビジネスの問題を解決するためにビジネスの理解を進め、ビジネスの表現をする。ビジネスとコードを結びつけて継続的かつ反復的な改良を施せるように枠組みを作ることにより、ソフトウェアをより役立つものにしようというものです。いわば、ソフトウェアシステムにおいて当たり前のことを行おうとしています。

しかし、いざドメイン駆動設計を学ぼうとした初学者の多くは、その難解さに打ちのめされてしまいます。なぜ打ちのめされてしまうのでしょうか。その原因は多種多様な専門用語の難しさにあるのではないかと考えます。

ドメイン駆動設計の解説はユビキタス言語という用語の解説から始まります。ページを少しめくってみればドメインエキスパートという言葉を筆頭に、境界付けられたコンテキスト、エンティティ、値オブジェクトといった多くの専門用語が現れます。これらの用語は当然のことながら、初学者にとっては初めて見聞きするものです。専門用語の中には多くの予備知識を前提とするものが存在し、ほとんど恐怖と似たような感情を思い起こさせ、理解を妨げてしまっています

人が恐怖する原因をご存知でしょうか。

人は知らないことに恐怖します。たとえ風に揺れるカーテンも、正体を知らなければ幽霊になり替わります。まさにドメイン駆動設計の専門用語は幽霊で、恐怖を与えるものに違いありません。恐怖は人を鈍らせます。恐怖は人を遠ざけます。

幽霊が怖い理由はもちろん、その正体がわからないからです。怖さを和らげるためにすべきことは単純です。幽霊の正体を確かめて、それがカーテンであることを知ってしまえばよいのです。

ドメイン駆動設計を学習するうえで登場する用語は大別すると２種類に分かれます。ソフトウェアにとって重要な概念を抽出するためのモデリングと概念を実装に落とし込むためのパターンです。モデリングに関しては言葉による説明を理解し実践して学ぶほかありませんが、パターンに関しては詳細なサンプルをもって説明できます。開発者にとって理解しやすいのはもちろん後者です。

そこで本書はモデリングについてはいったん棚上げにして、具体的なコードをベースにパターンを集中的に解説し、全体を通して最終的なコードを提示します。どこかへ行こうとするとき、目的地がわからないということはとても不安を覚えます。本書が提示するコードは明確な形をもった目的地としてあなたの道しるべになるものです。

本書はパターンを解説することに重きを置いています。しかし、これはパターンを実践することがすなわちドメイン駆動設計の実践であり、そのすべてであるという主張をしているわけではありません。本書が目的としているのは、ドメイン駆動設計という巨大な試練に立ち向かうための準備です。ある知識を理解しようとするとき、また別の知識が手掛かりとなることは多く、なるほど知識は連鎖するものです。ドメイン駆動設計という大きなテーマと対峙する準備として必要なことは、あらかじめ理解の領地を広げておくことです。

本書から得られるパターンに関しての理解はモデリングを含めたドメイン駆動設計の全貌を理解するのに役に立つものです。これからドメイン駆動設計の世界を旅するあなたの武器となるでしょう。

よりよいソフトウェアを開発するために、開発者として一段と高みへ上るために、あなたがドメイン駆動設計を学ぶことを選んだのは間違いではありません。

2020年1月吉日

成瀬允宣

Acknowledgments 謝辞

本書を執筆するにあたり、多くの方々に助けをいただき、支えていただきました。

末安 章花氏の熱烈な後押しがなければ本書は始まりませんでした。
大平 道介氏が背中を押さなければここまではたどり着けませんでした。
林 宏勝氏の丁寧な査読は多くの言葉に磨きをかけました。
森 怜峰氏の鋭いコメントはその度に大幅な加筆につながりました。
松岡 幸一郎氏の芯の通った考えは筆者の考察をより強固にしました。
加藤 潤一氏の忌憚ない意見は考察の機会を与えてくれました。
増田 亨氏の言葉は筆者に勇気を与えてくれました。

貴重な時間を惜しみなく費やし、支えてくれた彼等に感謝を。
そして私を励まし続けてくれた妻に感謝を。

Introduction 本書の対象読者

本書は主にオブジェクト指向プログラミング言語を用いているソフトウェア開発者向けに書かれていますが、これはドメイン駆動設計を実践するにはオブジェクト指向プログラミング言語が必須であるということを意味しません。オブジェクト指向以外のパラダイムをもつ言語であっても、本書のエッセンスをソフトウェア開発に役立てることは可能です。

本書を読み進めるには一般的なオブジェクト指向プログラミングの基礎知識が必要です。具体的に求められるレベルとしては、クラスとインスタンスについての理解が必要です。他にはインターフェース（抽象型）機能をふんだんに利用しているので、インターフェースを用いたポリモーフィズムの処理の流れは理解しておくと読み進める助けになります。

本書で取り扱うサンプルコードのプログラミング言語はC#を採用しています。C#は一般的なオブジェクト指向プログラミング言語としての機能を網羅しており、また記述方法にあまり癖がない言語と考えているからです。たとえC#についてまったく知識がなかったとしても、オブジェクト指向プログラミング言語を利用している開発者であれば読み換えることはそう難しいことでないでしょう。

いずれにせよ深い知識は必要なく、コードを書くことを生業とする読者であれば読み進めることは可能でしょう。

Introduction 取り扱うC#特有の構文

本書ではいくつか C#特有の構文が利用されています。いずれも冗長さを排除するための記述ですが、事前にここで解説をしておきます。

readonly

フィールド（インスタンス変数）に再代入される可能性があるか否かというのは貴重な情報です。再代入が不可能であれば、その値が変化したときのことを考慮せずに済みます。

C#ではインスタンス変数に readonly 修飾子を付けることで再代入を不可能にできます。

リスト 1：readonly 修飾子を用いたフィールドの定義

```
class MyClass
{
  private readonly string invariant; // 再代入不可能
  private string variant; // 再代入可能
  (…略…)
}
```

なお、readonly で修飾されたインスタンス変数はコンストラクタ以外で代入を行うことができません。

リスト2：readonly への代入

```
class MyClass
{
  private readonly string value;

  public MyClass(string value) {
    this.value = value; // OK
  }

  public void ChangeValue(string value) {
    this.value = value; // コンパイルエラー
  }
}
```

プロパティ

プロパティはフィールドに外部からアクセスするための機能です。**リスト 3**のように定義すると内部でフィールドが自動実装され、アクセスできるようになります。

リスト 3：プロパティによる定義

```
class MyClass
{
  public string Property { get; private set;}
}
```

プロパティは値を取得するためのゲッターと値を設定するためのセッターを定義できます。ゲッターとセッターはそれぞれ異なるアクセス修飾子を設定できます。ゲッターのみを定義した場合は読み取り専用のプロパティになり、コンストラクタでのみ代入が可能になります。

またゲッターやセッターはメソッドのようにふるまいをもたせることも可能です。

リスト 4：ふるまいをもったプロパティ

```
class MyClass
{
  private string property;

  public string Property
  {
    get { return property; }
    set { property = value; }
  }
}
```

using 句

ファイルなどのリソースを保持するオブジェクトは、オブジェクトが不要になったときにリソースを解放するために、終了処理を実行する必要があります。C# ではそういった終了処理を確実に呼び出すために using 句を利用します。

using 句はオブジェクトのスコープを明示し、スコープから抜ける際にそのオブジェクトの終了処理を呼び出します。

リスト5：using句を用いたリソースの取得

```
using(var connection = new SqlConnection(connectionString))
{
    (…略…)
}
```

using句に指定されるオブジェクト（**リスト5**でいうところのSqlConnection）はIDisposableインターフェースを実装する必要があります。スコープを抜ける際にIDisposableインターフェースのDisposeメソッドが呼び出されます。

DDD Introduction 本書のサンプルの動作環境とサンプルプログラムについて

本書の第14章のサンプルは**表1**の環境で、問題なく動作することを確認しています。

項目	内容
OS	Windows 10 Home
IDE	Visual Studio 16.4

表1：実行環境

付属データのご案内

付属データは、以下のサイトからダウンロードできます。

・付属データのダウンロードサイト

URL https://github.com/nrslib/itddd

注意

付属データに関する権利は著者および株式会社翔泳社が所有しています。許可なく配布したり、Webサイトに転載したりすることはできません。

付属データの提供は予告なく終了することがあります。予めご了承ください。

会員特典データのご案内

会員特典データは、以下のサイトからダウンロードして入手いただけます。

・会員特典データのダウンロードサイト

URL https://www.shoeisha.co.jp/book/present/9784798150727

注意

会員特典データをダウンロードするには、SHOEISHA iD（翔泳社が運営する無料の会員制度）への会員登録が必要です。詳しくは、Webサイトをご覧ください。

会員特典データに関する権利は著者および株式会社翔泳社が所有しています。許可なく配布したり、Webサイトに転載したりすることはできません。

会員特典データの提供は予告なく終了することがあります。予めご了承ください。

免責事項

付属データおよび会員特典データの記載内容は、2020年1月現在の法令等に基づいています。

付属データおよび会員特典データに記載されたURL等は予告なく変更される場合があります。

付属データおよび会員特典データの提供にあたっては正確な記述につとめましたが、著者や出版社などのいずれも、その内容に対して何らかの保証をするものではなく、内容やサンプルに基づくいかなる運用結果に関してもいっさいの責任を負いません。

付属データおよび会員特典データに記載されている会社名、製品名はそれぞれ各社の商標および登録商標です。

著作権等について

付属データおよび会員特典データの著作権は、著者および株式会社翔泳社が所有しています。個人で使用する以外に利用することはできません。許可なくネットワークを通じて配布を行うこともできません。個人的に使用する場合は、ソースコードの改変や流用は自由です。商用利用に関しては、株式会社翔泳社へご一報ください。

2020年1月

株式会社翔泳社　編集部

目次

はじめに ... iii
謝辞 ... v
本書の対象読者 ... v
取り扱うC#特有の構文 ... vi
本書のサンプルの動作環境とサンプルプログラムについて ... viii

Chapter 1 ドメイン駆動設計とは 001

1.1 ドメイン駆動設計とは何か ... 002
1.2 ドメインの知識に焦点をあてた設計手法 ... 003
1.2.1 ドメインモデルとは何か ... 004
1.2.2 知識をコードで表現するドメインオブジェクト ... 006
1.3 本書解説事項と目指すゴール ... 007
COLUMN ドメイン駆動設計の実践を難しくするもの ... 009
1.4 本書で解説するパターンについて ... 010
1.4.1 知識を表現するパターン ... 011
1.4.2 アプリケーションを実現するためのパターン ... 011
1.4.3 知識を表現する、より発展的なパターン ... 012
COLUMN なぜいま、ドメイン駆動設計か ... 014

Chapter 2 システム固有の値を表現する「値オブジェクト」 015

2.1 値オブジェクトとは ... 016
2.2 値の性質と値オブジェクトの実装 ... 019
2.2.1 不変である ... 019
COLUMN 不変のメリット ... 021
2.2.2 交換が可能である ... 022
2.2.3 等価性によって比較される ... 023
2.3 値オブジェクトにする基準 ... 028
2.4 ふるまいをもった値オブジェクト ... 033
2.4.1 定義されないからこそわかること ... 035
2.5 値オブジェクトを採用するモチベーション ... 036
2.5.1 表現力を増す ... 037
2.5.2 不正な値を存在させない ... 039

2.5.3 誤った代入を防ぐ 040
2.5.4 ロジックの散在を防ぐ 043
2.6 まとめ 046

Chapter 3 ライフサイクルのあるオブジェクト「エンティティ」 047

3.1 エンティティとは 048
3.2 エンティティの性質について 049
3.2.1 可変である 049
COLUMN セーフティネットとしての確認 052
3.2.2 同じ属性であっても区別される 052
3.2.3 同一性をもつ 055
3.3 エンティティの判断基準としてのライフサイクルと連続性 058
3.4 値オブジェクトとエンティティのどちらにもなりうるモデル 059
3.5 ドメインオブジェクトを定義するメリット 059
3.5.1 コードのドキュメント性が高まる 060
3.5.2 ドメインにおける変更をコードに伝えやすくする 062
3.6 まとめ 063

Chapter 4 不自然さを解決する「ドメインサービス」 065

4.1 サービスが指し示すもの 066
4.2 ドメインサービスとは 066
4.2.1 不自然なふるまいを確認する 067
4.2.2 不自然さを解決するオブジェクト 069
4.3 ドメインサービスの濫用が行き着く先 070
4.3.1 可能な限りドメインサービスを避ける 072
4.4 エンティティや値オブジェクトと共に
ユースケースを組み立てる 073
4.4.1 ユーザエンティティの確認 073
4.4.2 ユーザ作成処理の実装 075
COLUMN ドメインサービスの基準 078
4.5 物流システムに見るドメインサービスの例 079
4.5.1 物流拠点のふるまいとして定義する 079
4.5.2 輸送ドメインサービスを定義する 081
COLUMN ドメインサービスの命名規則 082
4.6 まとめ 083

Chapter 5 データにまつわる処理を分離する「リポジトリ」 085

5.1 リポジトリとは 086
COLUMN リポジトリはドメインオブジェクトを際立たせる 087
5.2 リポジトリの責務 087
5.3 リポジトリのインターフェース 092
COLUMN nullの是非とOption型 094
5.4 SQLを利用したリポジトリを作成する 094
5.5 テストによる確認 098
5.5.1 テストに必要な作業を確認する 099
5.5.2 祈り信者のテスト理論 099
5.5.3 祈りを捨てよう 100
5.6 テスト用のリポジトリを作成する 100
5.7 オブジェクトリレーショナルマッパーを用いたリポジトリを作成する 104
5.8 リポジトリに定義されるふるまい 108
5.8.1 永続化に関するふるまい 108
5.8.2 再構築に関するふるまい 109
5.9 まとめ 111

Chapter 6 ユースケースを実現する「アプリケーションサービス」 113

6.1 アプリケーションサービスとは 114
COLUMN アプリケーションサービスという名前 114
6.2 ユースケースを組み立てる 115
6.2.1 ドメインオブジェクトから準備する 115
6.2.2 ユーザ登録処理を作成する 119
6.2.3 ユーザ情報取得処理を作成する 120
COLUMN 煩わしさを減らすために 127
6.2.4 ユーザ情報更新処理を作成する 127
COLUMN エラーかそれとも例外か 133
6.2.5 退会処理を作成する 134
6.3 ドメインのルールの流出 135
6.4 アプリケーションサービスと凝集度 144
6.4.1 凝集度が低いアプリケーションサービス 147
6.5 アプリケーションサービスのインターフェース 153
6.6 サービスとは何か 155

6.6.1 サービスは状態をもたない 156
6.7 まとめ 157

Chapter 7 柔軟性をもたらす依存関係のコントロール 159

7.1 技術要素への依存がもたらすもの 160
7.2 依存とは 161
7.3 依存関係逆転の原則とは 165
7.3.1 抽象に依存せよ 166
7.3.2 主導権を抽象に 167
7.4 依存関係をコントロールする 168
7.4.1 Service Locatorパターン 170
7.4.2 IoC Containerパターン 175
7.5 まとめ 178

Chapter 8 ソフトウェアシステムを組み立てる 179

8.1 ソフトウェアに求められるユーザーインターフェース 180
COLUMN ソフトウェアとアプリケーションの使い分け 180
8.2 コマンドラインインターフェースに組み込んでみよう 181
COLUMN シングルトンパターンと誤解 182
8.2.1 メインの処理を実装する 183
8.3 MVCフレームワークに組み込んでみよう 185
8.3.1 依存関係を設定する 186
8.3.2 コントローラを実装する 192
COLUMN コントローラの責務 195
8.4 ユニットテストを書こう 196
8.4.1 ユーザ登録処理のユニットテスト 196
8.5 まとめ 203
COLUMN 本当に稀な怪談話 204

Chapter 9 複雑な生成処理を行う「ファクトリ」 205

9.1 ファクトリの目的 206
9.2 採番処理をファクトリに実装した例の確認 207
COLUMN ファクトリの存在に気づかせる 213

9.2.1 自動採番機能の活用 214
9.2.2 リポジトリに採番用メソッドを用意する 216
9.3 ファクトリとして機能するメソッド 218
9.4 複雑な生成処理をカプセル化しよう 220
COLUMN ドメイン設計を完成させるために必要な要素 221
9.5 まとめ 221

Chapter 10 データの整合性を保つ 223

10.1 整合性とは 224
10.2 致命的な不具合を確認する 225
10.3 ユニークキー制約による防衛 228
10.3.1 ユニークキー制約を重複確認の主体としたときの問題点 228
10.3.2 ユニークキー制約との付き合い方 230
10.4 トランザクションによる防衛 231
10.4.1 トランザクションを取り扱うパターン 232
10.4.2 トランザクションスコープを利用したパターン 235
10.4.3 AOPを利用したパターン 237
10.4.4 ユニットオブワークを利用したパターン 239
COLUMN 結局どれを使うべきか 250
10.4.5 トランザクションが引き起こすロックについて 250
10.5 まとめ 250

Chapter 11 アプリケーションを1から組み立てる 251

11.1 アプリケーションを組み立てるフロー 252
11.2 題材とする機能 252
11.2.1 サークル機能の分析 253
11.3 サークルの知識やルールをオブジェクトとして準備する 253
11.4 ユースケースを組み立てる 258
11.4.1 言葉との齟齬が引き起こす事態 262
11.4.2 漏れ出したルールがもたらすもの 263
11.5 まとめ 266

Chapter 12 ドメインのルールを守る「集約」 267

12.1 集約とは 268
12.1.1 集約の基本的構造 268
COLUMN 集約を保持するコレクションを図に表すか 272
12.1.2 オブジェクトの操作に関する基本的な原則 273
12.1.3 内部データを隠蔽するために 276
COLUMN よりきめ細やかなアクセス修飾子（Scala） 280
12.2 集約をどう区切るか 280
12.2.1 IDによるコンポジション 285
COLUMN IDのゲッターに対する是非 288
12.3 集約の大きさと操作の単位 289
COLUMN 結果整合性 290
12.4 言葉との齟齬を消す 291
12.5 まとめ 292

Chapter 13 複雑な条件を表現する「仕様」 293

13.1 仕様とは 294
13.1.1 複雑な評価処理を確認する 294
13.1.2 「仕様」による解決 297
13.1.3 リポジトリの使用を避ける 299
13.2 仕様とリポジトリを組み合わせる 302
13.2.1 お勧めサークルに見る複雑な検索処理 302
13.2.2 仕様による解決法 304
13.2.3 仕様とリポジトリが織りなすパフォーマンス問題 307
13.2.4 複雑なクエリは「リードモデル」で 309
COLUMN 遅延実行による最適化 314
13.3 まとめ 316

Chapter 14 アーキテクチャ 317

14.1 アーキテクチャの役目 318
14.1.1 アンチパターン：利口なUI 318
14.1.2 ドメイン駆動設計がアーキテクチャに求めること 321
14.2 アーキテクチャの解説 322
14.2.1 レイヤードアーキテクチャとは 322

14.2.2 ヘキサゴナルアーキテクチャとは 334
14.2.3 クリーンアーキテクチャとは 338
14.3 まとめ 342

Chapter 15 ドメイン駆動設計のとびらを開こう 343

15.1 軽量DDDに陥らないために 344
COLUMN パターンの濫用とパターンを捨てるとき 344
15.2 ドメインエキスパートとモデリングをする 345
15.2.1 本当に解決すべきものを見つけよう 347
15.2.2 ドメインとコードを結びつけるモデル 348
15.3 ユビキタス言語 349
15.3.1 深い洞察を得るために 352
15.3.2 ユビキタス言語がコードの表現として使われる 353
COLUMN ユビキタス言語と日本語の問題 354
15.4 境界付けられたコンテキスト 355
15.5 コンテキストマップ 360
15.5.1 テストがチームの架け橋に 362
15.6 ボトムアップドメイン駆動設計 363
15.7 まとめ 364

Appendix 付録 ソリューション構成 365

A.1 ソフトウェア開発の最初の一歩 366
COLUMN C#特有のプロジェクト管理用語 366
A.1.1 ドメインレイヤーのパッケージ構成 367
A.1.2 アプリケーションレイヤーのパッケージ構成 369
A.1.3 インフラストラクチャレイヤーのパッケージ構成 370
A.2 ソリューション構成 370
A.2.1 すべてを別のプロジェクトにする 371
A.2.2 アプリケーションとドメインだけ同じプロジェクトにする 372
A.2.3 言語機能が与える影響 373
A.3 まとめ 373

参考文献 374
INDEX 374

ドメイン駆動設計とは

ドメイン駆動設計が目指すゴールと本書が目指すゴールを確認します。

ドメイン駆動設計はエリック・エヴァンス氏が提唱する設計手法です。書籍『エリック・エヴァンスのドメイン駆動設計』に端を発したこの考えは、いまやソフトウェア開発の世界に大きな影響を与えています。
本章ではまずドメイン駆動設計が何かを知ることから始め、本書が提示するゴールとそこへの道のりを確認します。各章で紹介するトピックの概要とそれらの関係性についての説明は本書を読み進めるあなたの道しるべとなるでしょう。

DDD 1.1 ドメイン駆動設計とは何か

ソフトウェアを開発するとき、私たちは新たに何かを学びます。たとえば会計システムを開発するのであれば経理について学ぶでしょう。物流システムを開発するのであれば輸送や配送について学びます。ソフトウェアシステムを開発する上で学んだ知識は汎用的な知識であることもあれば、ある組織特有の知識である場合もあります。

開発者はソフトウェアの利用者を取り巻く世界について基本的に無知です。彼らの問題を解決するために開発者が彼らの世界を学ぶことは当然ながら必要なことです。しかしながら、そのようにして学んだ知識がそのままソフトウェア開発の役に立つことは稀です。

たとえば物流システムを例に考えてみましょう。トラックの積載容量や燃費などの概念は物流システムにとって利用価値の高い知識です。しかし、トラックの語源がラテン語のtrochusで、その意味は「鉄の輪」であるといった知識は物流システムにとってほとんど無価値でしょう。知識は取捨選択される必要があります。

利用者にとって役に立つソフトウェアを開発するためには、価値ある知識と無価値な知識を慎重に選り分けて、選び抜かれた知識をコードに落とし込む必要があります。そうした手順を踏んで作り上げられたコードは有用な知識が込められたドキュメントの様相を呈してきます。

開発者がソフトウェアを開発するために必要な知識と不要な知識を選り分けるには何が必要でしょうか。当たり前のことですが、ソフトウェアの利用者を取り巻く世界について知る必要があります。ソフトウェアの利用者にとって重要な知識が何であるのかは、その世界の有り様に左右されるのです。価値あるソフトウェアを構築するためには利用者の問題を見極め、解決するための最善手を常に考えていく必要があります。ドメイン駆動設計はそういった洞察を繰り返しながら設計を行い、ソフトウェアの利用者を取り巻く世界と実装を結びつけることを目的としています。

あなたが学んだ知識はそれが何であろうと、貴重なあなたの人生の時間をいくばくか費やした、とても大切なものです。知識がコードに埋め込まれ、ソフトウェアとなって直接的に誰かを支援する。そこに喜びを覚えない開発者はいないでしょう。ドメイン駆動設計はまさに知識をコードへ埋め込むことを実現するのです（**図1.1**）。

図1.1：知識をコードへ

DDD 1.2 ドメインの知識に焦点をあてた設計手法

ドメイン駆動設計はその名のとおり、ドメインの知識に焦点をあてた設計手法です。この説明はすぐに次の疑問を呼び起こします。すなわち「ドメインとは何か」という疑問です。まずはしっかりとドメインという言葉が何なのかということから確認をしていきます。

ドメインは「領域」の意味をもった言葉です。ソフトウェア開発におけるドメインは、「プログラムを適用する対象となる領域」を指します。重要なのはドメインが何かではなく、ドメインに含まれるものが何かです。

たとえば会計システムを例にしてみましょう。会計の世界には金銭や帳票といった概念が登場します。これらは会計システムのドメインに含まれます。物流システムであればどうでしょうか。会計システムとは打って変わって貨物や倉庫、輸送手段などの概念が存在し、それらがそのまま物流システムのドメインに含まれます。このようにドメインに含まれるものはシステムが対象とするものや領域によって大きく変化します（**図1.2**）。

次に「知識に焦点をあてる」というのはどういうことでしょうか。

ソフトウェアにはその利用者が必ず存在します。ソフトウェアの目的は利用者のドメインにおける何らかの問題の解決です。彼らが直面している問題を解決するには何が必要でしょうか。当たり前のことですが、「彼らが直面している問題」を正確に理解することが必要です。利用者が何に困っていて何を解決したいと考えているのかを知るには、彼らの考えや視点、取り巻く環境を真に理解する必要があります。つまりドメインと向き合う必要があるのです。

ドメインの概念や事象を理解し、その中から問題解決に役立つものを抽出して得

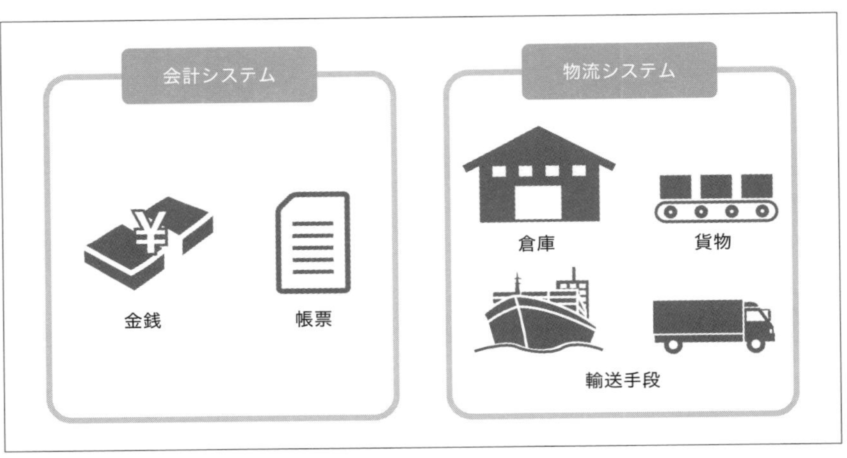

図1.2：システムごとのドメインに含まれる要素

られた知識をソフトウェアに反映する。こういったことはソフトウェアを開発する上で当たり前の行為です。しかし同時に技術指向の開発者であればあるほど疎かにしやすい工程でもあります。

たとえば最新のフレームワークや開発手法、最新技術といったワードは開発者の心を躍らせるものです。本来であれば問題を解決するにはその問題と向き合うことが求められますが、技術指向の開発者は技術的なアプローチで解決を図ろうとしてしまいがちです。結果としてできあがったものが的外れなソフトウェアでは目もあてられません。ピカピカのハンマーは開発者の目を曇らせ、見るものすべてを釘に変えてしまうのです。

こういった悲惨な結果を招かないためにも、ソフトウェアを適用する領域（ドメイン）と向き合い、そこに渦巻く知識に焦点をあてる必要があります。よく観察し、よく表現すること。ソフトウェアを構築する上で当たり前の行為です。しかし当たり前のことを実践することこそが難しいのです。ドメイン駆動設計のプラクティスはその実践を補佐するでしょう。ドメイン駆動設計はいわば当たり前を当たり前に実践するための開発手法なのです。

1.2.1 ドメインモデルとは何か

モデルという言葉は開発者にとって身近な言葉です。世に多く存在するソフトウェア開発に関する文献を紐解いてみれば、頻繁といっても差し支えないほどの頻度でモデルという言葉に出会えることでしょう。書籍『エリック・エヴァンスのドメイン駆動設計』においてもこれは同様で、モデルという言葉は第1部の部題（第1部　ドメインモデルを機能させる）に登場しています。

開発者にとって身近な存在のモデルですが、さてモデルとは何でしょうか。改めて問われると、案外答えづらいものではないでしょうか。

モデルとは現実の事象あるいは概念を抽象化した概念です。抽象は抽出して象るという言葉のとおり、現実をすべて忠実に再現しません。必要に応じて取捨選択を行います。何を取捨選択するかはドメインによります。

たとえばペンはどのような性質を抽出すべきでしょうか。小説家にとってペンは道具で、文字が書けることこそが大事な性質です。一方、文房具店にとってペンは商品です。文字が書けることよりも、その値段などが重要視されます。このことが指し示すのは、対象が同じものであっても何に重きを置くかは異なるということです（**図1.3**）。

図1.3：道具としてのペンと商品としてのペン

人の営みは根本的に複雑です。ドメインの概念を完全に表現しきることはとても難しいです。何かと制約の多いコードで表現するとなれば尚のことです。しかし、ソフトウェアがその責務を全うするために必要な情報に限定をすれば、コードで表現することも現実的になります。たとえば物流システムにおいて、トラックは「荷運びできる」ことを表現すればそれで十分です。「エンジンキーを回すとエンジンがかかる」といったことまで表現する必要はありません。

こういった事象、あるいは概念を抽象化する作業がモデリングと呼ばれます。その結果として得られる結果がモデルです。ドメイン駆動設計では、ドメインの概念をモデリングして得られたモデルをドメインモデルと呼びます。

ドメインモデルはこの世界に初めから存在しているわけではありません。ドメインの世界の住人はドメインの概念についての知識はあっても、ソフトウェアにとって重要な知識がどれかはわかりません。反対に開発者はソフトウェアにとって重要な知識を判別できても、ドメインの概念についての知識がありません。ドメインの問題を解決するソフトウェアを構築するために、両者は協力してドメインモデルを作り上げる必要があります。

1.2.2 知識をコードで表現するドメインオブジェクト

ドメインモデルはあくまでも概念を抽象化した知識にとどまります。残念ながら知識として抽出しただけでは問題を解決する力はありません。ドメインモデルは何かしらの媒体で表現されることで、問題解決の力を得ます。

ドメインモデルをソフトウェアで動作するモジュールとして表現したものがドメインオブジェクトです。

どのドメインモデルをドメインオブジェクトとして実装するかは重要な問題です。開発者は真に役立つモデルを選り分ける必要があります（**図1.4**）。長い時間をかけて作り上げたドメインモデルであっても、それが利用者の問題の解決に何ら関わりのないものであれば、ドメインオブジェクトとして実装することはただの徒労になってしまいます。

図1.4：ドメインモデルの取捨選択

ソフトウェアの利用者を取り巻く世界が常に凝り固まったものとは限りません。人の営みは移ろいやすく、ときの流れと共に変化します。変化の多くは軽微なものが積み重なるものですが、ときには常識すらも変わるでしょう。そんなときドメインオブジェクトがドメインモデルを忠実に表現していれば、ドメインの変化をコードに伝えることはたやすいです。

ドメインで起こった変化はまずドメインモデルに伝えられます。

ドメインの概念の射影であるドメインモデルは、変化を忠実に受け止めます。ドメインオブジェクトはドメインモデルの実装表現ですから、変化したドメインモデルと変化していないドメインオブジェクトの両者を見比べてみれば、自ずと修正点は浮き彫りになるでしょう。ドメインの変化はドメインモデルを媒介にして連鎖的にドメインオブジェクトまで伝えられるのです。

また反対にドメインオブジェクトがドメインに対する態度を変化させることもあります。プログラムは人の曖昧さを受け入れられません。ドメインに対する曖昧な理解は実装の障害となります。それを解決するにはドメインモデルを見直し、ひいてはドメインの概念に対する捉え方を変える必要があるでしょう。ドメインに対する鋭い洞察は実装時にも得られるものなのです。

かくしてドメインの概念とドメインオブジェクトはドメインモデルを媒介に繋がり、お互いに影響し合うイテレーティブ（反復的）な開発が実現されます（**図1.5**）。

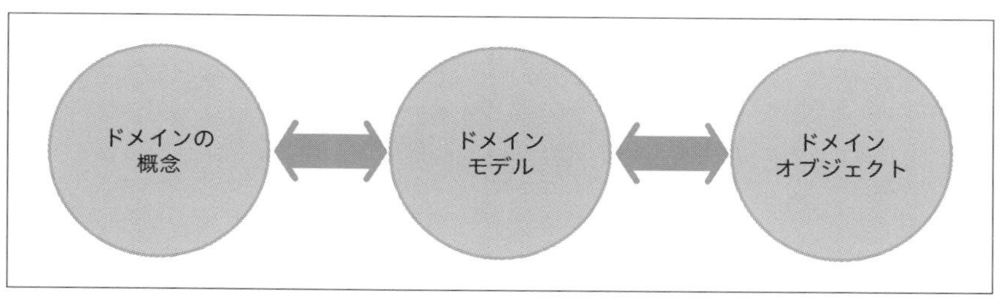

図1.5：イテレーティブな開発

DDD 1.3 本書解説事項と目指すゴール

ドメイン駆動設計を理解するのは難しいといわざるを得ません。ドメイン駆動設計の学習を進めるとまるで翻弄するかのように多くの概念や用語が出てきます。これは多くの初学者を混乱させ、恐怖に陥れます。

知識は連鎖するものです。ある知識を得るために、前提として異なる知識が求められることは多くあります。ドメイン駆動設計で語られる概念や用語を理解するためには、その結論に至る過程で得られる多くの前提知識を要求します。ひとつひとつは些細な知識であったとしても、それがいくつもとなると対応するのは難しいものです。

もうひとつ重大な問題があります。ドメイン駆動設計のプラクティスにはそもそも実践の難しいものが存在するということです。百聞は一見に如かずという言葉もあるとおり、知識を理解に落とし込むための最善の手段は実践です。残念ながらドメイン駆動設計のプラクティスには、実践するためにある程度の環境を要求するものも存在します。

とはいえ、理解が難しく実践も難しいとあってはいつまで経ってもドメイン駆動設計の世界に踏み込めません。そこで本書では概念の理解や実践が難しいものを一旦棚上げし、理解と実践がしやすい実装に関するパターンに集中してボトムアップで解説していきます。概念の前提となる知識も、その都度必要に応じて解説します。そうして少しずつ理解の領地を広げていって、ドメイン駆動設計の本質に立ち向かう準備を完了することをゴールとします（**図1.6**）。

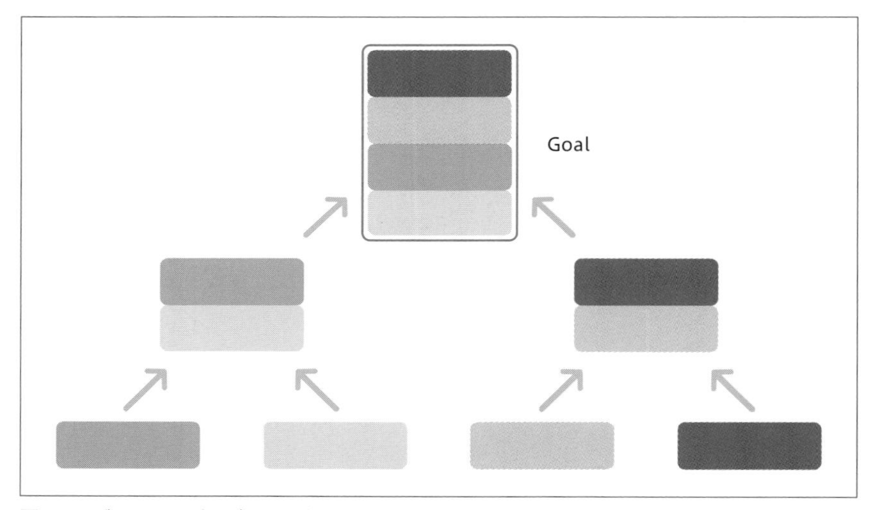

図1.6：ボトムアップでゴールに向かう

COLUMN

ドメイン駆動設計の実践を難しくするもの

ドメイン駆動設計はソフトウェア開発をテーマにしています。ソフトウェア開発の現場には実際に手を動かすかの違いがあるものの、関係者が複数存在します。したがって、ドメイン駆動設計のトピックは実装だけに留まらず、関係者とのコミュニケーションやチームビルディングと密接に関わるものが存在します。つまり開発者個人に収まらず、多くの関係者を巻き込む必要があるのです。

たとえばドメインモデルを形作る作業を開発者だけで完結することは不可能です。ドメインの概念に対する捉え方はドメインの実践者の視点が欠かせません。開発者はドメインの実践者の助力を得る必要があります。しかし、残念ながらそれが叶わない現場も多いでしょう。

もしあなたがそういった環境に置かれていても悲観することはありません。ドメイン駆動設計のすべてのトピックがそういった類のものとは限りません。ドメイン駆動設計はソフトウェア開発を包括的に取り扱った設計手法です。そこには開発者個人の裁量で実践できるプラクティスも多くあります。本書で学ぶパターンはまさに今すぐ実践できる類のものです。

ドメイン駆動設計に関わらず、設計にはある種の理想としての側面があります。重要なのは理想を無理やり現実に当て込むことではなく、現実に適合させるために取るべき手段を考え選択することです。理想を掲げ、妥協しなくてはならないときに、どこを妥協するのか悩むのもまたソフトウェア開発の楽しみ方の１つです。

ドメイン駆動設計は当たり前のことを当たり前にやるためのプラクティスです。当たり前とはどういうことなのか。それを実現するための手法を知っているのと知らないのでは大きな違いです。もし、あなたがドメイン駆動設計のすべてを実践できない環境にいたとしても、あなたが開発者として学びを得るためにドメイン駆動設計を選んだのは決して間違いではありません。

DDD 1.4 本書で解説するパターンについて

目的地を知らされずに道を辿ることは、さながら迷路を彷徨うようなものです。ドメイン駆動設計に関わらず、同じ道のりであっても、目的地までどれくらいなのか、いま自分がどこにいるのかさえわかっていればペース配分を考えられます。ここで一度、本書で学ぶドメイン駆動設計のパターンを俯瞰しておきましょう。

- 知識を表現するパターン
  - 値オブジェクト
  - エンティティ
  - ドメインサービス
- アプリケーションを実現するためのパターン
  - リポジトリ
  - アプリケーションサービス
  - ファクトリ
- 知識を表現する、より発展的なパターン
  - 集約
  - 仕様

これらはドメイン駆動設計に登場する代表的なパターンです。本書ではこの一覧の順序で解説していきます。

パターンはドメインの知識を表現するためのパターンとアプリケーションを実現するためのパターンに分けられます。これらの関係性を図に表したのが**図1.7**です。

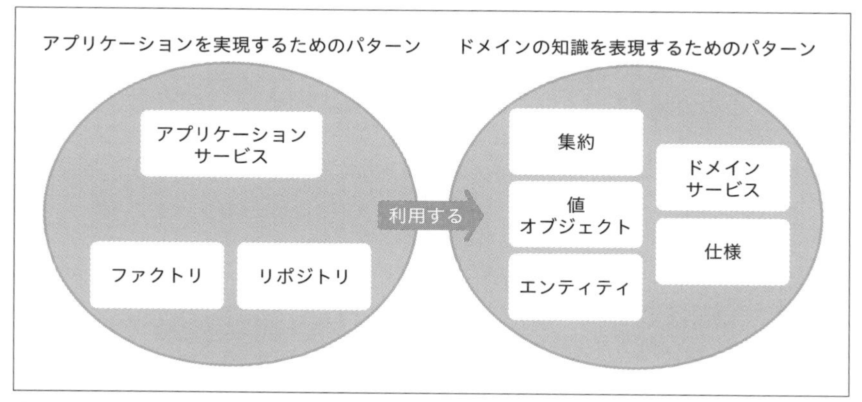

図1.7：用語の関連性

1.4.1 知識を表現するパターン

最初に解説するのは知識を表現するパターンです。まずはドメインの知識をオブジェクトとして表現するドメインオブジェクトを理解することから始めます。

値オブジェクト（第2章）はドメイン固有の概念（金銭や製造番号など）を値として表現するパターンです。その概念や目的はとても理解しやすいものです。まさにドメイン駆動設計を学ぶ足掛かりとして最適な概念です。

次に学ぶのはエンティティ（第3章）です。エンティティは値オブジェクトと同じくドメインの概念を表現するオブジェクトですが、値オブジェクトと対を為すような性質があります。値オブジェクトで学んだことはそのままエンティティを理解するのに役に立ちます。エンティティを学ぶのは値オブジェクトを学んだ直後が最適です。

ドメインサービス（第4章）は値オブジェクトやエンティティではうまく表現できない知識を取り扱うためのパターンです。値オブジェクトとエンティティがどういったもので、どういったことができるのかを確認してから学習に臨むと理解がしやすいため、値オブジェクトとエンティティを把握した後に学びます。

1.4.2 アプリケーションを実現するためのパターン

ドメインの知識を表現しただけではドメインの写しがコードとして表現されているだけに過ぎません。ソフトウェアに求められる必要は満たされていません。したがって、知識の表現方法を学んだ後は、利用者の必要を満たすアプリケーションを構築するための手法を学びます。

リポジトリ（第5章）はデータの保存や復元といった永続化や再構築を担当するオブジェクトです。データの永続化というとリレーショナルデータベースなどの具体的なデータストアが思い浮かびますが、リポジトリはそれらを抽象化するものです。データの永続化を抽象化することでアプリケーションは驚くほどの柔軟性を発揮します。

値オブジェクト・エンティティ・ドメインサービス・リポジトリの４つの要素で最低限の準備が整い、アプリケーションとして組み立てることができます。これらの要素を協調させ、アプリケーションとして成り立たせる場がアプリケーションサービス（第6章）と呼ばれるものです。本書ではアプリケーションサービスについて学んだのちに、実際に動作可能なWebアプリケーションへ組み込みを行います。

Webアプリケーションとして動作させるところまで確認した次はファクトリ（第９章）を学びます。ファクトリはオブジェクトを作る知識に特化したオブジェクトです。複雑な機構をもつものは得てしてその生成方法も複雑になりがちで、それはドメインオブジェクトであっても同じです。複雑なオブジェクトの生成方法はある種の知識となります。オブジェクトの生成は至るところで発生します。対策せずにいると煩雑な手順はコードの至る所にばらまかれ、処理の趣旨をぼやけさせるでしょう。ファクトリを利用して生成に関する知識を一箇所にまとめあげることは、ドメインオブジェクトを際立たせ、処理の趣旨を明確にするために必要なことです。

1.4.3 知識を表現する、より発展的なパターン

集約と仕様は知識を表現するオブジェクトですが、より発展的なパターンです。ここまでの内容にひとしきり慣れた上で学習に臨むとよいでしょう。

集約（第12章）は整合性を保つ境界です。値オブジェクトやエンティティといったドメインオブジェクトを束ねて複雑なドメインの概念を表現します。前提知識をいくらか要求されるため理解することが難しく、同時に正しく実践することが難しい代物です。もちろん前提知識として必要なものはここまでの内容で揃っています。ここまでたどり着けたのであればきっと乗り越えることができる壁です。

集約の後に学ぶ仕様（第13章）はオブジェクトの評価をします。オブジェクトがある特定の条件下にあるかを判定する評価のふるまいをそのオブジェクト自身に実

装すると、オブジェクトが多くの評価のふるまいに塗れて煩雑になってしまうことがあります。仕様を適用することで、オブジェクトの評価をモジュールとしてうまく表現できます。

本書は構成上、前後の章が繋がっています。各章は単独でも理解できる内容ですが、順序に沿って読み進めると、より理解に繋げやすくなることでしょう。

COLUMN

なぜいま、ドメイン駆動設計か

ドメイン駆動設計が提唱されたのは2003年頃です。ITという分野の進化は目覚ましく、最新の技術も十年過ぎれば陳腐化してしまうといったことは往々にして発生します。にもかかわらず昨今のシステム開発の現場において、ドメイン駆動設計という言葉を耳にする機会が増えたのには、いったいどのような背景があるのでしょうか。

ひと昔前はサービスをいち早く世に出すことこそがもっとも重要なこととされていたように感じます。そのためモデリングに重きを置き、開発の最初期にコストを支払うドメイン駆動設計は重厚で鈍重なものであると誤解され、敬遠されていました。

とにかく早くサービスを打ち出すことはほとんどミサイルのような片道ロケットに乗ることに似ています。打ち上げた後に帰ってこれないという欠点に目を瞑れば、システム開発の過酷な生存競争に勝つために取れる最良の選択肢でしょう。それに対してモデリングをしっかりと行い、長期的な運用を視野に入れた設計手法は飛行機に運用するようなことです。飛行機は片道ロケットと違って往復することは可能ですが、その速度は圧倒的に見劣りします。それにもかかわらず、なぜ私たちは片道ロケットの打ち上げ競争を辞めて、飛行機を安定運用したいと願うようになったのでしょうか。

ソフトウェアは変化するものです。ごく最初期の局所的な開発速度を優先したソフトウェアは、柔軟性に乏しく、変化を吸収しきれません。ソフトウェアに求められる変化に対応するために、開発者は継ぎはぎのような修正を重ねます。数年もすればソフトウェアは複雑怪奇な進化を遂げるでしょう。それでも時代の変化についていくために、開発者は辟易しながら継ぎはぎだらけの修正を積み重ねるのです。場当たり的な対応に嫌気の差した開発者たちが片道ロケットの打ち上げ競争ではなく、飛行機の安定運用を願うようになるのも想像に難くありません。救いを求めて手にしたものの中にドメイン駆動設計がありました。

ドメイン駆動設計はドメインと向き合うことで分析から設計、そして開発までが相互作用的に影響し合うよう努力を重ねることを求めます。ソフトウェアを構築する最初期においても一定の効果はありますが、その真価は変化に対応するときにこそ表れます。ドメイン駆動設計を取り入れてみた当時はさほど効果が見られなかったでしょう。ときが流れ、段々とドメイン駆動設計が認められてきたのは、偉大なる先人たちによって撒かれた種が芽吹いてきたからに他なりません。

プログラムは動かすだけなら簡単で、しかし動かし続けることは難しい代物です。システムを長期的に運用したいと願うのならば、安定的な飛行機の運用を願うのならば、ドメイン駆動設計をいまこそ学ぶべきでしょう。

システム固有の値を表現する「値オブジェクト」

値オブジェクトはドメインオブジェクトの基本です。

値オブジェクトはドメイン駆動設計を学ぶ足掛かりとして最適です。
なぜなら、皆さんは値を日常的に取り扱っています。オブジェクトも日常的に目にしているのではないでしょうか。値オブジェクトはよく見れば、それらが組み合わさっただけの言葉です。知らない言葉に対して恐怖する必要がありません。
値オブジェクトはその概念もとても単純で、システムに登場する金銭や単価といった値をオブジェクトとして定義するというものです。そのコンセプトを理解すれば「何だそんなことか」と拍子抜けしてしまうに違いありません。
ものごとを理解するには小さな領域で足場を固めて、段々とその領域を広げるように学んでいくのがよいプラクティスです。理解するのに易しいこの値オブジェクトを足掛かりとして、ドメイン駆動設計の世界に足を踏み入れましょう。

DDD 2.1 値オブジェクトとは

プログラミング言語にはプリミティブな値が用意されています。それらをやりくりしてシステムを組み上げることも可能ですが、システム固有の値を定義することがときに必要となります。このシステム固有の値を表現するために定義されたオブジェクトが値オブジェクトと呼ばれるものです。

値オブジェクトがどういったものかを把握するために、まずは少しコードに触れながら「値」を観察してみましょう。**リスト2.1**のコードを確認してください。

リスト2.1：プリミティブな値で「氏名」を表現する

```
var fullName = "naruse masanobu";
Console.WriteLine(fullName); // naruse masanobu が表示される
```

fullNameは文字列型の値を格納する変数で、「氏名」を表現しています。このプログラムを実行すれば、コンソールにはうまく氏名が表示されます。

さて、この氏名ですが、システムにおける氏名の取り扱い方はさまざまです。たとえば、あるシステムでは氏名をそのまま表示したいでしょう。他方のシステムでは姓だけを表示したいときもあります。その要求に応えるためfullNameを利用して、姓だけを表示するコードは**リスト2.2**です。

リスト2.2：姓だけを表示する

```
var fullName = "naruse masanobu";
var tokens = fullName.Split(' '); // ["naruse", "masanobu"] ➡
という配列に
var lastName = tokens[0];
Console.WriteLine(lastName); // naruse が表示される
```

このコードは意図したとおり、fullNameから姓だけを取り出して表示します。少し回りくどいコードにも思えますが、何しろfullNameは文字列型の値であるため致し方ありません。もし、他にも姓を表示したいことがあったら、このロジックをコピーしてペーストすれば問題ありません。このプログラムはうまくやっていくでしょう。

……果たして本当にそうでしょうか。

実はこのロジックは場合によってはうまく動作しません。**リスト2.3**のコードを見てみましょう。

リスト2.3：うまく姓を表示できないパターン

```
var fullName = "john smith";
var tokens = fullName.Split(' '); // ["john", "smith"] という配列に
var lastName = tokens[0];
Console.WriteLine(lastName); // john が表示される
```

"john smith"氏の姓は"smith"です。**リスト2.3**は姓を表示するプログラムである**リスト2.2**をそのまま利用しています。つまり、"john smith"氏の姓である"smith"を表示することを期待しています。しかし、その期待もむなしく、プログラムを実行したときコンソールに表示されるのは、姓ではなく名の"john"です。残念ながら**リスト2.2**の「姓を表示するプログラム」はうまく動作しません。世界には名が前方に配置され、姓が後方に配置される氏名が存在していたのです。

こういった問題を解決する手段としてオブジェクト指向プログラミングでは一般にクラスが利用されます（**リスト2.4**）。

リスト2.4：氏名を表現するFullNameクラス

```
class FullName
{
  public FullName(string firstName, string lastName)
  {
    FirstName = firstName;
    LastName = lastName;
  }

  public string FirstName { get; }
  public string LastName { get; }
}
```

文字列型で扱っていた氏名はFullNameクラスとして定義されました。姓を取得したいときはFullNameクラスのLastNameプロパティを利用します（**リスト2.5**）。

リスト2.5：FullNameクラスのLastNameプロパティを利用する

```
var fullName = new FullName("masanobu", "naruse");
Console.WriteLine(fullName.LastName); // naruse が表示される
```

FullNameクラスはコンストラクタで第1引数に名、第2引数に姓を指定するようになっているので、そのルールさえ守られれば、たとえ姓と名の順序が入れ替わるような氏名であっても姓を取り出すことが可能です（**リスト2.6**）。

リスト2.6：確実に姓を表示できる

```
var fullname = new FullName("john", "smith");
Console.WriteLine(fullname.LastName); // smith が表示される
```

このFullNameはその名のとおり氏名を表現したオブジェクトで、値の表現なのです。

この例からわかることは、システムに最適な値が必ずしもプリミティブな値であるとは限らないということです。システムには必要とされる処理にしたがって、そのシステムならではの値の表現があるはずです。FullNameクラスはまさにそういった値の表現です（**図2.1**）。オブジェクトであり、値でもある。ゆえに値オブジェクトである。ドメイン駆動設計ではこのようにシステム固有の値を表したオブジェクトを値オブジェクトと呼んでいます。

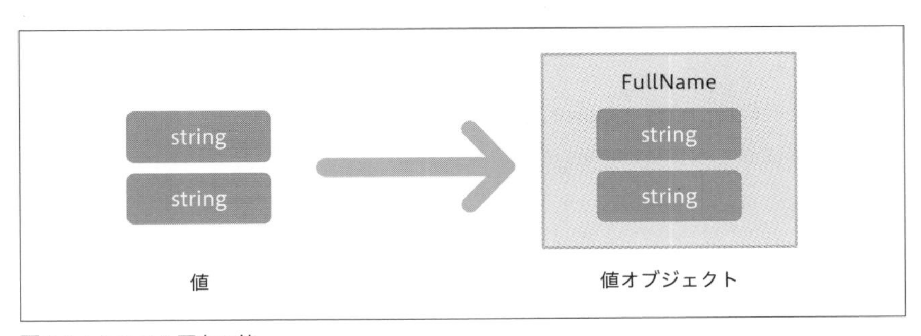

図2.1：システム固有の値

DDD 2.2 値の性質と値オブジェクトの実装

開発者は「値」を頻繁に利用します。数字や文字、文字列など、値にはいくつもの種類があります。普段から何気なく利用しているこれらの値ですが、実は一定の性質をもっています。この性質こそが値オブジェクトを理解する鍵となるのですが、皆さんは値の性質を考えたことはあるでしょうか。

もちろん「値の性質とは何か」をいちいち考えながらプログラミングをすることはないでしょう。そんな哲学的なことは考えずともプログラミングはできます。値はあまりにも自然と扱うことができるため、「値の性質とは何か」といった疑問を抱くことがほとんどないのです。

値がもつ性質を学ぶことは値オブジェクトを知る上で重要な事柄です。ここで一度、値にはどのような性質があるのかしっかりと確認しておきましょう。

代表的な値の性質は次の３つです。

- 不変である
- 交換が可能である
- 等価性によって比較される

値オブジェクトはシステム固有の値の表現であり、値の一種です。値がもつ性質は値オブジェクトにそのまま適用されます。

ここでは値の性質を確認し、値オブジェクトで実現する方法を確認していきます。

2.2.1 不変である

値は不変の性質をもっています。プログラミングにおいて値を変更する操作は日常的な行為です。にもかかわらず値は不変であるというのは矛盾しているように感じるでしょう。いったいどういうことなのでしょうか。

たとえば**リスト2.7**は値の変更をしています。

リスト2.7：値の変更をしている

```
var greet = "こんにちは";
Console.WriteLine(greet); // こんにちは が表示される
greet = "Hello";
Console.WriteLine(greet); // Hello が表示される
```

greetの値は最初は"こんにちは"になっており、出力したのちに"Hello"に変更されています。したがって値は変更できるものです。不変だなんてとんでもありません！……果たして本当にそうでしょうか。

私たちは値の変更をするとき代入を利用します。そう、代入です。実をいうと代入は厳密には値の変更をしていません。代入によって変更しているのは変数の内容であって、値そのものを変更しているわけではありません。

値は一貫して変化することがありません。もしも値を変更できてしまったら、どのようなことが起こってしまうでしょうか。

実際にコードで確認してみましょう。**リスト2.8**のコードは値を変更している疑似的なコードです。

リスト2.8：「値の変更」を行う疑似コード

```
var greet = "こんにちは";
greet.ChangeTo("Hello"); // このようなメソッドは本来存在しない
Console.WriteLine(greet); // Hello が表示される
```

変数greetには宣言と同時に"こんにちは"という値が代入されています。続く行でプログラムはgreetに対して値の変更を行います。greetの実体は"こんにちは"という値でしたので、"こんにちは"という値は"Hello"に変更されます。**リスト2.8**はまさに「値の変更」を行っているコードです。

さて、**リスト2.8**では気づきにくいのですが、この値の変更は面白い事態を引き起こします。つまり、もしも**リスト2.8**のコードが許されるのであれば、**リスト2.9**のコードも許されるということです。

リスト2.9：値が変更できることを利用したコード

```
"こんにちは".ChangeTo("Hello"); // このようなメソッドは本来存在しない
Console.WriteLine("こんにちは"); // Hello が表示される
```

ChangeToメソッドは値を変更するふるまいです。ChangeToメソッドを実行すると値自体が変更されるため、"こんにちは"は"Hello"に変更され、コンソールには"Hello"が表示されます。この挙動は開発者を大きく混乱させるものでしょう。

値が変更できてしまうと、私たちは安心して値を利用できません。1という数値がある日突然0（ゼロ）になってしまったらどれほどの混乱を引き起こすでしょうか。1という数値はどこまでいっても1であることが求められます。値は不変であるからこそ、安全に利用できるのです。

さて、値は不変であることが美徳と理解したところで今度は**リスト2.10**を見てみましょう。

リスト2.10：一般的に見られる値の変更

```
var fullName = new FullName("masanobu", "naruse");
fullName.ChangeLastName("sato");
```

誰しもが一度はこういったコードを目にしたことはあるでしょう。このコードはごくごく自然なものとして、多くの開発者に受けいれられています。しかし、FullNameクラスを値として捉えた場合、ここには不自然さが存在しています。そう、値を変更しているのです。

FullNameはシステム固有の値を表している値オブジェクトです。FullNameは値です。FullNameは不変にすべきです。値を変更するためのふるまいであるChangeLastNameメソッドはFullNameクラスに定義されるべきものではありません。

COLUMN

不変のメリット

ときにソフトウェア開発はバグとの闘いになることもあります。バグはさまざまなことを起因として開発者を悩ませますが、状態の変化もその原因の1つです。

生成したインスタンスをメソッドに引き渡したら、自身のあずかり知らぬところでいつの間にか状態の変更をされ、意図せぬ挙動となりバグを引き起こしてしまった、といった失敗話は非常にありふれています。

状態の変更を起因とするバグを防ぐために取れるもっとも単純な作戦は、状態を不変にすることです。いつの間にか変更されることが問題であるなら、そもそも変更できないようにしてしまえばよいのです。これは単純ながら強力な防衛策です。

状態を変更できないというのはプログラムをシンプルにする可能性を秘めた制約です。たとえば並行・並列処理を伴うプログラムでは、変化する可能性のあるオブジェクトに対するアプローチは課題になります。変化をしないオブジェクトであれば、値の変更を考慮する必要がなくなり、並行・並列処理を比較的容易に実装できます。

また他にも、たとえばコンピュータのリソースであるメモリがひっ迫したときに、オブジェクトをキャッシュする戦略を取ることができます。状態が変更されないオブジェクトであれば、まったく同じ状態のオブジェクトを複数準備する必要はありません。ひとつのオブジェクトをキャッシュして使いまわすことでリソースの節約が可能です。

もちろんオブジェクトを不変にすることによるデメリットも存在します。代表的なデメリットとして挙げられるのは、オブジェクトの値を一部変更したいときに、新たなインスタンスを生成する必要があるということです。これは状態を変更できるときに比べてパフォーマンスの観点で不利になります。あまりに深刻な事態となる場合には値オブジェクトであっても可変を許容するという戦略をとることすらあるでしょう。

とはいえ、可変なオブジェクトを不変なオブジェクトに変更するのと不変なオブジェクトを可変なオブジェクトに変更するのでは、後者の方が労力は少ないです。もしも可変にするか不変にするかに迷うようなことがあれば、いったんは不変なオブジェクトにしておくとよいでしょう。

2.2.2 交換が可能である

値は不変です。しかし、ソフトウェアを作るにあたって値を変更せずに目的を達成するのは難しいでしょう。値は不変ですが値を変更することは必要です。矛盾しているようですが、私たちは普段そのようなことに悩みながらプログラミングはしません。私たちが普段どのように値を変更しているかを確認してみましょう（**リスト2.11**）。

リスト2.11：普段行っている値の変更

```
// 数字の変更
var num = 0;
num = 1;

// 文字の変更
var c = '0';
c = 'b';
```

```
// 文字列の変更
var greet = "こんにちは";
greet = "hello";
```

リスト2.11はいずれも代入をしています。これは代入こそが値の変更の表現方法であるということです（**リスト2.12**）。

「不変」の性質をもつ値はそれ自体を変更できません。値オブジェクトにおいてもこれは同じことです。値オブジェクトの変更は値と同じように代入操作によって交換をすることで表現されます。

リスト2.12：値オブジェクトの変更方法

```
var fullName = new FullName("masanobu", "naruse");
fullName = new FullName("masanobu", "sato");
```

リスト2.12の記述の仕方は、値の変更（代入）と同じ記述であることに気づけたでしょうか。値オブジェクトが不変であるがゆえに、代入操作による交換以外の手段で変更を表現できなくなっているのです（**図2.2**）。

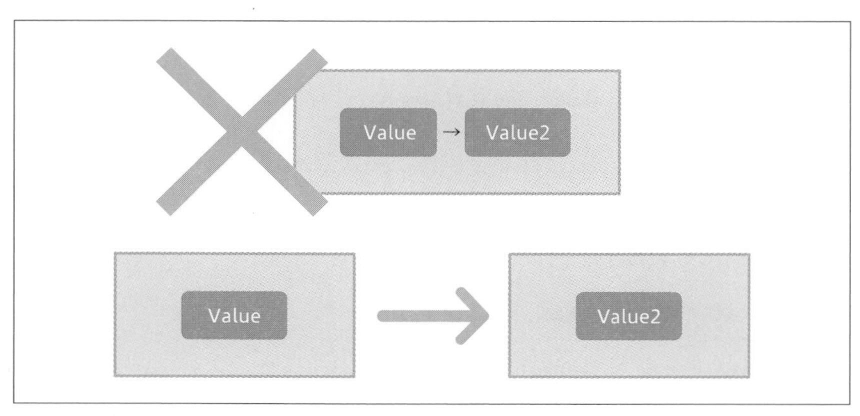

図2.2：交換以外の手段で変更を表現できない

2.2.3 等価性によって比較される

数値同士や文字同士など、同じ種類の値同士は**リスト2.13**のように比較することができます。

リスト2.13：同じ種類の値同士の比較

```
Console.WriteLine(0 == 0); // true
Console.WriteLine(0 == 1); // false
Console.WriteLine('a' == 'a'); // true
Console.WriteLine('a' == 'b'); // false
Console.WriteLine("hello" == "hello"); // true
Console.WriteLine("hello" == "こんにちは"); // false
```

たとえば0 == 0という式の左辺の0と右辺の0はインスタンスとして別個のもの[*1]ですが、等価として扱われます。これが意味することは、値は値自身でなく、それを構成する属性によって比較されるということです。システム固有の値である値オブジェクトも値と同様に、値オブジェクトを構成する属性（インスタンス変数）によって比較されます（**リスト2.14**）。

リスト2.14：値オブジェクト同士の比較

```
var nameA = new FullName("masanobu", "naruse");
var nameB = new FullName("masanobu", "naruse");

// 別個のインスタンス同士の比較
Console.WriteLine(nameA.Equals(nameB)); // インスタンスを構成する➡
属性が等価なのでtrue
```

しかし、ことオブジェクト同士の比較となると、**リスト2.15**のコードのように属性を取り出して、直接比較を行ってしまうことがあります。

リスト2.15：属性を取り出して比較

```
var nameA = new FullName("masanobu", "naruse");
var nameB = new FullName("john", "smith");

var compareResult =
```

[*1] 最適化によって同一のインスタンスになることもあります。

```
    nameA.FirstName == nameB.FirstName
    && nameA.LastName == nameB.LastName;

Console.WriteLine(compareResult);
```

実行可能なモジュールであるという意味でこのコードは正しく、一見すると自然なコードに見えます。しかし、FullNameオブジェクトが値であることを考えると不自然な記述です。たとえば数値を例にして、**リスト2.15**と同じように値を比較すると**リスト2.16**になります。

リスト2.16：属性を取り出して比較する操作を数値にあてはめる

```
Console.WriteLine(1.Value == 0.Value); // false ?
```

ほとんどの読者が**リスト2.16**のようなコードを見たことはないでしょう。値の値（Value）を取り出すとはいったいどういうことなのでしょうか。これはいかにも不自然な記述です。

値オブジェクトはシステム固有の値です。あくまでも値なのです。その属性を取り出して比較をするのではなく、値と同じように値オブジェクト同士が比較できるようにする方が自然な記述になります（**リスト2.17**）。

リスト2.17：値同士で比較する

```
var nameA = new FullName("masanobu", "naruse");
var nameB = new FullName("john", "smith");

var compareResult = nameA.Equals(nameB);
Console.WriteLine(compareResult);

// 演算子のオーバーライド機能を活用することも選択肢に入る
var compareResult2 = nameA == nameB;
Console.WriteLine(compareResult2);
```

このような自然な記述を行うためには値オブジェクトが比較するためのメソッドを提供する必要があります（**リスト2.18**）。

リスト2.18：比較メソッドを提供するFullNameクラス

```
class FullName : IEquatable<FullName>
{
  public FullName(string firstName, string lastName)
  {
    FirstName = firstName;
    LastName = lastName;
  }

  public string FirstName { get; }
  public string LastName { get; }

  public bool Equals(FullName other)
  {
    if (ReferenceEquals(null, other)) return false;
    if (ReferenceEquals(this, other)) return true;
    return string.Equals(FirstName, other.FirstName)
       && string.Equals(LastName, other.LastName);
  }

  public override bool Equals(object obj)
  {
    if (ReferenceEquals(null, obj)) return false;
    if (ReferenceEquals(this, obj)) return true;
    if (obj.GetType() != this.GetType()) return false;
    return Equals((FullName) obj);
  }

  // C#ではEqualsをoverrideする際にGetHashCodeをoverrideするルールが➡
ある
  public override int GetHashCode()
  {
    unchecked
    {
```

```
      return ((FirstName != null ? FirstName.GetHashCode() : ➡
0) * 397)
        ^ (LastName != null ? LastName.GetHashCode() : 0);
    }
  }
}
```

このコードはC#における典型的な比較の実装方法です。値オブジェクト同士を比較する際には値オブジェクトの属性を取り出して比較するのではなく、Equalsメソッドを利用して比較を行います。これにより値オブジェクトは値と同じように比較できるようになります。

これだけ大掛かりなコードを書く動機付けが「記述の自然さ」では少し心もとないでしょうか。ご安心ください。この手法は記述として自然であるということ以外に明確なメリットがあります。そのメリットは値オブジェクトに新たなインスタンス変数が追加されたときにわかります。

D 属性が追加されても修正不要

世の中にはミドルネームという姓と名の中間に存在する名前があります。このミドルネームを表現するために、氏名を表現するFullNameクラスに新たな属性が追加されたときのことを考えてみてください。

値オブジェクトが比較用のメソッドを提供しておらず、コード上で属性を直接的に取得して比較を行っている場合は、新たに追加された属性も比較するように修正する必要があります（**リスト2.19**）。

リスト2.19：新たに追加された属性も比較するように修正する

```
var compareResult = nameA.FirstName == nameB.FirstName
                && nameA.LastName == nameB.LastName
                && nameA.MiddleName == nameB.MiddleName; ➡
// 条件式を追加
```

この改修の難易度は易しいものです。しかしながら、果たしてFullNameの比較を行っているのはここだけにとどまるでしょうか。ひょっとするとFullNameの比較はここ以外でも行われていて、**リスト2.19**と同じような記述がプログラムの至る所に記述されてしまってはいないでしょうか。

ひとつひとつの修正は易しいものだとしても、それが積み重なると難易度は飛躍的に上昇します。**リスト2.19**と同等の記述がされている箇所をすべて探し出して、間違いなく修正していくために求められる慎重さは開発者を疲弊させるものでしょう。

この至極単調で退屈な作業は、値オブジェクトが比較の手段を提供することで回避できます（**リスト2.20**）。

リスト2.20：新たな属性が追加されたときの修正

```
class FullName : IEquatable<FullName>
{
  (…略…)

  public bool Equals(FullName other)
  {
    if (ReferenceEquals(null, other)) return false;
    if (ReferenceEquals(this, other)) return true;
    return string.Equals(firstName, other.firstName)
        && string.Equals(lastName, other.lastName)
        && string.Equals(middleName, other.middleName); ➡
// 条件式の追加はここだけ
  }
}
```

FullNameのインスタンスを比較するとき、開発者はこのEqualsメソッドを呼び出して比較を行います。したがって、値オブジェクトに新たに属性が追加されたとしても、その変更はEqualsメソッドの修正だけで済みます。比較処理に限らず、値の属性を操作する処理を値オブジェクトが提供してまとめることは変更箇所をまとめることと同義です。

値オブジェクトにする基準

FullNameクラスを構成するfirstNameやlastNameといった姓や名を表現する属性が値オブジェクトでなくプリミティブな文字列型で定義されていることに気づ

いたでしょうか。実をいうと、システムに登場する概念のうち、どこまでを値オブジェクトにするかは難しい問題です。単純にドメインモデルとして定義される概念であれば値オブジェクトとして定義されますが、そうでないときは迷いを生みます。

たとえば**リスト2.21**のコードは可能な限り値オブジェクトを適用したFullNameです。

リスト2.21：可能な限り値オブジェクトを適用したFullNameクラス

```
class FullName : IEquatable<FullName>
{
  private readonly FirstName firstName;
  private readonly LastName lastName;

  public FullName(FirstName firstName, LastName lastName)
  {
    this.firstName = firstName;
    this.lastName = lastName;
  }

   (…略…)
}
```

コンストラクタに渡されている引数は値オブジェクトです（**リスト2.22**、**リスト2.23**）。

リスト2.22：名を表す値オブジェクト

```
class FirstName
{
  private readonly string value;

  public FirstName(string value)
  {
    if (string.IsNullOrEmpty(value)) throw new ➡
ArgumentException("１文字以上である必要があります。", nameof(value));

    this.value = value;
```

```
  }
}
```

リスト2.23：姓を表す値オブジェクト

```
class LastName
{
  private readonly string value;

  public LastName(string value)
  {
    if (string.IsNullOrEmpty(value)) throw new ➡
ArgumentException("１文字以上である必要があります。", nameof(value));

    this.value = value;
  }
}
```

これを「やりすぎ」という人もいれば、「正しい」と評する人もいるでしょう。この正当性はコンテキストによるからです。どちらが正しいとも言い切れませんし、どちらが間違いとも言い切れません。

それでも「判断基準が欲しい」という気もちも理解できます。そこで参考意見としてここに筆者個人の判断基準を記しましょう。

ドメインモデルとして挙げられていなかった概念を値オブジェクトにすべきかどうかの判断基準として、筆者は「そこにルールが存在しているか」という点と「それ単体で取り扱いたいか」という点を重要視しています。

たとえば氏名には「姓と名で構成される」というルールがあります。また本文で例示したように単体で取り扱っています。筆者の判断基準に照らし合わせると値オブジェクトとして定義されます。

では姓や名はどうでしょうか。いまのところ姓や名にシステム上の制限はありません。姓だけを取り扱ったり、名だけを利用するシーンもいまのところありません。筆者の判断基準からするとこれらはまだ値オブジェクトにしないでしょう。

少し前提を変えて、もし姓や名に使用可能な文字種が制限されるのであったとしたらどうでしょうか。実をいうと値オブジェクトにしなくてもルールを担保することは可能です（**リスト2.24**）。

リスト2.24：FullNameでルールを担保する

```
class FullName : IEquatable<FullName>
{
  private readonly string firstName;
  private readonly string lastName;

  public FullName(string firstName, string lastName)
  {
    if (firstName == null) throw new ArgumentNullException➡
(nameof(firstName));
    if (lastName == null) throw new ArgumentNullException➡
(nameof(lastName));
    if (!ValidateName(firstName)) throw new ArgumentException➡
("許可されていない文字が使われています。", nameof(firstName));
    if (!ValidateName(lastName)) throw new ArgumentException➡
("許可されていない文字が使われています。", nameof(lastName));

    this.firstName = firstName;
    this.lastName = lastName;
  }

  private bool ValidateName(string value)
  {
    // アルファベットに限定する
    return Regex.IsMatch(value, @"^[a-zA-Z]+$");
  }

  (…略…)
}
```

リスト2.24のFullNameのようにプリミティブな値を利用していたとしても、引数として渡された時点でチェックを行えば、ルールは担保されます。

もちろん値オブジェクトにするという判断も否定しません。値オブジェクトにするのであれば、次に考えるべきは姓と名を分けるかどうかという点でしょう。姓と名を別のものとして取り扱う必要がなかった場合にはそれらを同じ名前として取り扱う選択肢があります（**リスト2.25**）。

リスト2.25：名前を表現するクラス

```
class Name
{
  private readonly string value;

  public Name(string value)
  {
    if (value == null) throw new ArgumentNullException(nameof➡
(value));
    if (!Regex.IsMatch(value, @"^[a-zA-Z]+$")) throw new Argu➡
mentException("許可されていない文字が使われています。", nameof(value));

    this.value = value;
  }
}
```

リスト2.26：**リスト2.25**を利用したFullNameクラス

```
class FullName
{
  private readonly Name firstName;
  private readonly Name lastName;

  public FullName(Name firstName, Name lastName)
  {
    if (firstName == null) throw new ArgumentNullException➡
(nameof(firstName));
    if (lastName == null) throw new ArgumentNullException➡
(nameof(lastName));

    this.firstName = firstName;
    this.lastName = lastName;
  }
```

```
    (…略…)
}
```

重要なのは値オブジェクトを避けることではありません。値オブジェクトにすべきかどうかを見極めて、そうすべきと判断したのであれば大胆に実行すべきということです。

そして値オブジェクトとして定義する程の価値がある概念を実装中に発見したのであれば、それはドメインモデルとしてフィードバックすべきものです。ドメイン駆動設計が目的とするイテレーティブ（反復的）な開発はこういった実装時の気づきによって支えられます。

DDD 2.4 ふるまいをもった値オブジェクト

値オブジェクトで重要なことは独自のふるまいを定義できることです。たとえばお金を表現するお金オブジェクトを考えてみましょう。

お金には量と通貨単位（円やドル）の2つの属性があります。これを値オブジェクトとして定義すると**リスト2.27**です。

リスト2.27：量と通貨単位を属性にもつお金オブジェクト

```
class Money
{
  private readonly decimal amount;
  private readonly string currency;

  public Money(decimal amount, string currency)
  {
    if (currency == null) throw new ArgumentNullException➡
(nameof(currency));

    this.amount = amount;
```

```
    this.currency = currency;
  }
}
```

値オブジェクトはデータを保持するコンテナではなく、ふるまいをもつことができるオブジェクトです。実際にふるまいを追加してみましょう。

お金は加算することがあります。加算を行うふるまいをAddメソッドとして実装してみます（**リスト2.28**）。

リスト2.28：金銭の加算処理を実装する

```
class Money
{
  private readonly decimal amount;
  private readonly string currency;

   (…略…)

  public Money Add(Money arg)
  {
    if (arg == null) throw new ArgumentNullException(nameof➡
(arg));
    if (currency != arg.currency) throw new ArgumentException➡
($"通貨単位が異なります（this:{currency}, arg:{arg.currency}）");

    return new Money(amount + arg.amount, currency);
  }
}
```

お金を加算するときは通貨単位を揃える必要があるため、通貨単位が同一かどうかの確認が行われています。また値オブジェクトは不変であるため、計算を行った結果は新たなインスタンスとして返却されます。

加算した結果を受け取るときは変数に代入します。**リスト2.28**を利用した加算処理は**リスト2.29**です。

リスト2.29：加算した結果を受け取る

```
var myMoney = new Money(1000, "JPY");
var allowance = new Money(3000, "JPY");
var result = myMoney.Add(allowance);
```

この記述はプリミティブな値同士の計算処理と同じ記述の仕方です（**リスト2.30**）。

リスト2.30：プリミティブな値同士の加算

```
var myMoney = 1000m;
var allowance = 3000m;
var result = myMoney + allowance;
```

なお通貨単位が異なる場合には例外を送出するため、異なる通貨単位同士で加算してしまうといった誤った操作は防がれます（**リスト2.31**）。

リスト2.31：異なる通貨単位同士で加算は例外を送出する

```
var jpy = new Money(1000, "JPY");
var usd = new Money(10, "USD");
var result = jpy.Add(usd); // 例外が送出される
```

いつだってバグは思い違いから始まるものです。計算処理にルールを記述し、それにそぐわない操作を弾くようにして、システマチックに誤った操作を防止できるのであればそれを活用すべきです。

値オブジェクトは決してただのデータ構造体のことを指しているわけではありません。オブジェクトに対する操作をふるまいとして一処にまとめることで、値オブジェクトは自身に関するルールを語るドメインオブジェクトらしさを帯びるのです。

2.4.1 定義されないからこそわかること

オブジェクトに定義されるふるまいは、そのオブジェクトができることを示します。このことを反転するとオブジェクトに定義されないふるまいは、そのオブジェクトができないことになります。

たとえばお金同士は加算することはできても、お金同士を乗算することはできません。「100円＋100円＝200円」は成立しますが、「100円×100円＝10000円」とはならないのです。

お金を乗算することがあるとしたら金利を計算するときなどでしょうか。それを実現するふるまいのシグネチャは**リスト2.32**です。

リスト2.32：お金を乗算するふるまい

```
class Money
{
    (…略…)

  public Money Multiply(Rate rate);
  // public Money Multiply(Money money) は定義されない
}
```

お金同士の乗算は定義されないことで、暗にそれができないことを示しているのです。

DDD 2.5 値オブジェクトを採用するモチベーション

当然のことながらシステム固有の値をオブジェクトで表現するということは、それだけ定義されるクラスの数も増加するということです。プリミティブな値を「うまく」使ってプログラムを書くことに慣れきってしまい、クラスを増やすことに抵抗を感じる開発者は多く存在します。

本来であればモジュール性の観点で、コードは適切な大きさに細分化し、分散して定義すべきです。残念ながらその意識のないプロジェクトは世の中に多く存在します。その状況では、開発者は値オブジェクトを採用して数多くのクラスファイルを定義することに抵抗を感じます。最初の一歩はいつだって困難がつきまとうのです。値オブジェクトを採用するには、この心理的ハードルを乗り越える必要があります。

そこで、ここでは最初の壁を乗り越える勇気を得るために、値オブジェクトを採用する際のモチベーションを紹介します。どういった動機で値オブジェクトが必要になるのかを理解すれば、誰しもが値オブジェクトを使いたいと願い、使い始めるはずです。

値オブジェクトを使うモチベーションとして紹介するのは次の4つです。

- 表現力を増す
- 不正な値を存在させない
- 誤った代入を防ぐ
- ロジックの散在を防ぐ

いずれも単純なことながら、あなたのシステムを強力に保護するものです。

2.5.1 表現力を増す

工業製品にはロット番号やシリアル番号、製品番号など識別するためにさまざまな番号が存在しています。それらは数字だけで構成されることもあればアルファベットも含めた文字列で構成されていることもあります。製品番号をプリミティブな値で表現したとき、プログラムはどういったものになるでしょうか（**リスト2.33**）。

リスト2.33：プリミティブな値を利用した製品番号

```
var modelNumber = "a20421-100-1";
```

modelNumberはプリミティブな文字列型の変数です。**リスト2.33**であれば直接代入されている値を確認できるため、製品番号は3種類の番号で構成されていると認識できます。しかしスクリプト上に突然modelNumberという変数が現れた際には、その内容がどういったものかをうかがい知ることはできません（**リスト2.34**）。

リスト2.34：製品番号はどういったものだろうか

```
void Method(string modelNumber) // かろうじて文字列であることはわかる
{
    (…略…)
}
```

製品番号の構成を知るには、modelNumberがどこで生み出され、どこから来たのかを辿る旅を始めることになります。

値オブジェクトを使って製品番号を表したときはどうなるでしょう（**リスト**

2.35)。

リスト2.35：製品番号を表す値オブジェクト

```
class ModelNumber
{
  private readonly string productCode;
  private readonly string branch;
  private readonly string lot;

  public ModelNumber(string productCode, string branch, ➡
string lot)
  {
    if (productCode == null) throw new ArgumentNullException➡
(nameof(productCode));
    if (branch == null) throw new ArgumentNullException➡
(nameof(branch));
    if (lot == null) throw new ArgumentNullException➡
(nameof(lot));

    this.productCode = productCode;
    this.branch = branch;
    this.lot = lot;
  }

  public override string ToString()
  {
    return productCode + "-" + branch + "-" + lot;
  }
}
```

ModelNumberクラスの定義を確認してみれば、製品番号はプロダクトコード（productCode）と枝番（branch）、そしてロット番号（lot）から構成されていることがわかります。これは無口な文字列と比べると大きな進歩です。

値オブジェクトはその定義により自分がどういったものであるかを主張する自己文書化を推し進めます。

2.5.2 不正な値を存在させない

システムに存在する値にはルールが存在します。たとえばユーザ名を例にとってみましょう。

ユーザ名は端的にいってしまえば文字列です。しかし、システムによっては「ユーザ名の文字数はN文字以上M文字以下」といったルールや、「利用できる文字はアルファベットと数字のみ」といったルールが存在します。

たとえば「ユーザ名は3文字以上」というルールが存在するとき、**リスト2.36**のコードは正しいでしょうか。

リスト2.36：存在してはいけない値

```
var userName = "me";
```

ユーザ名を表すuserNameは2文字の文字列ですから、「ユーザ名は3文字以上」というルールに違反をしている異常な値です。しかし、プログラムにとって2文字の文字列が存在することに問題はまったくありません。コンパイラにとって2文字の文字列が存在することは当たり前のことですし、プログラムを実行したとしても問題なく動作します。したがって、ユーザ名であるにも関わらず2文字である不正な値の存在が許されてしまうのです。

不正な値は遅効性の毒のような厄介な代物です。一度不正な値の存在が許容されてしまうと、その値を利用しようとするときに常に値の確認を行う必要が生じます(**リスト2.37**)。

リスト2.37：値を利用する前にルールに照らし合わせる必要がある

```
if (userName.Length >= 3)
{
  // 正常な値なので処理を継続する
}
else
{
  throw new Exception("異常な値です");
}
```

値が正しいものかを確認することで急場をしのぐことはできます。しかし、その対応は値の正当性を確認するコードをプログラムのいたるところに埋め込むことを肯定します。開発者は同じルールを何度も書くことを強いられるでしょう。それはとても煩雑な作業でありながら、しかし一箇所でも間違えばシステムの破綻に繋がる作業です。

値オブジェクトをうまく利用すると、そもそもこのような異常な値の存在を防げます。**リスト2.38**のUserNameクラスはユーザ名を表す値オブジェクトです。

リスト2.38：ユーザ名を表す値オブジェクト

```
class UserName
{
  private readonly string value;

  public UserName(string value)
  {
    if (value == null) throw new ArgumentNullException(nameof➡
(value));
    if (value.Length < 3) throw new ArgumentException("ユーザ名➡
は3文字以上です。", nameof(value));

    this.value = value;
  }
}
```

このUserNameクラスはガード節[*2]により3文字未満のユーザ名を許可しないようになっています。もはやシステムにとって異常な値はこのチェックにより許容されません。結果としてシステムは、ルールにしたがっていない不正な値の存在に怯える必要がなくなったのです。

2.5.3 誤った代入を防ぐ

皆さんは代入を間違えた経験はあるでしょうか。代入はプログラミングにおいて頻繁に行われる操作で、私たちは何の気なしに代入を日常的に行っています。それ

[*2] 処理の対象外とする条件を関数の初期に確認すること。

ほど日常的な行為であるがために、開発者は稀に（もしくは頻繁に）代入を間違えるときがあります。

たとえば**リスト2.39**は単純な代入を行っています。

リスト2.39：単純な代入を行うコード

```
User CreateUser(string name)
{
  var user = new User();
  user.Id = name;
  return user;
}
```

UserクラスのIdプロパティに引数で受け取ったnameを代入しています。このコードは問題なく実行できるコードですが、さてこちらのコードは正しいコードでしょうか。

ユーザのIDがどういったものかはシステムによって異なります。ユーザ名がそのままIDになることもあれば、メールアドレスなど別の値がIDになる場合もあります。前者であれば**リスト2.39**のコードは正しいですし、後者であれば間違いです。このコードの正当性はコードを見ただけでは判別できません。正しさを判定するにはシステムがどういった仕様になっているのかについて深く知っておく必要があるのです。

コードの正しさを証明するために関係者の記憶やドキュメントに頼るよりも、よりよいアプローチは自己文書化を進めることです。コードの正しさをコードで表現できるのであれば、それに越したことはありません。値オブジェクトはそれを可能にします。実際に値オブジェクトを適用してみましょう。

まずは値オブジェクトがなくては始まりません。ユーザIDとユーザ名をそれぞれ値オブジェクトとして用意します（**リスト2.40**、**リスト2.41**）。

リスト2.40：ユーザIDの値オブジェクト

```
class UserId
{
  private readonly string value;

  public UserId(string value)
  {
```

```
    if (value == null) throw new ArgumentNullException(nameof➡
(value));

    this.value = value;
  }
}
```

リスト2.41：ユーザ名の値オブジェクト

```
class UserName
{
  private readonly string value;

  public UserName(string value)
  {
    if (value == null) throw new ArgumentNullException(nameof➡
(value));

    this.value = value;
  }
}
```

UserIdとUserNameはそれぞれプリミティブな値である文字列をラップしただけの単純なオブジェクトです。ふるまいはまだありませんが、今回の問題を解決するにはこれで十分です。

Userオブジェクトのプロパティはこれらの値オブジェクトに変更されます（**リスト2.42**）。

リスト2.42：値オブジェクトを利用するように変更したUserクラス

```
class User
{
  public UserId Id { get; set; }
  public UserName Name { get; set; }
}
```

さぁ、**リスト2.39**のコードを変化させてみましょう。関数の引数として受け取っていた文字列は、UserNameオブジェクトを受け取るように変更されます（**リスト2.43**）。

リスト2.43：値オブジェクトを利用する

```
User CreateUser(UserName name)
{
  var user = new User();
  user.Id = name; // コンパイルエラー！
  return user;
}
```

UserクラスのIdプロパティはUserId型の値オブジェクトです。それに対して代入しようとしているnameはUserName型の変数です。コンパイラはこの代入操作をタイプ不一致エラーとして検知します。**リスト2.43**は明確に間違ったコードであるとコンパイラが検出してくれるのです。

エラーというものがいつ生まれどこに潜むかを予測することは難しいです。それが実行して初めて気づくのと実行前に気づくのとでは、後者の方が嬉しいはずです。値オブジェクトを作ることで型の恩恵に与ることができれば、予測不能なエラーが潜む箇所を減らすことができます。

静的型付けを行うプログラミング言語であれば、この力は積極的に使うべきです。またそれ以外のプログラミング言語であっても、昨今ではタイプヒンティングなどにより統合開発環境（IDE）がエラーを可視化してくれます。

値オブジェクトを使って可能な限りエラーを事前に防ぐことは、面白くもないバグ潰しからあなたを解放します。

2.5.4 ロジックの散在を防ぐ

DRY原則[*3]で知られるようにコードの重複を防ぐことは重要です。コードの重複を許してしまうと、変更に対する難易度が途端に跳ね上がります。

たとえば値オブジェクトを利用しないユーザの作成処理では**リスト2.44**のように入力値の確認が必要です。

[*3] Don't Repeat Yourselfの頭文字を取ったもの。知識を整理整頓し、重複なくまとめることで、信頼できるものとする考え。

リスト2.44：入力値の確認を伴うユーザの作成処理

```
void CreateUser(string name)
{
  if (name == null) throw new ArgumentNullException(nameof(➡
name));
  if (name.Length < 3) throw new ArgumentException("ユーザ名は➡
3文字以上です。", nameof(name));

  var user = new User(name);

   (…略…)
}
```

局所的にはこのコードに問題はありません。しかし、たとえば他にユーザ情報を更新する処理があったときはどうでしょうか（**リスト2.45**）。

リスト2.45：ユーザ情報更新処理でも同様のコードを記述する

```
void UpdateUser(string id, string name)
{
  if (name == null) throw new ArgumentNullException(nameof(➡
name));
  if (name.Length < 3) throw new ArgumentException("ユーザ名は➡
3文字以上です。", nameof(name));

   (…略…)
}
```

リスト2.44に記述されていた引数を確認するコードが更新処理にも記述され、コードは重複することになります。これが引き起こす弊害はルールの変更が必要となったときに表れます。

たとえば「ユーザ名の最小文字数」を変更することを仮定してみましょう。開発者はまずユーザを新規作成する**リスト2.44**でnameの長さ確認を行っているコードを変更する必要があります。そして、もちろんユーザ情報の更新処理である**リスト2.45**も同じように書き換える必要があります。

それでも書き換える箇所はたったの2箇所です。それほど難しいことではありません……と言い切るほど事は単純ではありません。こういったコードは他にもシステムのどこかに潜んでいる可能性があります。開発者は「ユーザ名の最小文字数」を取り扱っているコードを探索することを強いられます。それは並たいていでない慎重さと徒労にも似た労力が要求される作業でしょう。

いうまでもなく理想はルールの変更に対してコードの変更箇所が1箇所で済む状態です。値オブジェクトを定義して、ルールをまとめることでそれは達成できます（**リスト2.46**）。

リスト2.46：値オブジェクトにルールをまとめる

```
class UserName
{
  private readonly string value;

  public UserName(string value)
  {
    if (value == null) throw new ArgumentNullException(nameof(➡
value));
    if (value.Length < 3) throw new ArgumentException("ユーザ名は➡
3文字以上です。", nameof(value));

    this.value = value;
  }
}
```

値オブジェクトを利用した新規作成と更新処理は**リスト2.47**になります。

リスト2.47：値オブジェクトを利用した新規作成処理と更新処理

```
void CreateUser(string name)
{
  var userName = new UserName(name);
  var user = new User(userName);

   (…略…)
}
```

```
void UpdateUser(string id, string name)
{
  var userName = new UserName(name);

   (…略…)
}
```

ルールはUserNameに記述され、「ユーザ名の最小文字数」に対する変更はUserNameにまとめられます。ルールをまとめることは変更箇所をまとめることと同義です。ソフトウェアが変更を受けいれることができる柔軟さを確保するためには、このまとめる作業こそが重要なのです。

DDD 2.6 まとめ

本章では値の性質を学ぶことで値オブジェクトの性質と具体的なメリットについて示しました。

値オブジェクトのコンセプトは「システム固有の値を作ろう」という単純なものです。システムには、そのシステムならではの値が必ずあるはずです。もちろん、プリミティブな値だけでソフトウェアを構築することは可能です。しかし、プリミティブ型は汎用的すぎて、どうしても表現力が乏しくなってしまいます。

ドメインにはさまざまなルールがあります。値オブジェクトを定義するとそういったルールは値オブジェクトに記述され、コードがドキュメントとして機能し始めます。システムの仕様は一般的にドキュメントにまとめられますが、もしもコードでルールを表現できるのであればそれに越したことはありません。キャビネットからドキュメントを取り出す手間を減らす努力は継続して取り組むべき課題です。

値オブジェクトはドメインの知識をコードへ落とし込むドメイン駆動設計における基本のパターンです。ドメインの概念をオブジェクトとして定義しようとするときに、まずは値オブジェクトにあてはめてみることを検討してみてください。

次の章では値オブジェクトと並ぶドメイン駆動設計の基本要素であるエンティティを解説します。

ライフサイクルのあるオブジェクト「エンティティ」

エンティティは値オブジェクトと対を為すドメインオブジェクトです。

エンティティという言葉を見聞きしたことがあるでしょうか。
ソフトウェア開発の文脈でエンティティという単語はよく出てくる用語です。たとえばデータベースのテーブル設計などで用いられる実体関連図（ER図）にはエンティティが登場します（そもそもその名前からしてentity-relationship diagramです）。またオブジェクト関係マッピング（Object-relational mapping、ORM）では永続化対象のデータをエンティティと呼びます。
しかし、ドメイン駆動設計におけるエンティティはそれらとは異なるものです。もしもあなたの知るエンティティがドメイン駆動設計の文脈をもたないのであれば、いったんその知識はしまい込みましょう。ここで解説をしようとしているのは「ドメイン駆動設計の」エンティティです。

DDD 3.1 エンティティとは

ドメイン駆動設計におけるエンティティはドメインモデルを実装したドメインオブジェクトです。第2章『システム固有の値を表現する「値オブジェクト」』で解説した値オブジェクトもドメインモデルを実装したドメインオブジェクトです。両者の違いは同一性によって識別されるか否かです。同一性という言葉はあまり耳慣れないことでしょう。まずは同一性がどういったものなのかを確認します。

人間には名前や身長、体重、趣味などさまざまな属性があります。これらの属性は固定ではなく、さまざまな要因によって変化します。たとえば年齢は誕生日を迎えると年を重ねる可変な属性です。ここで考えるべきは誕生日を迎えた当事者は、誕生日以前と以後で別人になりうるかということです。

当然ながら年齢を重ねたからといって、その人がまったくの別人になってしまうことはありません。同じように身長や体重が増減したところで、別人になり変わることはないでしょう。その人がその人たる所以は属性とはまったく別の無関係なところにあり、同一性を担保する何かが存在することを示唆しています。

ソフトウェアシステムにおいても同じように、属性で区別されないオブジェクトは存在します。たとえばシステムのユーザという概念はその典型です。

システムの利用者は最初にユーザ登録を行い、利用者個人の情報をユーザ情報として登録します。ユーザ情報はたいていの場合任意で変更可能です。このとき、ユーザ情報として登録されているデータが変更されたからといって、まったく別のユーザになってしまうことはありません。ユーザはその名前が変更されたとしても、ユーザ情報が変更されただけであって、ユーザ自体が変更されたわけではありません。ユーザは属性ではなく同一性（identity）により識別されています。

ソフトウェアシステムにはエンティティが多く登場します。まさにソフトウェア開発を行う上では切っても切れない関係です。この章では値オブジェクトと並んでドメイン駆動設計の中核を担うドメインオブジェクトであるエンティティについて学んでいきましょう。

DDD 3.2 エンティティの性質について

冒頭でも解説したとおり、エンティティは属性ではなく同一性によって識別されるオブジェクトです。これとは反対に同一性ではなく属性によって識別されるオブジェクトも存在します。

たとえば姓と名の属性からなる氏名は、そのいずれかの属性が変更されたらまったく異なるものになってしまいます。反対に属性が同じであった場合はまったく同じものであるとみなされます。まさしく氏名はその属性によって識別されるオブジェクトです。そのようなオブジェクトのことを何と呼ぶか、皆さんは既に学んでいます。氏名はまさに「値オブジェクト」です。

エンティティと値オブジェクトは共にドメインモデルの実装であるドメインオブジェクトとして似通っていますが、その性質は異なります。エンティティの性質は次のとおりです。

- 可変である
- 同じ属性であっても区別される
- 同一性により区別される

エンティティの性質には値オブジェクトの性質を真逆にしたような性質もあります。この先の解説は、値オブジェクトとの違いを意識しながら読み進めるとより理解しやすい内容です。もしも値オブジェクトに対する理解に不安が残っているようであれば、第2章『システム固有の値を表現する「値オブジェクト」』の解説を確認しに戻ってみるとよいでしょう。

3.2.1 可変である

値オブジェクトは不変なオブジェクトでした。それに比べてエンティティは可変なオブジェクトです。人々がもつ年齢や身長といった属性が変化するのと同じように、エンティティの属性は変化することが許容されています。

人生において名前を変更するケースはそれほど頻繁には発生しませんが、システム上のユーザ名を変更したいケースは存在します。ユーザ名の変更を例に「可変である」性質がどういったものか確認してみましょう。

リスト3.1はユーザを表すUserクラスですが、現在のところユーザ名の変更を行うことができません。

リスト3.1：ユーザを表すクラス

```
class User
{
  private string name;

  public User(string name)
  {
    if (name == null) throw new ArgumentNullException(nameof(➡
name));
    if (name.Length < 3) throw new ArgumentException("ユーザ名は➡
３文字以上です。", nameof(name));

    this.name = name;
  }
}
```

最初はこれでよいと思ったユーザ名であっても、システムを利用しているうちに素敵なユーザ名を後から思いつくこともあるでしょう。そのとき、せっかく思いついた素敵なユーザ名を使うことができないと、とても残念な体験になってしまいます。素敵なユーザ名を利用できるようにUserオブジェクトを可変なオブジェクトにしてみましょう（**リスト3.2**）。

リスト3.2：可変なオブジェクトに変化させる

```
class User
{
  private string name;

  public User(string name)
  {
    ChangeName(name);
  }
```

```
  public void ChangeName(string name)
  {
    if (name == null) throw new ArgumentNullException(nameof(➡
name));
    if (name.Length < 3) throw new ArgumentException("ユーザ名は➡
3文字以上です。", nameof(name));

    this.name = name;
  }
}
```

UserオブジェクトはChangeNameメソッドを通じて名前を表す属性を変更できます。無味無色のセッターによってユーザ名の交換を行わないことで、メソッド名によりそのふるまいが何であるかが語られ、またガード節により異常な値が設定されることはありません。

値オブジェクトは不変の性質が存在するため交換（代入）によって変更を表現していましたが、エンティティは交換により変更を行いません。エンティティの属性を変化させたいときには、そのふるまいを通じて属性を変更することになります(**図3.1**)。

図3.1：可変なオブジェクト

但し、すべての属性を必ず可変にする必要はありません。エンティティはあくまでも、必要に応じて属性を可変にすることが許可されているに過ぎません。可変なオブジェクトは基本的には厄介な存在です。可能な限り不変にしておくことはよい習慣です。

COLUMN

セーフティネットとしての確認

モデルを表現したオブジェクトの値がドメインのルールに適合しているかどうかは重要な問題です。したがってドメインのルールに違反するようなことは排除する必要があります。本文に登場したUserオブジェクトはまさにそれを行っていて、異常な値（nullや短すぎる名前）が引き渡されるとオブジェクトは例外を送出し、プログラムは終了します。

この例外はあくまでもセーフティとして機能する例外です。

したがって、例外が起こりうることを前提にするのではなく、その検査は事前に行うべきです。たとえばユーザの名前を変更するときに、新たなユーザ名が異常な値を取りうるのであれば、クライアント側で事前に検査をします。この検査を行うと「新たなユーザ名に異常な値が混ざりうる」という意図を明確にできます（**リスト3.3**）。

リスト3.3：クライアントで事前に検査する

```
if (string.IsNullOrEmpty(request.Name))
{
  throw new ArgumentException("リクエストのNameがnullまたは➡
空です。");
}
user.ChangeName(request.Name);
```

3.2.2 同じ属性であっても区別される

値オブジェクトは同じ属性であれば同じものとして扱われました。エンティティはそれと異なり、たとえ同じ属性であっても区別されます。この性質を理解するために、値オブジェクトとの違いを確認していきましょう。

ここで例に挙げる氏名の値オブジェクトは姓と名の2つの属性で構成されています。値オブジェクトは等価性によって比較されるため、姓の値と名の値がそれぞれ同じである氏名オブジェクト同士はまったく同じものとして扱われます（**図3.2**）。

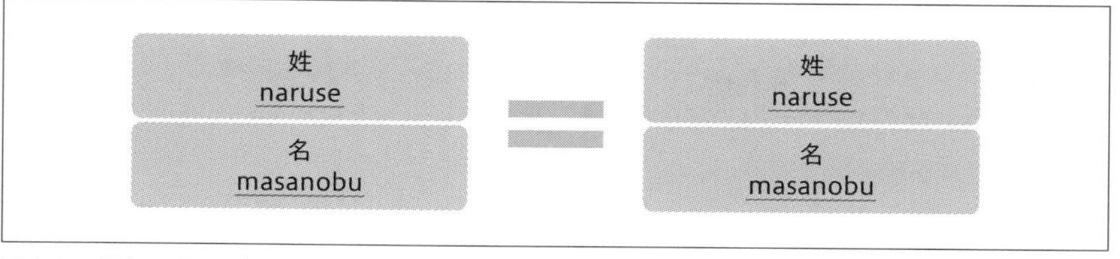

図3.2：等価であれば同一とみなされる

この値がもつ性質は、たとえば人間にはあてはめることはできません。もしこの性質を人間にあてはめたならば、氏名がまったく同じ人間同士は同一人物であるということになってしまいます（**図3.3**）。

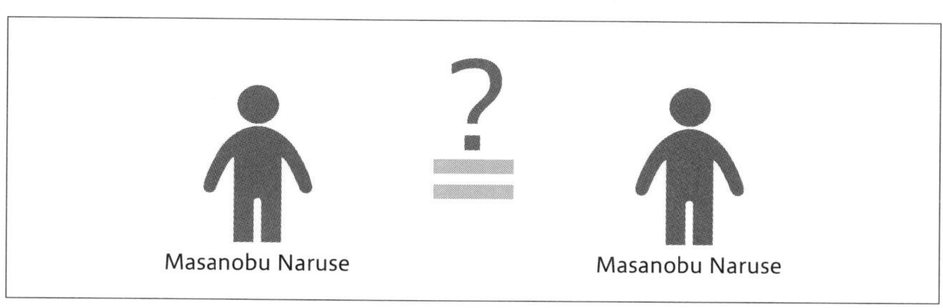

図3.3：同姓同名は同一人物

もちろんそんなことはありえません。同姓同名という言葉があるとおり、氏名が一致したからといって必ずしも同じ人物のことを指していると断定はできません（**図3.4**）。

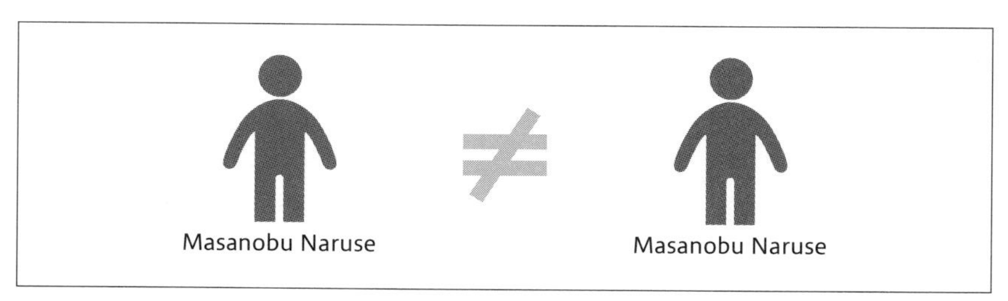

図3.4：同姓同名は同一人物でない

私たち人間は属性だけでは区別されないのです。人間が区別されるのはもっと別のところにあります。ここで例にしている人間はまさしくエンティティとして表現されるものです。

人間が何をもってして区別されるのか、というのは哲学的な問いになってしまいますが、エンティティ同士を区別するためには識別子（Identity）が利用されます。

人間と同様にシステム上の利用者であるユーザもまた、等価性でなく同一性によって識別される必要があります。そこでUserオブジェクトに識別子を追加してみましょう。次のコードは識別子であるUserIdとそれを追加したUserオブジェクトです（**リスト3.4**）。

リスト3.4：識別子とそれを利用したユーザのオブジェクト

```
class UserId
{
  private string value;

  public UserId(string value)
  {
    if (value == null) throw new ArgumentNullException(nameof(➡
value));

    this.value = value;
  }
}

class User
{
  private readonly UserId id;
  private string name;

  public User(UserId id, string name)
  {
    if (id == null) throw new ArgumentNullException(nameof(id));
    if (name == null) throw new ArgumentNullException(nameof(➡
name));

    this.id = id;
    this.name = name;
  }
}
```

まったく同じ名前のユーザがいたとき、それが同一のユーザかそれとも別のユーザかどうかはこの識別子によって区別されます。

3.2.3 同一性をもつ

たとえばユーザ名を変更したときを考えてみましょう（**図3.5**）。

図3.5：ユーザ名変更のケース

ユーザ名を変更する前のユーザとユーザ名を変更した後のユーザは同一のユーザと判定されるべきでしょうか。それとも別のユーザと判定されるべきでしょうか。

たいていのシステムではユーザ名が異なったとしても、変更前と変更後のユーザを同一のユーザとして認識してほしいでしょう。ユーザには同一性があります。

オブジェクトには属性が異なっていたとしても同じものとしてみなす必要があるものが存在します。それらはみな同一性により識別されるオブジェクトです。

もちろんプログラムはユーザが同一かどうかを判断できませんから、同一性を判断するために何らかの手段が必要です。プログラムでは同一性の判断を実現するために識別子を利用します（**リスト3.5**）。

リスト3.5：同一性の判断するために識別子を追加

```
class User
{
  private readonly UserId id; // 識別子
  private string name;

  public User(UserId id, string name)
  {
```

```
    if (id == null) throw new ArgumentNullException(nameof(id));

    this.id = id;
    ChangeUserName(name);
  }

  public void ChangeUserName(string name)
  {
    if (name == null) throw new ArgumentNullException(nameof(➡
name));
    if (name.Length < 3) throw new ArgumentException("ユーザ名は➡
３文字以上です。", nameof(name));

    this.name = name;
  }
}
```

識別子は同一性の実体です。その性質からして可変にする必要はありません。C#ではreadonly修飾子を付けて再代入を不可能にすることで、インスタンスが実体化している間もIDが変化しないことを保証できます。

こうして定義された識別子は、フィールドとして保持するだけでは意味がありません。同一性の比較を行うためのふるまいが必要です。**リスト3.6**のEqualsメソッドは比較手段の典型的な実装です。

リスト3.6：比較手段の実装

```
class User : IEquatable<User>
{
  private readonly UserId id;
  private string name;

   (…略…)

  public bool Equals(User other)
```

```
  {
    if (ReferenceEquals(null, other)) return false;
    if (ReferenceEquals(this, other)) return true;
    return Equals(id, other.id); // 比較は id 同士で行われる
  }

  public override bool Equals(object obj)
  {
    if (ReferenceEquals(null, obj)) return false;
    if (ReferenceEquals(this, obj)) return true;
    if (obj.GetType() != this.GetType()) return false;
    return Equals((User) obj);
  }

  // 言語によりGetHashCodeの実装が不要な場合もある
  public override int GetHashCode() {
    return (id != null ? id.GetHashCode() : 0);
  }
}
```

第2章『システム固有の値を表現する「値オブジェクト」』で紹介した値オブジェクトの比較処理ではすべての属性が比較の対象となっていましたが、エンティティの比較処理では同一性を表す識別子（id）だけが比較の対象となります。これにより、エンティティは属性の違いにとらわれることなく同一性の比較が可能になります（**リスト3.7**）。

リスト3.7：エンティティの比較を行う

```
void Check(User leftUser, User rightUser)
{
  if (leftUser.Equals(rightUser))
  {
    Console.WriteLine("同一のユーザです");
  }
```

```
    else
    {
      Console.WriteLine("別のユーザです");
    }
}
```

DDD 3.3 エンティティの判断基準としてのライフサイクルと連続性

値オブジェクトとエンティティはドメインの概念を表現するオブジェクトとして似通っています。であれば何を値オブジェクトにして、何をエンティティにするかという判断の基準が欲しいところです。ライフサイクルが存在し、そこに連続性が存在するかというのは大きな判断基準になります。

たとえばこれまでサンプルにしてきたユーザという概念にはライフサイクルがあるでしょうか。

ユーザはシステムを利用するために利用者によって作成されます。システムを利用していくうちにユーザ名を変更することもあるでしょう。そうして月日が流れ、あるとき利用者にとってシステムが不要になったとき、残念なことですがユーザは削除されます。

作成されて生を受け、削除されて死を迎える。まさにユーザはライフサイクルをもち、連続性のある概念です。ユーザはエンティティで間違いなさそうです。

もしもライフサイクルをもたない、またはシステムにとってライフサイクルを表現することが無意味である場合には、ひとまずは値オブジェクトとして取り扱うとよいでしょう。ライフサイクルをもつオブジェクトは生まれてから死ぬまで変化をすることがあります。正確さが求められるソフトウェアを構築するにあたって、可変なオブジェクトはその取扱いに慎重さが要求される厄介なものです。不変にしておけるものは可能な限り不変なオブジェクトのままにして取り扱うことは、シンプルなソフトウェアシステムを構築する上で大切なことです。

DDD 3.4 値オブジェクトとエンティティのどちらにもなりうるモデル

ものごとの側面は決してひとつだけとは限りません。それがまったく同じ概念を指していても、システムによっては値オブジェクトにすべきときもあればエンティティにすべきときもあります。

たとえば車にとってタイヤはパーツです。特性に細かい違いはあるものの交換可能でまさに値オブジェクトとして表現可能な概念です。しかし、タイヤを製造する工場にとってはどうでしょうか。タイヤにはロットがあり、それがいつ作られたものであるかという個体を識別することは重要なことです。タイヤはエンティティとして表現する方が相応しいでしょう。

同じものごとを題材にしても、それを取り巻く環境によってモデルに対する捉え方は変わります。値オブジェクトにも、エンティティにもなりえる概念があることを認識し、ソフトウェアにとって最適な表現方法がいずれになるのかは意識しておくとよいでしょう。

DDD 3.5 ドメインオブジェクトを定義するメリット

エンティティと値オブジェクトは異なる性質をもちますが、いずれもドメインモデルの表現であるドメインオブジェクトです。ドメインモデルをドメインオブジェクトとして定義することでどのようなメリットがあるでしょうか。ここで一度ドメインオブジェクトを定義するメリットについて確認しておきましょう。

ここに提示するメリットは次の2つです。

- コードのドキュメント性が高まる
- ドメインにおける変更をコードに伝えやすくする

これらのメリットはソフトウェアを生み出す製造工程よりも、その後の保守開発において際立つものです。少しソフトウェアの未来に思いをはせながら確認していってください。

3.5.1 コードのドキュメント性が高まる

開発者は自身が受けもつソフトウェアについて、必ずしも知識があるとは限りません。プロジェクトに途中から参画したり、前任者の異動により引き継いだりといった理由で、まったく知識のないソフトウェアに取り掛かることがあります。事前知識のない開発者はソフトウェアが満たす要件をどのようにして知るのでしょうか。

多くの場合は仕様書などのドキュメントを手掛かりにするでしょう。しかし、残念ながら仕様書というのはマクロな要件について有効であってもミクロな要件については無力であることが多いです。たちの悪いことにドキュメントはコードと異なって、記載されている内容が誤っていてもソフトウェアが動作しなくなるような問題を引き起こしません。

ソフトウェアが満たす要件を知るのにドキュメントが役に立たないのであれば、開発者はコードに頼ることになります。しかし、たとえばユーザ名に関する仕様を知ろうとしたとき、Userクラスのコードが**リスト3.8**のように記述されていたらどうでしょうか。

リスト3.8：無口なコード

```
class User
{
  public string Name { get; set; }
}
```

コードは自身のことを一切語っていません。この無口なコードを前にしては、開発者はユーザ名に関する一切の手掛かりを得ることもできないのです。

それに比べて**リスト3.9**のコードはどうでしょうか。

リスト3.9：饒舌なコード

```
class UserName
{
  private readonly string value;

  public UserName(string value)
  {
```

```
    if (value == null) throw new ArgumentNullException(nameof(➡
value));
    if (value.Length < 3) throw new ArgumentException("ユーザ名は➡
３文字以上です。", nameof(value));

    this.value = value;
  }

  (…略…)
}
```

UserNameクラスを見たときに、ユーザ名は3文字以上でないと動作しないことは自明です。コードを饒舌にする努力を怠らなければ、開発者はコードを手掛かりにして、そこに存在するルールを確認できるのです。

なお、本来ドメイン駆動設計ではドメインについて学びドメインモデルを作り上げるところから始め、それをドメインオブジェクトとして実装します（**図3.6**）。

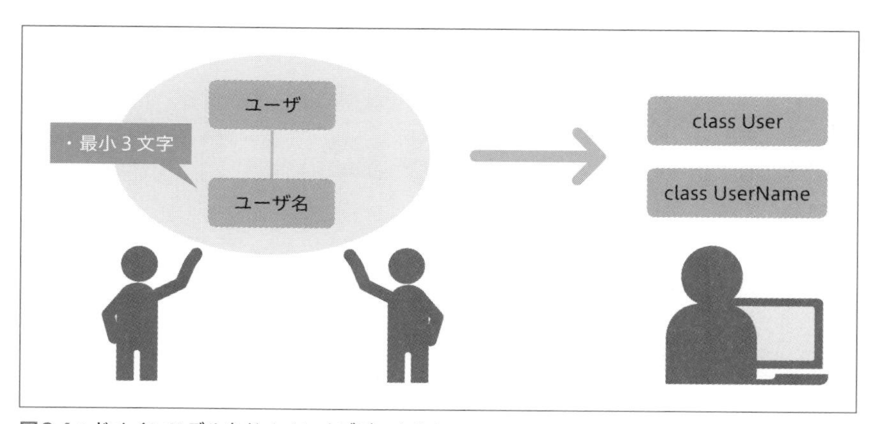

図3.6：ドメインモデルをドメインオブジェクトに

ドメインモデルに渦巻くルールはそのままドメインオブジェクトに記述されることとなります。これはドメインオブジェクトの正当性を担保することに役立ちます。

たとえば**図3.6**に記載されている「ユーザ名は最小3文字」といったルールはドメインオブジェクトとして**リスト3.9**に記述されています。

開発者であれば**リスト3.9**を見て、ユーザ名が最小3文字であるというルールが守られていることは読み取れることでしょう。ともすればプログラミングに関する知識がない者であったとしても、1行ずつ意味をかみくだいて説明すれば、このドメインオブジェクトの正当性を理解することも可能ではないでしょうか。

もしもこういったルールがオブジェクトに記述されていない**リスト3.8**のような無口なコードの場合、その正当性を主張することは困難になります。そこに存在するルールが守られているかの判断はすべてのコードを洗い出す必要があり、たとえ熟練した開発者であっても多大な労力を求められるでしょう。

3.5.2 ドメインにおける変更をコードに伝えやすくする

ドメインオブジェクトにふるまいやルールを記述することは、ドメインにおける変更をコードに伝えやすくする効果があります。

たとえばドメインのルールに変化が起きたと仮定してみましょう。具体的には**図3.6**にあった「ユーザ名は最小3文字」というルールが「ユーザ名は最小6文字」に変更されたときです。

ドメインモデルはドメインにおける変化を受けて、**図3.7**のように変化されます。

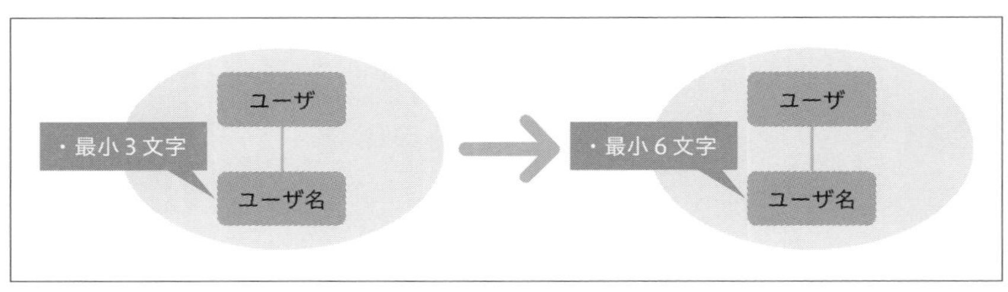

図3.7：ドメインの変化はドメインモデルへ

このルールの変化はコードにも反映する必要があります。そのときユーザを表すUserクラスのコードが**リスト3.8**のようなただのデータ構造体であったならば、その変更は極めて困難な道のりです。プログラムの随所に散らばったコードから変更すべき箇所を探し出す必要があります。

反対に、もしコードが**リスト3.9**のようにそこにあるルールを語っていたらどうでしょうか。ドメインモデルのルールが記載されているところは明白で、その修正もまた容易いものでしょう。

ドメインオブジェクトにルールやふるまいを記述することは、ドメインからドメインモデルへ伝播した変化をドメインオブジェクトまで到達させるために必要なことです。

人の営みは移ろいやすく、ドメインもまた変化するものです。ソフトウェアはドメインに生きる利用者のために存在するものである以上、こうした変化への対応が頻繁に求められます。ソフトウェアが健全に成長していく未来を守るため、コードを饒舌にする努力は常に念頭に置くべき事項でしょう。

DDD 3.6 まとめ

本章では値オブジェクトと並んで重要なモデルを表現するオブジェクトであるエンティティについて解説をしました。

豊かなふるまいをもったオブジェクトはソフトウェアがどのドメインの知識に関心があるか、それをどのように識別しているかということを浮き彫りにします。これはもちろん後続の開発者にとってドメインを理解する有効な手掛かりになります。

ドメインに対する鋭い洞察は実装時にも現れます。これは人が得意とする曖昧さをソフトウェアが受け入れられないことに端を発します。もしもエンティティを実装しようとしてそこに曖昧さを感じたのであれば、それはドメインの捉え方を見つめ直すきっかけです。

不自然さを解決する「ドメインサービス」

ドメインサービスは不自然さを解消します。

ドメインの概念を知識として落とし込み、それをコードで表現しようとしたとき、値オブジェクトやエンティティのふるまいとして定義すると違和感が生じるものが存在します。この違和感はドメインのものを表現しようとしたときよりも、ドメインの活動を表現しようとするときに見られる傾向があります。
違和感のあるふるまいを値オブジェクトなどに無理やり実装しようとすると、オブジェクトの責務を歪(いびつ)なものに変えてしまいます。このようなときに求められることは、そのふるまいをまた別のオブジェクトとして定義することです。本章で解説するドメインサービスはまさにそのオブジェクトです。

DDD 4.1 サービスが指し示すもの

サービスとは何でしょうか。

たとえばサービス業と呼ばれる業種を聞いたことがあるでしょう。ソフトウェアシステムをサービスとして提供するという言い回しもよく聞きます。他には「サービスする」という動詞として使われることもあります。それぞれ同じサービスという言葉でありながら、意味合いは明確に異なるものです。サービスという言葉に慣れ親しんではいても、いざ「サービスとは何か」と問われると案外答えづらいものです。

ソフトウェア開発の文脈で語られるサービスはクライアントのために何かを行うオブジェクトです。その定義域は幅広く、実にさまざまなことをこなします。さらに紛らわしいことにドメイン駆動設計だけに焦点を絞ってみても、同じサービスという言葉が付く用語でありながら、その意味合いの異なるものが存在します。これは大きな混乱を引き起こしているように感じます。

ドメイン駆動設計で取りざたされるサービスは大きく分けて2つです。ひとつがドメインのためのサービスで、もうひとつがアプリケーションのためのサービスです。この2つを混同することは混乱のもとです。その区分けをしっかりとするために前者をドメインサービスと呼び、後者をアプリケーションサービスと呼びます。

この章で解説するのはドメインのサービスであるドメインサービスです。アプリケーションサービスの解説は第6章『ユースケースを実現する「アプリケーションサービス」』で行います。数多くあるサービスという言葉に惑わされないように読み進めていきましょう。

DDD 4.2 ドメインサービスとは

値オブジェクトやエンティティなどのドメインオブジェクトにはふるまいが記述されます。たとえば、ユーザ名に文字数や利用できる文字種に制限があるのであれば、その知識はユーザ名の値オブジェクトに記述されてしかるべきでしょう。

しかし、システムには値オブジェクトやエンティティに記述すると不自然になってしまうふるまいが存在します。ドメインサービスはそういった不自然さを解決するオブジェクトです。

まずは値オブジェクトやエンティティに記述されると不自然なふるまいがどういったものなのかを確認し、その後ドメインサービスによる解決策を確認しましょう。

4.2.1 不自然なふるまいを確認する

現実において同姓同名は起こりえますが、システムにおいてはユーザ名の重複を許可しないことはありえます。ユーザ名の重複を許さないというのはドメインのルールであり、ドメインオブジェクトのふるまいとして定義すべきものです。さて、このふるまいは具体的にどのオブジェクトに記述されるべきでしょうか。

ユーザに関することはユーザを表すオブジェクトに、という健全な論理的思考からまずはUserクラスに重複確認のふるまいを追加してみます（**リスト4.1**）。

リスト4.1：重複確認のふるまいをUserクラスに追加

```
class User
{
  private readonly UserId id;
  private UserName name;

  public User(UserId id, UserName name)
  {
    if (id == null) throw new ArgumentNullException(nameof(id));
    if (name == null) throw new ArgumentNullException(nameof(➡
name));

    this.id = id;
    this.name = name;
  }

  // 追加した重複確認のふるまい
  public bool Exists(User user)
  {
```

```
        // 重複を確認するコード
        (…略…)
    }
}
```

現時点では重複確認の具体的な処理についてを論じたいわけではありません。いま認識すべきことは重複の確認を行う手段がUserクラスのふるまいとして定義されているということです。

このオブジェクトの定義を確認する限りでは問題がないように見えますが、実はこれは不自然さを生み出すコードです。実際にこのメソッドを利用して重複確認をしてみましょう（**リスト4.2**）。

リスト4.2：リスト4.1を利用して重複確認を行う

```
var userId = new UserId("id");
var userName = new UserName("nrs");
var user = new User(userId, userName);

// 生成したオブジェクト自身に問い合わせをすることになる
var duplicateCheckResult = user.Exists(user);
Console.WriteLine(duplicateCheckResult); // true? false?
```

重複を確認するふるまいはUserクラスに定義されているので、重複の有無を自身に対して問い合わせることになります。これは多くの開発者を混乱させる不自然な記述です。自身が重複しているかどうかの確認を自身に依頼したとき、果たして問い合わせの結果は真を返すべきでしょうか。それとも偽を返すべきでしょうか。

重複確認を行うときに、生成したオブジェクト自身に問い合わせを行うというのは開発者を惑わせるようです。異なるアプローチを考えてみましょう。たとえば重複を確認するために専用のインスタンスを用意するのはどうでしょうか（**リスト4.3**）。

リスト4.3：重複確認専用のインスタンスを用意する

```
var checkId = new UserId("check");
var checkName = new UserName("checker");
var checkObject = new User(checkId, checkName);
```

```
var userId = new UserId("id");
var userName = new UserName("nrs");
var user = new User(userId, userName);

// 重複確認専用インスタンスに問い合わせ
var duplicateCheckResult = checkObject.Exists(user);
Console.WriteLine(duplicateCheckResult);
```

リスト4.3は自身に問い合わせをせずに済む点では、不自然さがいくばくか軽減されています。しかし、重複確認のために作成されたcheckObjectはユーザを表すオブジェクトでありながらユーザではない不自然なオブジェクトです。このような不自然な存在を容認するのが正しいコードであるとは思えません。

どうやら重複確認はエンティティであるユーザオブジェクトに記述すると不自然になるふるまいの典型のようです。こういった不自然さを解決するのに活躍するのがドメインサービスです。

4.2.2 不自然さを解決するオブジェクト

ドメインサービスは通常のオブジェクトと何ら変わりはありません。ユーザのドメインサービスは**リスト4.4**のように定義します。

リスト4.4：ユーザのドメインサービスの定義

```
class UserService
{
  public bool Exists(User user)
  {
    // 重複を確認する処理
    (…略…)
  }
}
```

ドメインサービスは値オブジェクトやエンティティと異なり、自身のふるまいを変更するようなインスタンス特有の状態をもたないオブジェクトです。

重複を確認するための具体的な実装についてはこの後に解説を行います。いまは重複確認を行うメソッドがUserServiceクラスに定義されていることだけを確認してください。

このユーザのドメインサービスを利用して、実際にユーザの重複確認を行ってみましょう（**リスト4.5**）。

リスト4.5：リスト4.4を利用して重複確認を行う

```
var userService = new UserService();

var userId = new UserId("id");
var userName = new UserName("naruse");
var user = new User(userId, userName);

// ドメインサービスに問い合わせ
var duplicateCheckResult = userService.Exists(user);
Console.WriteLine(duplicateCheckResult);
```

ドメインサービスを用意することで、自身に重複を問い合わせたり、チェック専用のインスタンスを用意したりする必要がなくなりました。**リスト4.5**のコードは開発者を困惑させない自然なものでしょう。

値オブジェクトやエンティティに定義すると不自然に感じる操作はドメインサービスに定義することで、そこに存在する不自然さは解消されます。

DDD 4.3 ドメインサービスの濫用が行き着く先

エンティティや値オブジェクトに記述すると不自然なふるまいはドメインサービスに記述します。ここで重要なのは「不自然なふるまい」に限定することです。実をいうとすべてのふるまいはドメインサービスに記述できてしまいます。

たとえばユーザ名変更のふるまいをエンティティではなくドメインサービスに記述すると、コードは**リスト4.6**のようになります。

リスト4.6：ドメインサービスにユーザ名変更のふるまいを記述する

```
class UserService
{
  public void ChangeName(User user, UserName name)
  {
    if (user == null) throw new ArgumentNullException(nameof(➡
user));
    if (name == null) throw new ArgumentNullException(nameof(➡
name));

    user.Name = name;
  }
}
```

リスト4.6は意図したとおり、ユーザ名の変更をこなします。そういった意味では正しいコードですが、このときUserクラスの記述はどのようなものになっているでしょうか（**リスト4.7**）。

リスト4.7：リスト4.6で利用されているUserクラスの定義

```
class User
{
  private readonly UserId id;

  public User(UserId id, UserName name)
  {
    this.id = id;
    Name = name;
  }

  public UserName Name { get; set; }
}
```

ドメインサービスにすべてのふるまいを記述するとエンティティにはゲッターとセッターだけが残ります。いかに熟練した開発者であっても、このクラスの定義を見ただけでユーザにどのようなふるまいやルールが存在するのかを読み取ることは不可能です。

無思慮にドメインサービスへふるまいを移設することは、ドメインオブジェクトをただデータを保持するだけの無口なオブジェクトに変容させる結果を招きます。ドメインオブジェクトに本来記述されるべき知識やふるまいが、ドメインサービスやアプリケーションサービスに記述され、語るべきことを何も語っていないドメインオブジェクトの状態をドメインモデル貧血症といいます。これはオブジェクト指向設計のデータとふるまいをまとめるという基本的な戦略の真逆をいくものです。

ユーザ名を変更するふるまいは本来であればUserクラスに定義するべきものです（**リスト4.8**）。

リスト4.8：Userクラスにふるまいを定義する

```
class User
{
  private readonly UserId id;
  private UserName name;

  public User(UserId id, UserName name)
  {
    this.id = id;
    this.name = name;
  }

  public void ChangeUserName(UserName name)
  {
    if (name == null) throw new ArgumentNullException(nameof(➡
name));
    this.name = name;
  }
}
```

4.3.1 可能な限りドメインサービスを避ける

先の例からわかるとおり、すべてのふるまいはドメインサービスに移設できます。やろうと思えばいくらでもドメインモデル貧血症を引き起こせてしまいます。

もちろんふるまいの中にはドメインサービスとして抽出しないと違和感のあるものは存在します。ふるまいをエンティティや値オブジェクトに定義するべきか、それともドメインサービスに定義するべきか、迷いが生じたらまずはエンティティや値オブジェクトに定義してください。可能な限りドメインサービスは利用しないでください。

ドメインサービスの濫用はデータとふるまいを断絶させ、ロジックの点在を促す行為です。ロジックの点在はソフトウェアの変化を阻害し、深刻に停滞させます。ソフトウェアの変更容易性を担保するためにも、コードを一元的に管理することを早々に諦めることは絶対にしてはいけません。

DDD 4.4 エンティティや値オブジェクトと共にユースケースを組み立てる

ドメインサービスは値オブジェクトやエンティティと組み合わせて利用されます。ドメインサービスの扱い方を確認するために、ここで実際にユースケースを組み立ててみましょう。ここで組み立てるユースケースはこれまで題材にしてきたユーザを作成する処理です。

ユーザ作成処理の仕様は単純です。クライアントはユーザ名を指定してユーザ作成処理を呼び出します。そのときユーザ名が重複しないようであればユーザを作成し保存します。今回取り扱うデータストアは一般的なリレーショナルデータベースを対象にします。

4.4.1 ユーザエンティティの確認

まずはユーザを表現するUserクラスを定義します（**リスト4.9**）。

リスト4.9：Userクラスの定義

```
class User
{
  public User(UserName name)
  {
```

```
    if (name == null) throw new ArgumentNullException(nameof(➡
name));

    Id = new UserId(Guid.NewGuid().ToString());
    Name = name;
  }

  public UserId Id { get; }
  public UserName Name { get; }
}
```

ユーザはIdにより識別されるオブジェクトであるエンティティです。なおユーザ作成処理においてはUserクラスにふるまいは不要なので、主だったメソッドは定義されていません。

Userクラスを構成するオブジェクトについても確認しておきましょう。UserクラスにはUserId型の識別子が属性として定義されています。またユーザ名を表すUserName型のプロパティも定義されています。これらの実装は**リスト4.10**です。

リスト4.10：UserIdクラスとUserNameクラスの定義

```
class UserId
{
  public UserId(string value)
  {
    if (value == null) throw new ArgumentNullException(nameof(➡
value));

    Value = value;
  }

  public string Value { get; }
}

class UserName
{
```

```
  public UserName(string value)
  {
    if (value == null) throw new ArgumentNullException(nameof(➡
value));
    if (value.Length < 3) throw new ArgumentException("ユーザ名は➡
3文字以上です", nameof(value));

    Value = value;
  }

  public string Value { get; }
}
```

UserIdとUserNameはいずれもデータをラップしているだけの単純な値オブジェクトです。UserNameは特に3文字未満のユーザ名は例外を送出することで、ユーザ名が3文字以上であることを強制しています。

4.4.2 ユーザ作成処理の実装

ユーザエンティティとそれを構成するオブジェクトの実装について確認したところで、いよいよ具体的なユーザ作成処理に移ります。**リスト4.11**はユーザ作成処理の具体的な実装です。まずはコードを俯瞰しましょう。

リスト4.11：ユーザ作成処理の実装

```
class Program
{
  public void CreateUser(string userName)
  {
    var user = new User(
      new UserName(userName)
    );
```

```
    var userService = new UserService();
    if (userService.Exists(user))
    {
      throw new Exception($"{userName}は既に存在しています");
    }

    var connectionString = ConfigurationManager.➡
ConnectionStrings["FooConnection"].ConnectionString;
    using (var connection = new SqlConnection(connectionString))
    using (var command = connection.CreateCommand())
    {
      connection.Open();
      command.CommandText = "INSERT INTO users (id, name) ➡
VALUES(@id, @name)";
      command.Parameters.Add(new SqlParameter("@id", ➡
user.Id.Value));
      command.Parameters.Add(new SqlParameter("@name", ➡
user.Name.Value));
      command.ExecuteNonQuery();
    }
  }
}
```

コードをあまり深く読み込むことをしなくても、まず最初にユーザを作成し、次に重複確認を行っているところまでは読み取れます。しかし、その後に続く処理についてはどうでしょうか。

後半のコードはそれまでのコードと異なり、眺めるだけでは意図を掴めません。処理を注意深く読み込むとリレーショナルデータベースに接続するための接続文字列を用いてデータストアに接続し、SQLを発行してユーザ情報の保存を行っているのが読み取れます。それまでのユーザ作成や重複確認に比べて、コードの大部分はデータストアに対する具体的な操作が多く記述されています。コード自体はさほど難易度が高くないものですが、作成されたユーザを保存する意図を読み取るにはコードを読み込む必要があります。

ドメインサービスであるUserServiceの実装はどうでしょうか（**リスト4.12**）。

リスト4.12：ドメインサービスの実装

```
class UserService
{
  public bool Exists(User user)
  {
    var connectionString = ConfigurationManager.➡
ConnectionStrings["FooConnection"].ConnectionString;
    using (var connection = new SqlConnection(connectionString))
    using (var command = connection.CreateCommand())
    {
      connection.Open();
      command.CommandText = "SELECT * FROM users WHERE name = ➡
@name";
      command.Parameters.Add(new SqlParameter("@name", ➡
user.Name.Value));
      using (var reader = command.ExecuteReader())
      {
        var exist = reader.Read();
        return exist;
      }
    }
  }
}
```

ユーザ名の重複を確認するにはデータストアへの問い合わせが必要です。そのため、UserServiceの重複確認処理はデータストアの操作に終始しています。

これらのコードはいずれも正しく動作しますが、柔軟性に乏しいコードです。たとえば、もしもデータストアがリレーショナルデータベースではなくNoSQLデータベースへ変更する必要に迫られたとしたら、どのようなことが起きるでしょうか。ユーザ作成処理の本質は何も変わっていないにもかかわらず、そのコードの大半を変更する必要があるでしょう。UserServiceクラスにいたっては、すべてのコードをNoSQLデータベースを操作するコードに置き換える必要があります。

データを取り扱う以上、データの保存や読み取りにまつわる処理を記述することは避けられません。しかしユーザ作成処理において、コードの大半はデータストアに対する操作処理が占めるべきでしょうか。特定のデータストアに依存することが正しい道でしょうか。

もちろんそんなことはありません。ユーザ作成処理の本質は「ユーザが作成される」ことと「重複確認が行われる」こと、そして「生成されたユーザが保存される」ことです。コードで表現すべきはこういった本質的なことです。決して特定のデータストアにまつわるアレやコレやではありません。

ソフトウェアシステムにおいてデータの保存処理はなくてはならないものです。しかし、保存処理にまつわるコードをそのまま記述すると処理の趣旨がぼやけてしまいます。この問題を解決するには、次の章で解説するリポジトリというパターンが役立ちます。

COLUMN

ドメインサービスの基準

ドメインサービスはドメインモデルのコード上の表現であり、括りとしては値オブジェクトやエンティティと同一です。そのためドメインサービスは入出力を伴う処理を取り扱わないようにすべきという考えもあります。それに照らし合わせると本文のように「ユーザの重複」に関する確認をドメインサービスとして実装することは間違っています。

本来データストアが存在しないドメインにとって、入出力操作はアプリケーションを構築する上で追加されたもので、アプリケーションの関心事です。そのためドメインの概念や知識のコード上の表現であるドメインオブジェクトが、データストア操作を取り扱うことは好ましくありません。ドメインオブジェクトはドメインモデルを表現することに徹するべきです。にもかかわらず題材を、それに反するものにしたのかというと、筆者の見解と異なるからです。

その処理がドメインサービスかどうかを見極める際に筆者が重要視していることは、ドメインに基づくものかそうでないかという点です。「ユーザの重複」という考えがドメインに基づくものであれば、それを実現するサービスはドメインサービスです。それをコードとして表現するためにインフラストラクチャのサービスの協力を得ることは問題ないと考えています。反対に、もしもアプリケーションを作成するにあたって必要になったのであれば、それはドメインサービスでありません。それはアプリケーションのサービス（第6章）として定義されるものでしょう。

もちろん、可能な限り入出力はドメインサービスで取り扱わないようにするという方針には賛成です。それを考慮した上で、必要とあらば入出力の伴う操作をドメインサービスとすることも厭(いと)いません。

DDD 4.5 物流システムに見るドメインサービスの例

　ドメインサービスにはデータストアといったインフラストラクチャが絡まないドメインオブジェクトの操作に徹したものも存在します。というよりむしろこちらの方が本流でしょう。少し脇道に逸れることになりますが、ここでユーザの重複確認以外のドメインサービスの例を確認します。

　ここで題材とするのは物流システムです。

　物流システムでは、荷物を拠点から直接配送するのではなく、拠点から配送先の近くの拠点に輸送してから配送をします（**図4.1**）。

図4.1：配送のイメージ

　この輸送の概念をコードに落とし込んでみましょう。

4.5.1 物流拠点のふるまいとして定義する

　図4.1には物流拠点という用語があります。これはドメインの重要な概念で、エンティティとして定義されています（**リスト4.13**）。

リスト4.13：物流拠点エンティティ

```
// 処理の具体的な内容は主題ではないので省略
class PhysicalDistributionBase
{
  (…略…)

  public Baggage Ship(Baggage baggage)
  {
    (…略…)
  }
```

```
  public void Receive(Baggage baggage)
  {
    (…略…)
  }
}
```

物流拠点には出庫（Ship）と入庫（Receive）のふるまいがあります。出庫と入庫はセットで取り扱われるべき活動です。誤って出庫していない架空の荷物を入庫してしまったり、出庫したまま荷物をほったらかすということは起きてはいけません。現実では物理法則に従い出庫と入庫は確実にセットで実施されますが、プログラムではそうはいきません。間違いなくセットで実行する「輸送」の処理を準備する必要があります。

さて、輸送処理を準備するにあたって、どこにその記述をすべきでしょうか。拠点から拠点へ荷物を移す輸送は物流拠点を起点にしています。物流拠点に輸送のふるまいを定義してみましょう（**リスト4.14**）。

リスト4.14：物流拠点に輸送のふるまいを定義する

```
class PhysicalDistributionBase
{
  (…略…)

  public void Transport(PhysicalDistributionBase to, ➡
Baggage baggage)
  {
    var shippedBaggage = Ship(baggage);
    to.Receive(shippedBaggage);

    // たとえば配送の記録は必要だろうか
  }
}
```

リスト4.14の処理自体は問題なく完了するでしょう。Transportメソッドを利用する限り出庫と入庫は1対1で行われます。しかし、物流拠点が他の物流拠点へ直接荷物を渡すというのは少しぎこちなさを感じます。また現時点のコードはコンテキストによる要素をそぎ落としている極力シンプルなサンプルです。実際には**リスト4.14**にコメントとして記述されているような、配送の記録などの操作が必要となる可能性もあります。それらの操作がすべて物流拠点オブジェクトによって執り行われるというのは、違和感を覚えるのと同時に扱いづらさも感じることでしょう。

4.5.2 輸送ドメインサービスを定義する

どうやら輸送という概念は特定のオブジェクトのふるまいとすると不都合のあるふるまいのようです。そこで今度は物流拠点のふるまいではなく、輸送を執り行うドメインサービスとして定義してみましょう（**リスト4.15**）。

リスト4.15：輸送ドメインサービス

```
class TransportService
{
  public void Transport(PhysicalDistributionBase from, ➡
PhysicalDistributionBase to, Baggage baggage)
  {
    var shippedBaggage = from.Ship(baggage);
    to.Receive(shippedBaggage);

    // 配送の記録を行う
    (…略…)
  }
}
```

リスト4.14に存在したぎこちなさがなくなっています。もし配送の記録を行ったとしても、違和感を感じることはありません。

そのオブジェクトの定義に納まらない操作を無理やり押し込むことになりそうなときは、ドメインサービスとして切り出すことがドメインの概念を自然に表現することに繋がります。

COLUMN

ドメインサービスの命名規則

ドメインサービスの命名規則は次の3つに分けられます。

①ドメインの概念
②ドメインの概念 + Service
③ドメインの概念 + DomainService

サービスはドメインの活動がその対象となりやすく、動詞に基づいて命名されることが多いです。

筆者は②の接尾句にServiceを付けるルールを採用することが多いです。接尾句としてDomainServiceではなくServiceを採用している理由はドメインサービスはそもそもサービスであり、それがドメインサービスかどうかはその由来によって決定づけられるべきと考えているからです。具体的なコードでいえばXxxDomain.Services.XxxServiceという名前空間により、XxxServiceはドメインサービスであることがわかります。

「ユーザの重複確認」といったある特定のドメインオブジェクトと密接に関わるようなサービスは、UserServiceのようにドメインオブジェクト名にServiceを付けた名前にし、そこに処理をまとめます。もしも「ユーザの重複を確認する」ことがそれ単体で独立させる必要があればCheckDuplicateUserServiceといったクラスに仕立てることもあります。

①のドメインの概念単体で定義する方がより表現として適切ですが、それがサービスであることを常に頭の片隅で意識しておく必要があるでしょう。

③はドメインサービスを強調するものです。コード単体で見たときのわかりやすさは他の追随を許しません。

いずれにせよ、ドメインサービスであることがチームの共通の認識となるのであればどれを選択しても構いません。

DDD 4.6 まとめ

本章ではドメインのサービスであるドメインサービスを学びました。

ドメインにはドメインオブジェクトに実装すると不自然になるふるまいが必ず存在します。これは複数のドメインオブジェクトを横断するような操作に多く見られます。そんなときに活用するのがサービスと呼ばれるオブジェクトです。

サービスは便利な存在です。ドメインオブジェクトに記述すべきふるまいは、やろうと思えばすべてサービスに移し替えられてしまいます。ドメインモデル貧血症を起こさないために、そのふるまいがどこに記述されるべきかということに細心の注意を払うようにしてください。ふるまいに乏しいオブジェクトは手続き型プログラミングを助長し、ドメインの知識をオブジェクトのふるまいとして表現するチャンスを奪います。

ここまでの内容で値オブジェクト・エンティティ・ドメインサービスという基本的なドメインの概念を表現する手段が揃ったことになります。さらに本章ではそれらの要素を使い、ついにユースケースを組み立てることを行いました。

しかし、それと同時に1つの課題が浮き出てきました。その課題はユースケースがデータストアの操作に終始してしまっていることです。次章で解説するリポジトリはこの課題を解決する力をもったパターンです。

データにまつわる処理を分離する「リポジトリ」

リポジトリは永続化や再構築を担います。

ソフトウェアを継続して成長させるためにはコードの意図を明確にすることが求められます。オブジェクトの永続化（保存）や再構築（復元）といった操作は重要ですが、データストアを操作するコードはプログラムの意図をぼやけさせます。意図を明確にするにはデータストアにまつわる処理を切り離すことが必要です。リポジトリはそういった操作を抽象的に扱えるように仕立てて、処理の意図を明確にすることを可能にします。
リポジトリがもたらすものはそれだけではありません。データストアにまつわる処理をリポジトリに寄せることは、データストアの差し替えを実現します。これはテスト実行を容易にさせ、ひいては変更の難易度を下げることに繋がります。
リポジトリはソフトウェアの柔軟性に寄与する重要なパターンです。

DDD 5.1 リポジトリとは

リポジトリという言葉の一般的な意味は保管庫です。ソフトウェア開発の文脈で登場するリポジトリはまさにデータの保管庫です（**図5.1**）。

図5.1：データの保管庫

ソフトウェア上にドメインの概念を表現しただけでは、アプリケーションとして成り立たせることが難しいです。プログラムが実行される過程でメモリ上に展開されたデータは、プログラムが終了すると消えてなくなります。特にエンティティはライフサイクルのあるオブジェクトですから、プログラムが終了したからといって消えてしまっては困ります。

オブジェクトを繰り返し利用するには、何らかのデータストアにオブジェクトのデータを永続化（保存）し、再構築（復元）する必要があります。リポジトリはデータを永続化し再構築するといった処理を抽象的に扱うためのオブジェクトです。

オブジェクトのインスタンスを保存したいときは直接的にデータストアに書き込みを行う処理を実行するのではなく、リポジトリにインスタンスの永続化を依頼します。また永続化したデータからインスタンスを再構築したいときにもリポジトリにデータの再構築を依頼します（**図5.2**）。

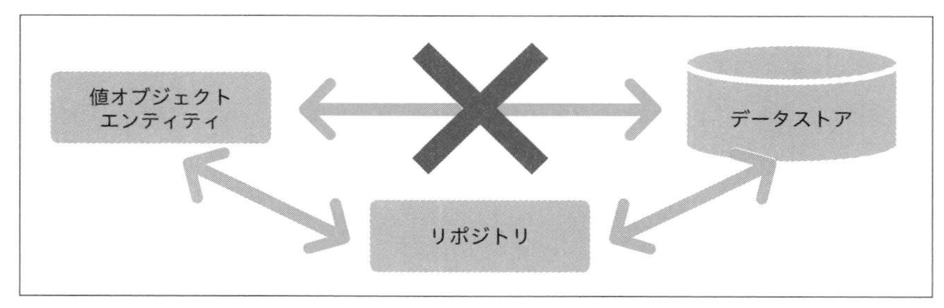

図5.2：リポジトリを経由する

このようにしてデータの永続化と再構築を直接行うのではなく、リポジトリを経由して行うというだけのことが、ソフトウェアに驚くほどの柔軟性を与えます。

この章ではまずリポジトリの具体的な実装方法を紹介した後、リポジトリの利用の仕方について確認します。そしてリポジトリのもたらす恩恵を確認したのちに、前章で提起された課題を解決していきます。

COLUMN

リポジトリはドメインオブジェクトを際立たせる

リポジトリはこれまで解説してきたドメインオブジェクトと異なり、ドメインの概念を由来とするものではありません。その点では明確にドメインオブジェクトとは一線を画す存在です。ではドメインと無関係であるかというとそれもまた異なります。

ドメインオブジェクトを利用してプログラムを組み上げて問題を解決しようとすると、どうしてもそこには技術的要素を由来とする手の込んだコードが必要になります。そうしたコードをそのまま放置すると問題解決の場は技術的要素に侵食され、その趣旨やドメインオブジェクトを見えづらくします。リポジトリはそういったコードを引き受け、表現の場を防衛します。

ドメインの概念を由来としないため、リポジトリはドメインオブジェクトではありませんが、ドメインモデルを表現するドメインオブジェクトを際立たせる役割があります。ドメインをうまく表現するというドメイン設計の構成要素としてリポジトリは欠かせないものです。

DDD 5.2 リポジトリの責務

リポジトリの責務はドメインオブジェクトの永続化や再構築を行うことです。永続化とは、インスタンスを保存し、復元できるようにすることです。

永続化というとリレーショナルデータベースを思い浮かべがちですが、永続化を行う具体的な技術基盤はそれに限りません。リレーショナルデータベースと一口にいってもさまざまな種類がありますし、それ以外にも単純にファイルにデータを保存する場合もあれば、NoSQLデータベースを利用する場合もあります。

いずれにせよ、永続化を実施するために記述される特定のデータストアに基づく具体的な手順はたいていややこしいです。そのややこしさをそのままスクリプトに記述するとどのような事態が発生するかをまず確認してみましょう。

リスト5.1は第4章『不自然さを解決する「ドメインサービス」』に登場したユーザ作成処理です。

リスト5.1：第4章で登場したユーザ作成処理

```
class Program
{
  public void CreateUser(string userName)
  {
    var user = new User(
      new UserName(userName)
    );

    var userService = new UserService();
    if (userService.Exists(user))
    {
      throw new Exception($"{userName}は既に存在しています");
    }

    var connectionString = ConfigurationManager.➡
ConnectionStrings["FooConnection"].ConnectionString;
    using (var connection = new SqlConnection(connectionString))
    using (var command = connection.CreateCommand())
    {
      connection.Open();
      command.CommandText = "INSERT INTO users (id, name) ➡
VALUES(@id, @name)";
      command.Parameters.Add(new SqlParameter("@id", ➡
user.Id.Value));
      command.Parameters.Add(new SqlParameter("@name", ➡
user.Name.Value));
      command.ExecuteNonQuery();
    }
  }
}
```

コードの前半部分でユーザの生成と重複確認を行っていることを読み取るのはたやすいです。後半はどうでしょうか。SqlConnectionを利用していることからリレーショナルデータベースの操作をしていることは読み取れます。しかし、その具体的な処理内容がUserオブジェクトのインスタンスを保存していることまで把握することは、コードを詳しく読み込むまではわからないでしょう。

次に**リスト5.1**で利用されているUserServiceの処理を確認してみます（**リスト5.2**）。

リスト5.2：UserServiceの処理内容

```
class UserService
{
  public bool Exists(User user)
  {
    var connectionString = ConfigurationManager.➡
ConnectionStrings["FooConnection"].ConnectionString;
    using (var connection = new SqlConnection(connectionString))
    using (var command = connection.CreateCommand())
    {
      connection.Open();
      command.CommandText = "SELECT * FROM users WHERE name = ➡
@name";
      command.Parameters.Add(new SqlParameter("@name", ➡
user.Name.Value));
      using (var reader = command.ExecuteReader())
      {
        var exist = reader.Read();
        return exist;
      }
    }
  }
}
```

UserServiceのExistsメソッドはリレーショナルデータベースの操作に終始しています。ユーザの重複が何をもってして判断されるか読み取ることができたでしょうか。ユーザの重複のルールは処理を詳しく読み込み、発行しようとしているクエリを確認することで初めて読み取れる情報です。

ユーザ作成処理と重複確認処理はいずれも間違いなく動作はするものの、そのコードの大半はデータストアの具体的な操作に追われてしまっているため、趣旨が読み取りづらくなっています。このような具体的でややこしいデータ永続化の処理は抽象的に扱うと処理の趣旨が際立ちます。永続化処理を抽象化して取り扱うリポジトリを利用するように変更してみましょう。

まずはユーザ作成処理をリポジトリを利用した実装に書き換えます（**リスト5.3**）。

リスト5.3：リポジトリを利用したユーザ作成処理

```
class Program
{
  private IUserRepository userRepository;

  public Program(IUserRepository userRepository)
  {
    this.userRepository = userRepository;
  }

  public void CreateUser(string userName)
  {
    var user = new User(
      new UserName(userName)
    );

    var userService = new UserService(userRepository);
    if (userService.Exists(user))
    {
      throw new Exception($"{userName}は既に存在しています");
    }

    userRepository.Save(user);
  }
}
```

Userオブジェクトの永続化はリポジトリであるIUserRepositoryオブジェクトに対して依頼されるようになります。データストアがリレーショナルデータベースか、それともNoSQLデータベースなのか、はたまたファイルなのかということはドメインにとって重要なことではありません。重要なことはインスタンスを何らかの手段によって保存するということです。データストアに対する命令を抽象的に行うことで、コードは具体的なデータストアにまつわるややこしい処理から解き放たれ、ユーザ作成処理として純粋なロジックになったのです。もはやコードの意図するところは明確であり、コメントで補足することすら不要です。

次にドメインサービスの実装はどのように変化するでしょうか。確認してみましょう（**リスト5.4**）。

リスト5.4：リポジトリを利用したドメインサービスの実装

```
class UserService
{
  private IUserRepository userRepository;

  public UserService(IUserRepository userRepository)
  {
    this.userRepository = userRepository;
  }

  public bool Exists(User user)
  {
    var found = userRepository.Find(user.Name);

    return found != null;
  }
}
```

データベース操作によって処理の大半を埋め尽くされていたドメインサービスのコードが、リポジトリを経由してインスタンスを再構築するようになり、「Userオブジェクトの重複チェックはユーザ名を起因としてチェックされる」という意図を示すようになりました。ユーザ作成処理と同様に、目を凝らしてスクリプトの意図を確認する必要はもはやありません。

このようにリポジトリは現在のインスタンスの状態を永続化し、またインスタンスを再構築するオブジェクトです。オブジェクトの永続化にまつわる処理をリポジトリという抽象的なオブジェクトに任せることでビジネスロジックはより純粋なものに昇華されるのです。

DDD 5.3 リポジトリのインターフェース

リポジトリを利用したコードとそれがもたらす効果を確認できたところで、今度はリポジトリの定義を確認しましょう。リポジトリはインターフェース（抽象型）で定義されています（**リスト5.5**）。

リスト5.5：Userクラスのリポジトリインターフェース

```
public interface IUserRepository
{
  void Save(User user);
  User Find(UserName name);
}
```

ユーザ作成処理を実現するにあたって必要な処理はインスタンスの保存をすることと重複チェックのための復元です。したがってIUserRepositoryはインスタンスを保存するためのふるまいとユーザ名によるインスタンスの復元を提供しています。再構築をしようとしたとき、対象となるオブジェクトが見つからなかった場合にはnullを返却することで見つからなかったことを表現します。

重複チェックという目的を鑑みるとExistsメソッドをリポジトリに実装するというアイデアが浮かぶこともあるでしょう（**リスト5.6**）。

リスト5.6：リポジトリに重複確認メソッドを追加した場合

```
public interface IUserRepository {
  void Save(User user);
  User Find(UserName name);
  bool Exists(User user);
}
```

しかし、リポジトリの責務はあくまでもオブジェクトの永続化です。ユーザの重複確認はドメインのルールに近く、それをリポジトリに実装するというのは責務として相応しくありません。もしもリポジトリにExistsが定義されると、リポジトリの実装次第で動作が変わってしまう可能性があります。ユーザの重複確認はあくまでドメインサービスが主体となって行うべきです（**リスト5.7**）。

リスト5.7：リスト5.6を利用するとドメインサービスが主体とならない

```
class UserService
{
  private IUserRepository userRepository;

   (…略…)

  public bool Exists(User user)
  {
    // ユーザ名により重複確認を行うという知識は失われている
    return userRepository.Exists(user);
  }
}
```

ドメインサービスにインフラストラクチャにまつわる処理を嫌って、リポジトリに重複確認を定義する場合は、**リスト5.8**のように具体的な重複確認のキーを引き渡すようにするとよいでしょう。

リスト5.8：リポジトリに重複確認を定義する場合

```
public interface IUserRepository
{
   (…略…)

  public bool Exists(UserName name);
}
```

その他に、リポジトリに定義するふるまいは、たとえばUserの識別子であるUserIdによる検索メソッドなども考えられます。しかし、いま焦って準備する必要はありません。早まって準備しても、結局不要になることもあります。いま時点では最低限必要な処理だけを定義するにとどめておきましょう。

COLUMN

nullの是非とOption型

C#ではnullを利用してオブジェクトの有無を表現しますが、nullを扱うことに拒否感を覚える方もいるでしょう。それはおそらく正しい感覚です。

nullは人類が取り扱うには難しい概念です。nullが存在するプログラミング言語に携わる開発者であれば、誰しも一度はnull参照によるエラーを引き起こしたことがあるのではないでしょうか。それほどnullを発端とするバグは多くの開発者を悩ませています。

nullによるバグを起こさないために取れる最善の手段はnullを扱わないことです。世の中にはnullが存在しないプログラミング言語も存在します。そういった言語ではオブジェクトの有無を表現するのにOption型（またはそれに類するもの）を利用します（**リスト5.9**）。

リスト5.9：Option型を取り入れたリポジトリ

```
public interface IUserRepository
{
  void Save(User user);
  Option<User> Find(UserName name);
}
```

Option型は戻り値のオブジェクトが存在することもあればしないこともある、という型です。Option型を戻り値とするメソッドは、その型情報だけでオブジェクトが見つからない「こともある」ということを表現していることになります。したがってOption型を採用すれば「// 見つからないときはnullを返却する」とコメントする必要もなくなります。

DDD 5.4 SQLを利用したリポジトリを作成する

インターフェースを準備したところでいよいよインターフェースの実体となるリポジトリを実装していきます。

もともとのコードはデータストアとしてリレーショナルデータベースを利用していました。最初に実装するリポジトリは、このリレーショナルデータベースを対象とするリポジトリです（**リスト5.10**）。

リスト5.10：SQLを利用したリポジトリ（Saveメソッド）

```
public class UserRepository : IUserRepository
{
  private string connectionString = ConfigurationManager.➡
ConnectionStrings["DefaultConnection"].ConnectionString;

  public void Save(User user)
  {
    using (var connection = new SqlConnection(connectionString))
    using (var command = connection.CreateCommand())
    {
      connection.Open();
      command.CommandText = @"
 MERGE INTO users
   USING (
     SELECT @id AS id, @name AS name
   ) AS data
   ON users.id = data.id
   WHEN MATCHED THEN
     UPDATE SET name = data.name
   WHEN NOT MATCHED THEN
     INSERT (id, name)
     VALUES (data.id, data.name);
";
      command.Parameters.Add(new SqlParameter("@id", ➡
user.Id.Value));
      command.Parameters.Add(new SqlParameter("@name", ➡
user.Name.Value));
      command.ExecuteNonQuery();
    }
```

```
  }

  (…略…)
}
```

UserRepositoryのSaveメソッドはUserのインスタンスをリレーショナルデータベースへ保存するためにUPSERT処理（データが存在したらUPDATE、さもなければINSERTを行う）を行います。UPSERT処理の実現方法は自身でSELECT文を発行しデータが存在するか否かで処理を切り替えてもよいですし、サンプルコードのようにデータベース固有の構文（MERGE文）を使用しても構いません。ビジネスロジックに特定の技術基盤に依存した処理を記述したいとは思いませんが、リポジトリの実装クラスでは技術基盤に依存した処理を記述しても問題ないのです。

次にFindメソッドの実装も確認してみましょう（**リスト5.11**）。

リスト5.11：SQLを利用したリポジトリ（Findメソッド）

```
public class UserRepository : IUserRepository
{
  (…略…)

  public User Find(UserName userName)
  {
    using (var connection = new SqlConnection(connectionString))
    using (var command = connection.CreateCommand())
    {
      connection.Open();
      command.CommandText = "SELECT * FROM users WHERE name = ➡
@name";
      command.Parameters.Add(new SqlParameter("@name", ➡
userName.Value));
      using (var reader = command.ExecuteReader())
      {
        if (reader.Read())
        {
```

```
          var id = reader["id"] as string;
          var name = reader["name"] as string;

          return new User(
            new UserId(id),
            new UserName(name)
          );
        }
        else
        {
          return null;
        }
      }
    }
  }
}
```

Findメソッドは引数として渡されたデータによってusersテーブルに問い合わせを行い、Userオブジェクトのインスタンスを構築して返却します。もしもデータが見つからなかったときはnullを返却します。

こうして実装されたリポジトリは**リスト5.12**のようにコンストラクタでProgramクラスに引き渡されます。

リスト5.12：リポジトリをProgramクラスに引き渡す

```
var userRepository = new UserRepository();
var program = new Program(userRepository);
program.CreateUser("naruse");
```

ProgramクラスはIUserRepositoryを扱いますが、その実体はUserRepositoryです。したがってIUserRepositoryのSaveメソッドが呼び出されるとUserRepositoryのSaveメソッドに制御が移り、UPSERT処理が実行されます。また、UserServiceでも同様にIUserRepositoryのFindメソッドが呼び出されるとUserRepositoryのFindメソッドが実行され、リレーショナルデータベースからオブジェクトが再構築されます（**図5.3**）。

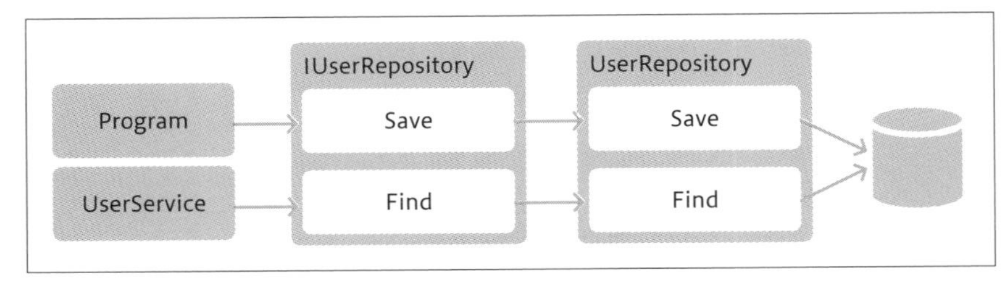

図5.3：UserRepositoryの動作イメージ

このようにインターフェースをうまく活用することで、Programクラス上では具体的な永続化にまつわる処理を記述せずにデータストアにインスタンスを永続化できるようになります。

テストによる確認

ソフトウェアを開発するにあたり、テストは欠かせないものです。開発者は自身の意図にしたがってプログラムが動作することを期待しますが、残念ながらプログラムは開発者の意図ではなく記述に沿って動作します。

プログラムが開発者の意図どおりの動作をしているかどうかは常に確認する必要があります。その確認方法として代表的なものがテストです。意図したとおりに動作するかどうか、実際に動かしてしまえばよいというわけです。

またテストは動作の確認以外に、ソフトウェアの柔軟性を担保することにも寄与します。

ソフトウェアの変更は簡単なものではありません。要件にしたがって変更すべきコードの特定と変更を慎重に行い、なおかつソフトウェアを破壊しないことが求められます。このときテストが前もって用意されているのであれば、コードを変更した後にテストを実施することでソフトウェアを破壊していないこと（または破壊していること）がわかります。この保証は変更にかかる検証のコストを減らすものです。

ドメインの変化を受けてソフトウェアが変化するためにはテストを用意することが重要です。

5.5.1 テストに必要な作業を確認する

ユーザ作成処理が意図したとおりに動作しているかを確かめるために、テストを行うイメージをしてみましょう。

テストをするにはまずリレーショナルデータベースが必要です。インストーラを手に入れてインストールしましょう。無事インストールが終わったら接続文字列をローカルのデータベースへ向けるために書き換える必要があります。コンフィグファイルを一時的に変更しましょう。データベースが準備できたら問い合わせ先となるテーブルも用意しないといけません。コードを確認すると"SELECT * FROM users"というクエリ文が発行されているのでusersテーブルが必要そうです。またテーブル作成のためにはカラムの定義が必要です。もう一度コードを確認するとユーザIDとユーザ名のカラムをそれぞれ文字列のデータタイプで定義すればよさそうです。集まった情報をもとにテーブル作成をしましょう。コードにはユーザの重複を確認する処理もあります。重複の確認処理が正しく動作しているかを確認するためにデータの投入をしておきましょう。

データベースの準備は一度行ってしまえば、よほどのことがなければ再度行う必要はありません。しかし、テーブルの準備はそうではありません。ロジックによって必要なデータが異なるため、ロジックが増えるにしたがって適宜テーブルを追加する必要があります。処理にいくつもの機能があったときはもっと悲惨です。確認したい項目にしたがって最適なテスト用のデータをいちいち投入しなくてはいけません。場合によっては以前のテストで使用したデータを消す必要もあるでしょう。

イメージはできたでしょうか。それは恒常的に行いたい作業でしょうか。

5.5.2 祈り信者のテスト理論

テストを行うための手間が積み重なると開発者は次第にテストに対して誠実でなくなっていきます。

開発者は多くのタスクを抱えているため、タスクをこなすための効率化に熱心で、作業に対するコストとそれに対する対価に敏感です。それと同時にある程度の経験値を積んだ開発者であれば、記述したコードが「おそらく」意図したとおりに動作するだろう、といった判断ができてしまいます。効率化に熱心な開発者にとって、「たいてい」うまく動作するコードに対して多大な労力をかけてテストを行うことは、コストと対価が見合わないように感じられてしまいます。結果として動く「だろう」と予測されたコードはプロダクトに混入されるのです。

テストをしなかったコードに対して、開発者にできることは祈りを捧げることだけです。

「どうか、このコードが問題なく動きますように」

願いは不安の裏返しです。開発者はリリース直後から不安を抱えることになります。そして数日後、また数週間後、あるいはもっと先の未来になってやっとひとつの感想を抱くのです。

「あぁ、あのコードはどうやら正しかったみたいだ」

こうした歪な成功経験は、より一層開発者をテストから遠ざけ、動く「だろう」で記述したコードが正しく動くように祈ることに夢中にさせます。もちろん祈ることは最善策ではありません。プログラムの挙動が祈りによって変わることはありえないのですから。

5.5.3 祈りを捨てよう

祈ることに慣れた開発者に祈りを捨てさせ、テストをするように駆り立てる方法は大きく分けて2つあります。恐怖による統制を行うか、効率的にテストが行えるようにするかです。システム開発に携わるものが取るべきアクションとして適切なのは後者です。ここではテストの効率化を考えましょう。

現在の問題はテストをするためにデータベースをインストールしたり、テーブルを準備しなくてはいけなかったりと、準備作業が煩雑なことです。この問題を解消する方法は単純です。データベースを利用しないようにすればよいのです。つまり、具体的にはデータベースに依存しないテスト用のリポジトリを利用します。

DDD 5.6 テスト用のリポジトリを作成する

テストを行う際に特定のインフラストラクチャを準備するのはとても億劫です。これを解決するためにはメモリをデータストアとして、インメモリで動作するようにすることです。インスタンスを保存する媒体としてメモリを利用する際にもっとも扱いやすいものは連想配列です。**リスト5.13**は連想配列をベースとしたリポジトリの実装です。

リスト5.13：連想配列をベースとしたリポジトリ

```
class InMemoryUserRepository : IUserRepository
{
  // テストケースによってはデータを確認したいことがある
  // 確認のための操作を外部から行えるようにするためpublicにしている
  public Dictionary<UserId, User> Store { get; } = ➡
new Dictionary<UserId, User>();

  public User Find(UserName userName)
  {
    var target = Store.Values
      .FirstOrDefault(user => userName.Equals(user.Name));

    if (target != null) {
      // インスタンスを直接返さずディープコピーを行う
      return Clone(target);
    }
    else
    {
      return null;
    }
  }

  public void Save(User user) {
    // 保存時もディープコピーを行う
    Store[user.Id] = Clone(user);
  }

  // ディープコピーを行うメソッド
  private User Clone(User user) {
    return new User(user.Id, user.Name);
  }
}
```

まずはデータの保存先を確認しましょう。データの保存先になる連想配列は一般的なものです。添え字にはオブジェクトの識別子にあたる値オブジェクトを利用しています。値オブジェクトを連想配列の添え字として採用する場合はEqualsメソッドとGetHashCodeをオーバーライドする必要があります。もしもメソッドのオーバーライドができない場合は、ラップされた実際の値を添え字として利用する選択肢もあります。

次にFindメソッドを確認します。このメソッドは連想配列からターゲットとなるインスタンスの検索をしています。FirstOrDefaultはC#特有の集合操作のライブラリ（Linq）の検索メソッドです。もちろん**リスト5.14**のように繰り返し構文で記述する手立てもあります。

リスト5.14：リスト5.13のFindを繰り返し構文で記述したとき

```
public User Find(UserName name)
{
  foreach(var elem in Store.Values)
  {
    if(elem.Name.Equals(name))
    {
      return Clone(elem);
    }
  }

  return null;
}
```

検索して見つけ出したインスタンスはそのまま返却せず、ディープコピー[*1]をして返却します。これは復元したインスタンスへの操作がリポジトリ内で保持しているインスタンスにまで影響を及ぼす（**リスト5.15**）ことを防ぐためです。

[*1] オブジェクトのみのコピーではなく、オブジェクトとメモリ上にロードされたデータの両方をコピーすること。

リスト5.15：オブジェクトへの操作がリポジトリ内部のインスタンスに影響してしまう

```
// オブジェクトを再構築する際にディープコピーを行わないと
var user = userRepository.Find(new UserName("Naruse"));
// 次の操作がリポジトリ内部で保管されているインスタンスにまで影響する
user.ChangeUserName(new UserName("naruse"));
```

同じ理由でSaveメソッドにおいてもインスタンスを保存する際にインスタンスのディープコピーを行っています。これは先ほどとは反対の理由で、保存処理後にリポジトリ内部のインスタンスに影響を及ぼす（**リスト5.16**）ことを防ぐためです。

リスト5.16：保存処理後にリポジトリの内部のインスタンスに影響してしまう

```
// ここでインスタンスをそのままリポジトリに保存してしまうと
userRepository.Save(user);
// インスタンスの操作がリポジトリに保存したインスタンスにまで影響する
user.ChangeUserName(new UserName("naruse"));
```

データベースなどに保存を行うプロダクション用のリポジトリでは最適化などを理由に差分を検知して、差分だけの更新を行うことがありますが、InMemoryUserRepositoryはその用途がテストに限られています。現段階ではそこまでの考慮は不要でしょう。

さぁ、テストのためのリポジトリの解説はおしまいです。いよいよユーザ作成処理をテストしてみましょう（**リスト5.17**）。

リスト5.17：ユーザ作成処理をテストする

```
var userRepository = new InMemoryUserRepository();
var program = new Program(userRepository);
program.CreateUser("nrs");

// データを取り出して確認
var head = userRepository.Store.Values.First();
Assert.AreEqual("nrs", head.Name);
```

データベースに接続する必要がなくなるだけで、テストは驚くほど気軽に行えます。もはや不安を抱えて眠れぬ夜を過ごしながらリリースを迎える必要はありません。間違いなく動作する自信がつくまで、思う存分テストをしてください。

DDD 5.7 オブジェクトリレーショナルマッパーを用いたリポジトリを作成する

昨今のソフトウェア開発においては直接SQL文をコード上で組み立てて実行せず、オブジェクトリレーショナルマッパー（ORM、O/R Mapper）を利用する手法がメジャーです。この節ではオブジェクトリレーショナルマッパーを活用したリポジトリの実装を確認しましょう。

C#のオブジェクトリレーショナルマッパーとしてはEntityFrameworkが有名です。**リスト5.18**はEntityFrameworkを利用したリポジトリの実装です。

リスト5.18：EntityFrameworkを利用したリポジトリ

```
public class EFUserRepository : IUserRepository
{
  private readonly MyDbContext context;

  public EFUserRepository(MyDbContext context)
  {
    this.context = context;
  }

  public User Find(UserName name)
  {
    var target = context.Users
      .FirstOrDefault(userData => userData.Name == name.Value);
    if (target == null)
    {
      return null;
    }
```

```
    return ToModel(target);
  }

  public void Save(User user)
  {
    var found = context.Users.Find(user.Id.Value);

    if (found == null)
    {
      var data = ToDataModel(user);
      context.Users.Add(data);
    }
    else
    {
      var data = Transfer(user, found);
      context.Users.Update(data);
    }

    context.SaveChanges();
  }

  private User ToModel(UserDataModel from)
  {
    return new User(
      new UserId(from.Id),
      new UserName(from.Name)
    );
  }

  private UserDataModel Transfer(User from, UserDataModel model)
  {
    model.Id = from.Id.Value;
    model.Name = from.Name.Value;
```

```
    return model;
  }

  private UserDataModel ToDataModel(User from)
  {
    return new UserDataModel
    {
      Id = from.Id.Value,
      Name = from.Name.Value,
    };
  }
}
```

名前空間を利用しEF.UserRepositoryというクラス名にしても構いません。紙面上では見分けづらいためクラス名はEFUserRepositoryとしています。

EntityFrameworkにおいてはデータストレージとして利用するオブジェクト（データモデル）のことをエンティティといいます。UserDataModelはEntity Frameworkのエンティティです（**リスト5.19**）。

リスト5.19：EntityFrameworkが直接利用するデータモデル

```
[Table("Users")]
public class UserDataModel
{
  [DatabaseGenerated(DatabaseGeneratedOption.None)]
  public string Id { get; set; }

  [Required]
  [MinLength(3)]
  public string Name { get; set; }
}
```

このエンティティは名前こそ同じものの第2章で解説したドメイン駆動設計のエンティティとは明確に異なるものです。UserDataModelという名前はそれを強調しています。もちろん名前空間を利用しUserというデータモデルを作成しても構いません（**リスト5.20**）。

リスト5.20：名前空間によりUserクラスとして定義する

```
namespace Infrastructure.DataModel.Users
{
  [Table("Users")]
  public class User
  {
    [DatabaseGenerated(DatabaseGeneratedOption.None)]
    public string Id { get; set; }

    [Required]
    [MinLength(3)]
    public string Name { get; set; }
  }
}
```

重要なことはドメインオブジェクトがドメインの知識を表現することに集中することです。特定の技術基盤に流用するためにドメインオブジェクトにゲッターやセッターを定義するようなことは避けるべきです。

さぁ、EFUserRepositoryを使ってみましょう。EFUserRepositoryはIUserRepositoryを実装しているので、Programクラスに引き渡せます（**リスト5.21**）。

リスト5.21：EntityFrameworkを利用したリポジトリを使ったテスト

```
var userRepository = new EFUserRepository(myContext);
var program = new Program(userRepository);
program.CreateUser("naruse");

// データを取り出して確認
var head = myContext.Users.First();
Assert.AreEqual("naruse", head.Name);
```

リポジトリの実体が差し変わっているだけで、Programクラスがインスタンス化された以降の処理はインメモリのリポジトリを使ったテスト（**リスト5.17**）とまったく同じです。

DDD 5.8 リポジトリに定義されるふるまい

リポジトリにはオブジェクトの永続化と再構築に関するふるまいが定義されます。ここで一度それらを確認しておきましょう。

5.8.1 永続化に関するふるまい

オブジェクトを永続化するふるまいは既にサンプルとして登場しているSaveメソッドです（**リスト5.22**）。

リスト5.22：永続化を行うふるまい

```
interface IUserRepository
{
  void Save(User user);
   (…略…)
}
```

メソッド名がSaveであることは強制されるものではなく、たとえばStoreといった名前でも構いません。

永続化のふるまいは永続化を行うオブジェクトを引数に取ります。したがって、**リスト5.23**のような対象の識別子と更新項目を引き渡して更新させるようなメソッドは用意しません。

リスト5.23：更新項目を引き渡す更新処理（悪い例）

```
interface IUserRepository
{
  void UpdateName(UserId id, UserName name);
   (…略…)
}
```

リスト5.23のコードが行き着く先はリポジトリに多くの更新処理を定義させる結果に繋がります（**リスト5.24**）。

リスト5.24：煩雑な更新処理が定義されたリポジトリ（悪い例）

```
interface IUserRepository
{
  void UpdateName(UserId id, UserName name);
  void UpdateEmail(UserId id, Email mail);
  void UpdateAddress(UserId id, Address address);
   (…略…)
}
```

そもそもオブジェクトが保持するデータを変更するのであれば、それはオブジェクト自身に依頼すべきです。こういったコードは避けましょう。

同様にオブジェクトを作成する処理もリポジトリには定義しません。コンストラクタを使った生成以外のオブジェクト生成は第9章『複雑な生成処理を行う「ファクトリ」』で取り上げます。

他に、永続化に関係するふるまいとして挙げられるのはオブジェクトの破棄に関する操作です。ライフサイクルのあるオブジェクトは不要になったとき破棄されます。それをサポートするのはリポジトリの役目です。**リスト5.25**のように破棄を行うメソッドがリポジトリに定義されます。

リスト5.25：破棄を行うふるまいを定義したリポジトリ

```
interface IUserRepository
{
  void Delete(User user);
   (…略…)
}
```

5.8.2 再構築に関するふるまい

もっとも頻繁に利用される再構築のふるまいは識別子によって検索されるメソッドです（**リスト5.26**）。

リスト5.26：識別子によって検索されるメソッド

```
interface IUserRepository
{
  User Find(UserId id);
   (…略…)
}
```

基本的にはこの識別子による検索メソッドを利用しますが、たとえばユーザ名の重複が発生しているかを確認するためには全件取得する必要があります。そういったときには対象となる全オブジェクトを再構築するメソッドを定義します（**リスト5.27**）。

リスト5.27：すべてのオブジェクトを再構築するメソッド

```
interface IUserRepository
{
  List<User> FindAll();
   (…略…)
}
```

ただし、この操作を定義することについては慎重にならなくてはなりません。再構築されるオブジェクトの数によっては、コンピュータのリソースを食いつぶしてしまうからです。

パフォーマンスを起因とする深刻な問題を避けるために、探索を定義する際にはそれに適したメソッドを定義します（**リスト5.28**）。

リスト5.28：探索に適したメソッド

```
interface IUserRepository
{
  User Find(UserName name);
  // オーバーロードがサポートされていない言語の場合は命名によりバリエーションを➡
増やす
  // User FindByUserName(UserName name);
   (…略…)
}
```

これであれば検索に利用するデータを引数で受け取っているので、リポジトリの実体が最適化した検索を行えます。

DDD 5.9 まとめ

ロジックが特定のインフラストラクチャ技術に依存することはソフトウェアを硬直化させることに繋がります。コードの大半はデータストアに対する詳細な操作に汚染され、処理の目的がぼやけてしまっているでしょう。

リポジトリを利用するとデータの永続化にまつわる処理を抽象化することができます。たったそれだけのことが驚くほどの柔軟性をソフトウェアに与えます。

たとえば、開発初期にどのデータストアを採用するのかが決まっていなかったとしても、インメモリのリポジトリを利用してロジックを実装できます。それ以外にも、より高性能なデータストアがリリースされたときは専用のリポジトリを実装して差し替えられます。そしてもちろん、テストを実施したいときにテストができます。

もちろん、不具合はデータストアを取り扱うモジュール上で発生したり、実行環境に依存して発生することもあります。そのため、最終的にはデータストアを絡めた実環境上でテストを実施することは不可欠です。その上で、テストを気軽に実施できるよう仕立てる努力は品質の向上に寄与するものに違いありません。

ドメインのルールに比べると、データストアが何であるかは些末な問題です。リポジトリをうまく活用して処理の意図を明確にすることは、後続の開発者の助けになるでしょう。

ユースケースを実現する「アプリケーションサービス」

アプリケーションサービスはドメインオブジェクトを協調させてユースケースを実現します。

値オブジェクトやエンティティといったドメインオブジェクトはドメインモデルをコードによって表現したオブジェクトです。
ソフトウェアとして利用者の問題を解決するためには、これらのドメインオブジェクトをまとめあげて問題を解決するように導く必要があります。
アプリケーションサービスはドメインオブジェクトが行うタスクの進行を管理し、問題の解決に導くものです。

1
2
3
4
5
6
7
8
9
10
11
12
13
14
15
APP

DDD 6.1 アプリケーションサービスとは

第4章『不自然さを解決する「ドメインサービス」』で予告した2つ目のサービスが本章で解説するアプリケーションサービスです。アプリケーションサービスを端的に表現するならば、ユースケースを実現するオブジェクトです。

たとえばユーザ登録の必要なシステムにおいて、ユーザ機能を実現するには「ユーザを登録する」ユースケースや「ユーザ情報を変更する」ユースケースが必要です。ユーザ機能のアプリケーションサービスはユースケースにしたがって「ユーザを登録する」ふるまいや「ユーザ情報を変更する」ふるまいが定義されます。それらのふるまいは実際にドメインオブジェクトを組み合わせて実行するスクリプトのようなふるまいです。

この章ではこのユーザ機能に必要なユースケースを作成する過程を確認することで、アプリケーションサービスがどういったものかを確認していきます。

COLUMN

アプリケーションサービスという名前

アプリケーションの意味を知ることはアプリケーションサービスを知る手掛かりです。

アプリケーションは一般的に利用者の目的に応じたプログラムのことを指します。アプリケーションの目的は利用者の必要を満たしたり、目的を達成することです。

ドメインオブジェクトはドメインのコード上の現身です。ドメインをコードとして表現したとしても、そこに存在する必要や問題は依然として残ったままです。利用者の必要を満たしたり、問題を解決するためにはドメインオブジェクトの力を束ね上げて導く必要があるのです。

ドメインオブジェクトを操作し、利用者の目的を達成するように導くアプリケーションサービスがアプリケーションの名が冠していることも自然に思えるのではないでしょうか。

DDD 6.2 ユースケースを組み立てる

　アプリケーションサービスのサンプルとしてこの章で取り扱うのは、SNS（ソーシャルネットワーキングサービス）のユーザ機能です。システムとして成り立たせるために開発しなくてはならないものを洗い出すため、まずはユーザ機能がどういったものかを確認します。

　利用者は最初にシステムを利用するためにユーザ登録をする必要があります。このユーザはシステム上の利用者自身にあたります。利用者は登録しておいたユーザ情報を参照し、場合によっては変更を行えます。もしもシステムが利用者にとって不要になった際には、退会を行うことでシステムの利用を停止できます。

　これらの機能をもつシステムのユースケース図が**図6.1**です。

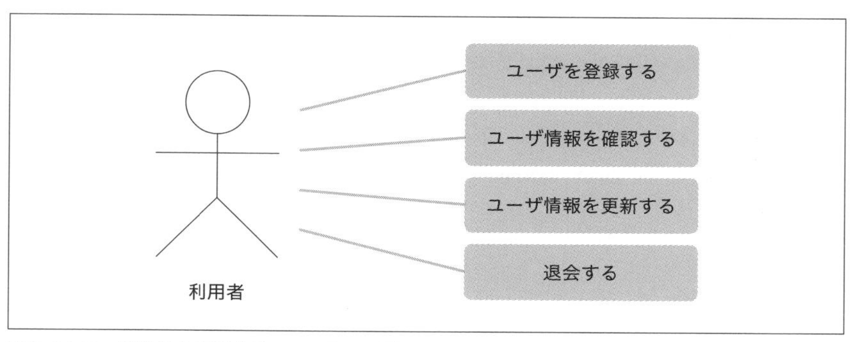

図6.1：ユーザ機能を実現するユースケース図

　ユーザ機能を実現するための「登録する」「情報を取得する」「情報を更新する」「退会する」といったユースケースはいわゆるCRUD（CREATE、READ、UPDATE、DELETE）処理です。これら４つの処理はシステムを開発する上では基本的な処理です。まさにアプリケーションサービスを作るチュートリアルとして最適でしょう。

6.2.1 ドメインオブジェクトから準備する

　まずはアプリケーションサービスが取り扱うドメインオブジェクトを準備します。

　今回取り扱うユーザの概念はライフサイクルがあるモデルなので、エンティティとして実装されます（**リスト6.1**）。

リスト6.1：ユーザを表すエンティティ

```
public class User
{
  // はじめてインスタンスを生成する際に利用する
  public User(UserName name)
  {
    if (name == null) throw new ArgumentNullException(nameof(➡
name));

    Id = new UserId(Guid.NewGuid().ToString());
    Name = name;
  }

  // インスタンスを再構成する際に利用する
  public User(UserId id, UserName name)
  {
    if (id == null) throw new ArgumentNullException(nameof(id));
    if (name == null) throw new ArgumentNullException(nameof(➡
name));

    Id = id;
    Name = name;
  }

  public UserId Id { get; }
  public UserName Name { get; private set; }

  public void ChangeName(UserName name)
  {
    if (name == null) throw new ArgumentNullException(nameof(➡
name));

    Name = name;
  }
}
```

Userには同一性を識別するためのUserIdという識別子が属性として定義されています。ユーザ情報としての属性はユーザ名のみが定義されています。いずれの属性もシステム固有の値である値オブジェクトとして定義しますが、現在のところは特別なふるまいがないため、ほとんどプリミティブな文字列型の値をラップしただけのオブジェクトです（**リスト6.2**）。

リスト6.2：Userクラスが利用している値オブジェクトの定義

```
public class UserId
{
  public UserId(string value)
  {
    if (string.IsNullOrEmpty(value)) throw new ➡
ArgumentException("valueがnullまたは空文字です");

    Value = value;
  }

  public string Value { get; }
}

public class UserName
{
  public UserName(string value)
  {
    if (value == null) throw new ArgumentNullException(nameof➡
(value));
    if (value.Length < 3) throw new ArgumentException("ユーザ名➡
は3文字以上です。", nameof(value));
    if (value.Length > 20) throw new ArgumentException("ユーザ名➡
は20文字以下です。", nameof(value));

    Value = value;
  }
```

```
  public string Value { get; }
}
```

またユーザの重複がないことを確認する必要があります。ドメインサービスを用意する必要があるでしょう（**リスト6.3**）。

リスト6.3：ユーザのドメインサービス

```
public class UserService
{
  private readonly IUserRepository userRepository;

  public UserService(IUserRepository userRepository)
  {
    this.userRepository = userRepository;
  }

  public bool Exists(User user)
  {
    var duplicatedUser = userRepository.Find(user.Name);

    return duplicatedUser != null;
  }
}
```

さらにユーザの永続化や再構築を行う必要があります。ドメインモデルを表現するドメインオブジェクトではありませんがリポジトリの準備も必要です（**リスト6.4**）。

リスト6.4：ユーザのリポジトリ

```
public interface IUserRepository
{
  User Find(UserId id);
  User Find(UserName name);
  void Save(User user);
```

```
  void Delete(User user);
}
```

リポジトリには**リスト6.3**が利用するメソッド以外にもCRUD処理を作るにあたって必要となる永続化や破棄のメソッドも定義しています。なおリポジトリの実装クラスはまだ用意する必要がありません。ロジックを組み立てる分にはインターフェースさえあれば十分です。

これらのオブジェクトはここまでの解説で登場してきたものばかりです。さっそくユーザ機能を作っていきましょう。

6.2.2 ユーザ登録処理を作成する

最初に実装するユースケースはユーザの登録処理です。ユーザ登録処理をアプリケーションサービスのふるまいとして実装すると**リスト6.5**になります。

リスト6.5：ユーザ登録処理の実装

```
public class UserApplicationService
{
  private readonly IUserRepository userRepository;
  private readonly UserService userService;

  public UserApplicationService(IUserRepository ➡
userRepository, UserService userService)
  {
    this.userRepository = userRepository;
    this.userService = userService;
  }

  public void Register(string name)
  {
    var user = new User(
      new UserName(name)
    );
```

```
    if (userService.Exists(user))
    {
      throw new CanNotRegisterUserException(user, "ユーザは既に➡
存在しています。");
    }

    userRepository.Save(user);
  }
}
```

Registerメソッドでは最初にUserオブジェクトを生成し、重複チェックをドメインサービスであるUserServiceに依頼しています。その結果としてユーザが重複しないことを確認できた場合に、IUserRepositoryにインスタンスの永続化を依頼することでユーザの登録を完了します。

第5章『データにまつわる処理を分離する「リポジトリ」』の解説を読み終えた読者は不思議なことに気づくでしょう。このコードはこれまでの解説で取り扱ってきたProgramクラスとほとんど同じコードです。そう、実はProgramクラスはアプリケーションサービスだったのです。

6.2.3 ユーザ情報取得処理を作成する

ユーザを登録したら登録された情報を確認する必要があります。ユーザ情報取得処理をUserApplicationServiceに追加しましょう。

ユーザ情報取得処理はユーザ登録処理と異なり、結果を返却する必要があります。このとき、結果となるオブジェクトとしてドメインオブジェクトをそのまま戻り値とするか否かの選択は、重要な分岐点です。

リスト6.6のコードはドメインオブジェクトを公開することに決めた場合のユーザ情報取得メソッドの実装です。

リスト6.6：戻り値としてドメインオブジェクトを公開したユーザ情報取得メソッド

```
public class UserApplicationService
{
  private readonly IUserRepository userRepository;

```

```
    (…略…)

    public User Get(string userId)
    {
        var targetId = new UserId(userId);
        var user = userRepository.Find(targetId);

        return user;
    }
}
```

ドメインオブジェクトを公開する選択肢を選んだ場合、アプリケーションサービスの実装コードは比較的シンプルなものになります。しかし、これは同時にわずかな危険性をはらみます。アプリケーションサービスを利用するクライアントについて考えてみましょう。

アプリケーションサービスを利用するクライアントは、結果として受け取ったドメインオブジェクトの属性を取得してファイルなり画面なりに出力します。それ自体に問題はありません。ここで問題となるのは、**リスト6.7**のように意図せぬメソッド呼び出しを可能にする点です。

リスト6.7：ドメインオブジェクトのメソッドの意図せぬ呼び出し

```
public class Client
{
    private UserApplicationService userApplicationService;

    (…略…)

    public void ChangeName(string id, string name)
    {
        var target = userApplicationService.Get(id);
        var newName = new UserName(name);
        target.ChangeName(newName);
    }
}
```

リスト6.7はユーザ名の変更を目的にしたコードです。このコードを実行したとしても、データの永続化を行っていないためその目的は達成されません。

ここで問題とすべきはこのコードの無意味さではなく、アプリケーションサービス以外のオブジェクトがドメインオブジェクトの直接のクライアントとなって自由に操作できてしまうということです。ドメインオブジェクトのふるまいを呼び出す役目はアプリケーションサービスの役目です。その枠組みを超えてドメインオブジェクトのふるまいが呼び出されてしまうと、本来であればアプリケーションとして提供されるべきであったコードが各所に散りばめられる可能性を生みます。

またそれ以外にもドメインオブジェクトに対する多くの依存が発生することは問題です。ドメインの変化は即座にオブジェクトへ反映されるべきですが、複雑な依存関係の中核となるコードの変更は熟練した開発者であっても躊躇するものです。

ドメインオブジェクトを外部に向けて公開する選択肢は処理自体を単純なものにしますが、その代償として多くの危険性を内包します。

これを防ぐための選択肢としてアクセス修飾子によるメソッド呼び出しの制限がありますが、クライアントやアプリケーションサービス、そしてドメインオブジェクトが同一パッケージに定義される構成であったときにはそれも難しいです。また開発チーム内で紳士協定を結び、ドメインオブジェクトのメソッド呼び出しに対して制限を加える選択肢もあります。ただし、こういったルールによる防衛はもっとも強制力が小さく、脆いものであることも知っておかなくてはなりません。いずれにせよ特効薬というほどの効力はありません。

そこで筆者がお勧めするのはドメインオブジェクトを直接公開しない方針です。ドメインオブジェクトを非公開としたとき、クライアントにはデータ転送用オブジェクト（DTO、Data Transfer Object）にデータを移し替えて返却します。

具体的なコードを見ていきましょう。まずはUserクラスのデータを受け渡すためのDTOを準備します（**リスト6.8**）。

リスト6.8：Userクラスのデータを公開するために定義されたDTO

```
public class UserData
{
  public UserData(string id, string name)
  {
    Id = id;
    Name = name;
  }
```

```
  public string Id { get; }
  public string Name { get; }
}
```

DTOに対するデータの移し替え処理はアプリケーションサービスの処理上に記述されます（**リスト6.9**）。

リスト6.9：ドメインオブジェクトからDTOへのデータ移し替え処理

```
public class UserApplicationService
{
  private readonly IUserRepository userRepository;

  (…略…)

  public UserData Get(string userId)
  {
    var targetId = new UserId(userId);
    var user = userRepository.Find(targetId);

    var userData = new UserData(user.Id.Value, user.Name.Value);
    return userData;
  }
}
```

Userのインスタンスは外部に引き渡されないため、UserApplicationServiceのクライアントはUserのメソッドを呼び出すことができません。

なお、外部に公開するパラメータが追加されたとき、コードは**リスト6.10**のように変更する必要があります。

リスト6.10：外部公開するパラメータが追加されたときの変化

```
public class UserApplicationService
{
  private readonly IUserRepository userRepository;
```

```
  (…略…)

  public UserData Get(string userId)
  {
    var targetId = new UserId(userId);
    var user = userRepository.Find(targetId);

    // var userData = new UserData(user.Id.Value, ➡
user.Name.Value);
    // コンストラクタの引数が増える
    var userData = new UserData(user.Id.Value, ➡
user.Name.Value, user.MailAddress.Value);
    return userData;
  }
}
```

この修正は至極単純なもので機械的にこなせますが、UserDataオブジェクトをインスタンス化している箇所すべてにおいて同様の修正が必要です。静的言語であればコンパイルエラーで該当箇所は示唆されますし、正規表現や文字列置換を駆使して修正を終えることは可能ですが、あまり面白い作業でもないでしょう。可能であれば修正箇所をまとめたいところです。

修正箇所をまとめるために取れる戦術として、DTOのコンストラクタでUserのインスタンスを引数として受け取る方法が考えられます（**リスト6.11**）。

リスト6.11：ドメインオブジェクトを引数として受け取るコンストラクタを用意する

```
public class UserData
{
  public UserData(User source) // ドメインオブジェクトを受け取っている
  {
    Id = source.Id.Value;
    Name = source.Name.Value;
  }
```

```
  public string Id { get; }
  public string Name { get; }
}
```

UserDataはコンストラクタの引数として受け取るUserと密な関係にあります。Userのデータを公開するためのオブジェクトであるUserDataがUserに依存することはあまり問題になりません。

専用のコンストラクタを利用したとき、データを移し替えるコードは**リスト6.12**になります。

リスト6.12：専用のコンストラクタを利用したときのデータ移し替えを行うコード

```
var userData = new UserData(user);
```

もしもパラメータが追加されることになったとしても修正箇所はUserDataクラスを変更するだけで十分です（**リスト6.13**）。

リスト6.13：変更箇所はUserDataクラスにまとめられる

```
public class UserData
{
  public UserData(User source)
  {
    Id = source.Id.Value;
    Name = source.Name.Value;
    MailAddress = source.MailAddress.Value; // 属性への代入処理
  }

  public string Id { get; }
  public string Name { get; }
  public string MailAddress { get; } // 追加された属性
}
```

最後に**リスト6.13**を利用したユーザ情報取得処理を確認しましょう（**リスト6.14**）。

リスト6.14：リスト6.13を利用したユーザ情報取得処理

```
public class UserApplicationService
{
  private readonly IUserRepository userRepository;

  (…略…)

  public UserData Get(string userId)
  {
    var targetId = new UserId(userId);
    var user = userRepository.Find(targetId);

    if (user == null)
    {
      return null;
    }

    return new UserData(user);
  }
}
```

DTOはそのクラス自体を定義する手間とデータの移し替えを行うためドメインオブジェクトを直接公開した場合に比べるとパフォーマンス上劣る部分はあります。とはいえ、よほど大量の移し替えが発生しない限り、その影響は微々たるものです。不用意な依存を防ぎ、ドメインオブジェクトの変化を妨げないようにすることの方がときに重要視されるでしょう。

ドメインオブジェクトを公開するかしないかは大きな分岐点です。ドメインオブジェクトを公開したからといって即問題が起きるわけではありません。ドメインオブジェクトを非公開にしたことで増えるコード量に煩わしさを感じることもあります。どちらを採用するかはプロジェクトのポリシーによるところです。重要なことは、その選択がソフトウェアの未来を左右する可能性の秘めた決定事項であることを認識した上で決定を下すことです。

COLUMN

煩わしさを減らすために

あなたがドメインオブジェクトを公開しないことを決めたとしても、開発チームのメンバーから理解を得られない可能性もあります。単純に記述量が増えることを嫌う開発者は一定数います。そうしたとき取れる手段は、彼らに降りかかる煩わしさの肩代わりをするものを用意することです。

具体的にはドメインオブジェクトを指定すると、そのDTOとなるクラスコードを生成するツールを作るとよいでしょう。

開発者は面倒なものを嫌う生き物です。だからこそ効率化に対して熱心でいられるのです。その熱意を否定して面倒さを押し付けるよりも、代替手段を用意する方がよほど建設的です。

6.2.4 ユーザ情報更新処理を作成する

更新処理では項目ごとに別々のユースケースとするか、それとも単一のユースケースで複数項目を同時更新できるようにするかは悩ましい問題です（**図6.2**）。

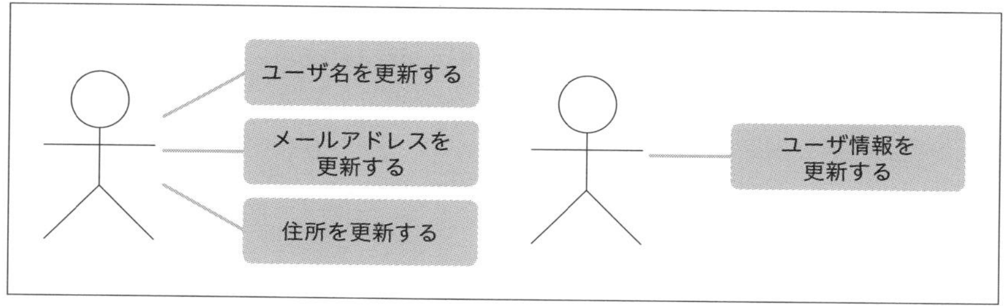

図6.2：更新のユースケース

捉え方次第でどちらも正解になりえますが、今回は複数項目を同時に更新できるユースケース（**図6.2**の右側）をサンプルにします。

まずは**リスト6.15**のユーザ名を変更するコードを確認してみましょう。

リスト6.15：ユーザ名の変更を行う更新処理

```
public class UserApplicationService
{
  private readonly IUserRepository userRepository;
  private readonly UserService userService;
```

```
(…略…)

  public void Update(string userId, string name)
  {
    var targetId = new UserId(userId);
    var user = userRepository.Find(targetId);

    if (user == null)
    {
      throw new UserNotFoundException(targetId);
    }

    var newUserName = new UserName(name);
    user.ChangeName(newUserName);
    if (userService.Exists(user))
    {
      throw new CanNotRegisterUserException(user, "ユーザは既に➡
存在しています。");
    }

    userRepository.Save(user);
  }
}
```

Userオブジェクトにはユーザ名しかパラメータがないので引数として新しいユーザ名を受け取っています。しかし、ユーザの情報が今後もユーザ名だけであるというのは考えにくいです。もしも項目が増えたらどのように変化するのでしょうか。

たとえばユーザ情報としてメールアドレスが追加されたときの更新処理を確認してみましょう（**リスト6.16**）。

リスト6.16：更新項目を増やす

```
public class UserApplicationService
{
  private readonly IUserRepository userRepository;
  private readonly UserService userService;

  (…略…)

  // メールアドレスを引数で受け取る
  public void Update(string userId, string name = null, ➡
string mailAddress = null)
  {
    var targetId = new UserId(userId);
    var user = userRepository.Find(targetId);

    if (user == null)
    {
      throw new UserNotFoundException(targetId);
    }

    // メールアドレスだけを更新するため、ユーザ名が指定されないことを考慮
    if (name != null)
    {
      var newUserName = new UserName(name);
      user.ChangeName(newUserName);
      if (userService.Exists(user))
      {
        throw new CanNotRegisterUserException(user, "ユーザは既に➡
存在しています。");
      }
    }

    // メールアドレスを変更できるように
```

```
    if (mailAddress != null)
    {
      var newMailAddress = new MailAddress(mailAddress);
      user.ChangeMailAddress(newMailAddress);
    }

    userRepository.Save(user);
  }
}
```

情報変更にあたってユーザ名だけを変更したいときがあれば、メールアドレスだけを変更したいときもあります。引数にデータを引き渡すか引き渡さないかによってその挙動を制御できるようにします。

このような戦略をとるとユーザ情報が追加されるたびにアプリケーションサービスのメソッドのシグネチャが変更されることになります。それを避ける方法としてコマンドオブジェクトを用いる戦術があります。コマンドオブジェクトは**リスト6.17**のように定義できます。

リスト6.17：コマンドオブジェクトの例

```
public class UserUpdateCommand
{
  public UserUpdateCommand(string id)
  {
    Id = id;
  }

  public string Id { get; }
  /// <summary> データが設定されると変更される </summary>
  public string Name { get; set; }
  /// <summary> データが設定されると変更される </summary>
  public string MailAddress { get; set; }
}
```

```
// 次のようにコンストラクタで名前やメールアドレスが任意であることを主張させてもよい
public class UserUpdateCommand
{
  public UserUpdateCommand(string id, string name = null, ➡
string mailAddress = null)
  {
    Id = id;
    Name = name;
    MailAddress = mailAddress;
  }

  public string Id { get; }
  public string Name { get; } // この場合セッターがなくなる
  public string MailAddress { get; } // この場合セッターがなくなる
}
```

コマンドオブジェクトを用いてパラメータが追加されたとしてもシグネチャが変更されないように対処してみましょう（**リスト6.18**）。

リスト6.18：コマンドオブジェクトを利用するように変更した更新処理

```
public class UserApplicationService
{
  private readonly IUserRepository userRepository;
  private readonly UserService userService;

  (…略…)

  public void Update(UserUpdateCommand command)
  {
    var targetId = new UserId(command.Id);
    var user = userRepository.Find(targetId);
    if (user == null)
    {
```

```
      throw new UserNotFoundException(targetId);
    }

    var name = command.Name;
    if (name != null)
    {
      var newUserName = new UserName(name);
      user.ChangeName(newUserName);
      if (userService.Exists(user))
      {
        throw new CanNotRegisterUserException(user, "ユーザは既に➡
存在しています。");
      }
    }

    var mailAddress = command.MailAddress;
    if (mailAddress != null)
    {
      var newMailAddress = new MailAddress(mailAddress);
      user.ChangeMailAddress(newMailAddress);
    }

    userRepository.Save(user);
  }
}
```

コマンドオブジェクトを作ることは間接的にアプリケーションサービスの処理を制御することと同義です(**リスト6.19**)。

リスト6.19:コマンドオブジェクトを利用してアプリケーションサービスの制御を行う

```
// ユーザ名変更だけを行うように
var updateNameCommand = new UserUpdateCommand(id)
{
```

```
  Name = "naruse"
};
userApplicationService.Update(updateNameCommand);

// メールアドレス変更だけを行うように
var updateMailAddressCommand = new UserUpdateCommand(id)
{
  MailAddress = "xxxx@example.com"
};
userApplicationService.Update(updateMailAddressCommand);
```

このことからコマンドオブジェクトは処理のファサード[*1]といえます。

COLUMN

エラーかそれとも例外か

更新処理の中でユーザが見つからなかったときに例外を送出することに疑問を抱いた方もいるでしょう。その処理が失敗したときにエラーを返却するのか例外を送出するのかは、議論するのに値するテーマであることは間違いありません。

エラーを返却する道を選ぶと戻り値として結果オブジェクトを返却することになります。結果オブジェクトは開発者に対して強制力をもちません。つまり失敗についてのハンドリングを行うかどうかはクライアントの任意となり、意図せず失敗を見過ごすことに繋がります。

反対に例外を送出する道を選んだ場合は戻り値を返却しないようになります。例外を送出したとき、何もしなければプログラムが終了しますし、終了しないようにするにはtry-catch句を記述する必要があるので、例外は開発者に対して失敗のハンドリングを強制します。これは失敗に気づかず、意図せずして後続処理が継続してしまうという事態を防ぐことに繋がりますが、デメリットとしてパフォーマンスがわずかに劣る場合があり、また戻り値のエラータイプによって送出されるエラーを表現することができなくなります。

いずれにせよ一長一短です。メリットデメリットを天秤にかけた上で方針を決めてください。

[*1] ファサードは「建物の正面」という意味です。転じて複雑な処理を単純な操作にまとめることを意味します。

6.2.5 退会処理を作成する

システムの利用を中止するにはさまざまな理由がありますが、利用者がとれる選択肢は多くありません。フェードアウトするようにシステムを利用しなくなるか、退会処理を行うかです。**リスト6.20**は後者を実現する退会処理です。

リスト6.20：退会処理

```
public class UserApplicationService
{
  private readonly IUserRepository userRepository;

  (…略…)

  public void Delete(UserDeleteCommand command)
  {
    var targetId = new UserId(command.Id);
    var user = userRepository.Find(targetId);

    if (user == null)
    {
      throw new UserNotFoundException(targetId);
    }

    userRepository.Delete(user);
  }
}
```

退会処理はリポジトリから対象となるインスタンスの復元を行い、そのインスタンスの削除をリポジトリに依頼するだけのシンプルなスクリプトです。**リスト6.21**のサンプルコードではユーザが見つからないときに例外を送出していますが、退会する対象が見つからなかったときも退会成功として、例外を発生させず正常終了とする判断もあります。

リスト 6.21：ユーザが見つからない場合は退会成功とする

```
public class UserApplicationService
{
  private readonly IUserRepository userRepository;

  (…略…)

  public void Delete(UserDeleteCommand command)
  {
    var targetId = new UserId(command.Id);
    var user = userRepository.Find(targetId);

    if (user == null)
    {
      // 対象が見つからなかったため退会成功とする
      return;
    }

    userRepository.Delete(user);
  }
}
```

DDD 6.3 ドメインのルールの流出

アプリケーションサービスはあくまでもドメインオブジェクトのタスク調整に徹するべきです。アプリケーションサービスにはドメインのルールは記述されるべきではありません。もしもドメインのルールをアプリケーションサービスに記述してしまうと、同じようなコードを点在させることに繋がります。

たとえばユーザの重複を許さないというルールはドメインにおける重要なルールです。アプリケーションサービスにこのルールを記述したときのユーザ登録処理は

リスト6.22のようになります。

リスト6.22：アプリケーションサービスに重複に関するルールが記述されているユーザ登録処理

```
public class UserApplicationService
{
  private readonly IUserRepository userRepository;

  (…略…)

  public void Register(string name)
  {
    // 重複確認を行うコード
    var userName = new UserName(name);
    var duplicatedUser = userRepository.Find(userName);
    if (duplicatedUser != null)
    {
      throw new CanNotRegisterUserException(userName, ➡
"ユーザは既に存在しています。");
    }

    var user = new User(
      userName
    );
    userRepository.Save(user);
  }
}
```

「ユーザの重複が許可されない」というルールは、ユーザ情報を変更する際にも確認をしなくてはいけないルールです。ユーザ情報更新処理においても同じように重複を確認する必要があります（**リスト6.23**）。

リスト6.23：ユーザ情報更新処理においても重複確認を行う必要がある

```
public class UserApplicationService
{
  private readonly IUserRepository userRepository;

  (…略…)

  public void Update(UserUpdateCommand command)
  {
    var targetId = new UserId(command.Id);
    var user = userRepository.Find(targetId);

    if (user == null)
    {
      throw new UserNotFoundException(targetId);
    }

    var name = command.Name;
    if (name != null)
    {
      // 重複確認を行うコード
      var newUserName = new UserName(name);
      var duplicatedUser = userRepository.Find(newUserName);
      if (duplicatedUser != null)
      {
        throw new CanNotRegisterUserException(user, ➡
"ユーザは既に存在しています。");
      }
      user.ChangeName(newUserName);
    }

    var mailAddress = command.MailAddress;
    if (mailAddress != null)
```

```
    {
      var newMailAddress = new MailAddress(mailAddress);
      user.ChangeMailAddress(newMailAddress);
    }

    userRepository.Save(user);
  }
}
```

いずれのメソッドにおいてもユーザの重複確認は行われ、意図したとおりに動作します。しかし、もしも「ユーザの重複」のルールが変更されたときはどうなるでしょうか。

たとえばシステムの利用者が増えたとき、利用したいと思ったユーザ名を他の利用者が既に使っているといった事態は容易に発生します。これを解決するために、ユーザの重複に関するルールを「ユーザ名の重複」ではなく「メールアドレスの重複」に変更してみましょう。

重複のキーがユーザ名ではなくメールアドレスに変更されるため、メールアドレスによる検索をサポートする必要があります。まずはリポジトリをユーザ名ではなくメールアドレスで検索できるように変更します（**リスト6.24**）。

リスト6.24：リポジトリにメールアドレスによる検索手段を追加

```
public interface IUserRepository
{
  (…略…)
  public User Find(MailAddress mailAddress);
}
```

このインターフェースを利用しているユーザ登録処理もこれに引きずられるように変更を加える必要があります（**リスト6.25**）。

リスト6.25：ユーザ登録処理に変更を加える

```
public class UserApplicationService
{
  private readonly IUserRepository userRepository;

  (…略…)

  public void Register(string name, string rawMailAddress)
  {
    // メールアドレスによる重複確認を行うように変更された
    var mailAddress = new MailAddress(rawMailAddress);
    var duplicatedUser = userRepository.Find(mailAddress);
    if (duplicatedUser != null)
    {
      throw new CanNotRegisterUserException(mailAddress);
    }

    var userName = new UserName(name);
    var user = new User(
      userName,
      mailAddress
    );

    userRepository.Save(user);
  }
}
```

さて、この変更だけで完了するのであれば話は単純なのですが、ユーザ情報更新処理においてもユーザの重複を確認していたことを思い出してください。ユーザの重複のルールが変更になったのであればこちらも修正が必要です（**リスト6.26**）。

リスト6.26：ユーザ情報更新処理も同様に重複確認のロジックを修正する必要がある

```
public class UserApplicationService
{
  private readonly IUserRepository userRepository;

  (…略…)

  public void Update(UserUpdateCommand command)
  {
    var targetId = new UserId(command.Id);
    var user = userRepository.Find(targetId);

    if (user == null)
    {
      throw new UserNotFoundException(targetId);
    }

    var name = command.Name;
    if (name != null)
    {
      // ユーザ名での重複確認はなくなる
      var newUserName = new UserName(name);
      user.ChangeName(newUserName);
    }

    var mailAddress = command.MailAddress;
    if (mailAddress != null)
    {
      // メールアドレスで重複確認を行うようになる
      var newMailAddress = new MailAddress(mailAddress);
      var duplicatedUser = userRepository.Find(newMailAddress);
      if (duplicatedUser != null)
      {
```

```
            throw new CanNotRegisterUserException(newMailAddress);
        }
        user.ChangeMailAddress(newMailAddress);
    }

    userRepository.Save(user);
  }
}
```

修正自体は単純なものでありますが、これは大きな問題をはらんでいます。いまはコードの量が少ないので全体を見通すことができるため、修正しなくてはいけない箇所に気づくことができます。しかし今後コードの量が増えてきたときはどうでしょうか。ユーザの重複を確認するコードがこの2箇所ですべてであると保証できるでしょうか。修正すべき箇所を網羅しきれず、結果として修正漏れ、つまりバグを引き起こしてしまうのは目に見えています。

この問題を解決するのは簡単です。ユーザの重複を確認するというドメインのルールをアプリケーションサービスに記述しないことです。ドメインのルールはドメインオブジェクトに記述し、アプリケーションサービスはそのドメインオブジェクトを利用するように仕立てます。

リスト6.27のコードはユーザの重複を確認するためにドメインサービスを利用するように変更したものです。

リスト6.27：ドメインサービスを利用するように変更したユーザ登録処理

```
public class UserApplicationService
{
  private readonly IUserRepository userRepository;
  private readonly UserService userService;

  (…略…)

  public void Register(string name, string mailAddress)
  {
    var user = new User(
      new UserName(name),
```

```
      new MailAddress(mailAddress)
    );

    // ドメインサービスを利用して重複を確認する
    if (userService.Exists(user))
    {
      throw new CanNotRegisterUserException(user, ➡
"ユーザは既に存在しています。");
    }

    userRepository.Save(user);
  }
}
```

これは当初のユーザ登録処理と同じコードです。ユーザの重複のルールにしたがって重複を確認するコードが隠蔽され、アプリケーションサービスはドメインオブジェクトを操作することに徹するよう変化しました。

同様にユーザ情報更新処理もドメインサービスを利用するように修正します（**リスト6.28**）。

リスト6.28：ドメインサービスを利用するようにしたユーザ情報更新処理

```
public class UserApplicationService
{
  private readonly IUserRepository userRepository;
  private readonly UserService userService;

  (…略…)

  public void Update(UserUpdateCommand command)
  {
    var targetId = new UserId(command.Id);
    var user = userRepository.Find(targetId);
```

```
    if (user == null)
    {
      throw new UserNotFoundException(targetId);
    }

    var name = command.Name;
    if (name != null)
    {
      var newUserName = new UserName(name);
      user.ChangeName(newUserName);
      if (userService.Exists(user))
      {
        throw new CanNotRegisterUserException(user, ➡
"ユーザは既に存在しています。");
      }
    }

    var mailAddress = command.MailAddress;
    if (mailAddress != null)
    {
      var newMailAddress = new MailAddress(mailAddress);
      user.ChangeMailAddress(newMailAddress);
    }

    userRepository.Save(user);
  }
}
```

ユーザ登録処理と同様にユーザ情報更新処理もドメインオブジェクトの操作に徹しています。ユーザの重複に関するルールに変更があったときは、まずドメインサービスであるUserServiceを修正します（**リスト6.29**）。

リスト6.29：ドメインサービス上でユーザの重複に関するルールを変更する

```
public class UserService
{
  private readonly IUserRepository userRepository;

  (…略…)

  public bool Exists(User user)
  {
    // 重複のルールをユーザ名からメールアドレスに変更
    // var duplicatedUser = userRepository.Find(user.Name);
    var duplicatedUser = userRepository.Find(user.MailAddress);

    return duplicatedUser != null;
  }
}
```

後はUserServiceのExistsメソッドを利用している箇所を確認し、必要に応じて修正することで漏れなく修正を完了できるでしょう。IUserRepositoryのFindメソッドを使っている箇所をすべて洗い出すよりずっと簡単な作業です。

ルールをドメインオブジェクトに記述することは、同じルールが点在することを防ぎ、ひいては修正漏れを起因とするバグを防ぐ効果があるのです。

DDD 6.4 アプリケーションサービスと凝集度

プログラムには凝集度という考えがあります。凝集度はモジュールの責任範囲がどれだけ集中しているかを測る尺度です。凝集度を高めると、モジュールがひとつの事柄に集中することになり、堅牢性・信頼性・再利用性・可読性の観点から好ましいとされています。

この凝集度を測る方法にLCOM（Lack of Cohesion in Methods）という計算式があります。端的に説明するとすべてのインスタンス変数はすべてのメソッドで使われるべき、というもので、計算式はインスタンス変数とそれが利用されているメソッドの数から計算されます。

計算式を覚えることは主題ではないので、ここでは凝集度がどういったものかを具体的なコードで確認しながら理解していきましょう。**リスト6.30**のLowCohesionクラスはその名のとおり凝集度が低いクラスです。

リスト6.30：凝集度が低いクラス

```
public class LowCohesion
{
  private int value1;
  private int value2;
  private int value3;
  private int value4;

  public int MethodA()
  {
    return value1 + value2;
  }

  public int MethodB()
  {
    return value3 + value4;
  }
}
```

LowCohesionクラスのvalue1はMethodAで利用されていますが、MethodBでは利用されていません（**図6.3**）。value1とMethodBは本質的に関係がありません。同じことが他の属性とふるまいにもいえます。これらを分離することで凝集度はもっと高めることができます（**リスト6.31**）。

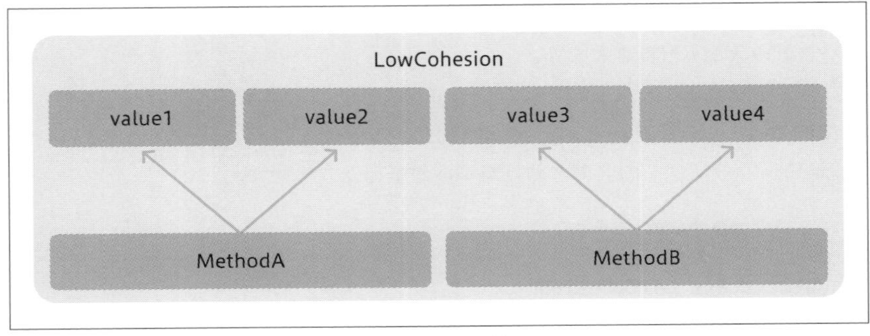

図6.3：低凝集なクラスのフィールドとメソッドの関係性

リスト6.31：分離することで凝集度を高める

```
public class HighCohesionA
{
  private int value1;
  private int value2;

  public int MethodA()
  {
    return value1 + value2;
  }
}

public class HighCohesionB
{
  private int value3;
  private int value4;

  public int MethodB()
  {
    return value3 + value4;
  }
}
```

いずれのクラスもすべてのフィールドがそのクラスに定義されているすべてのメソッドで利用されています。これは凝集度が高い状態です（**図6.4**）。

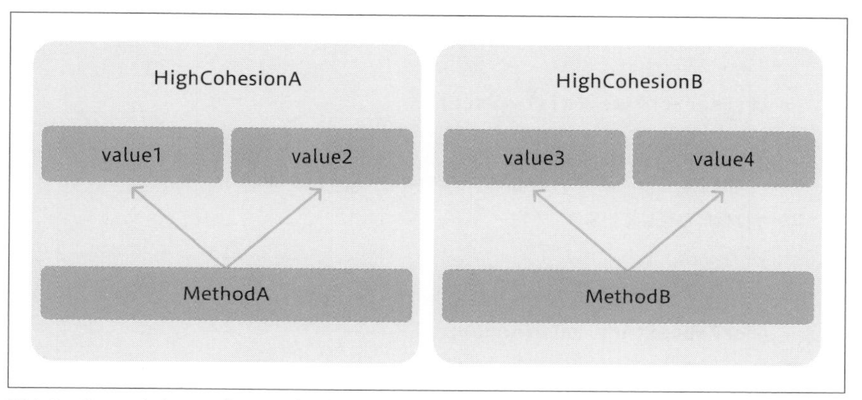

図6.4：リファクタリングにより高凝集になったクラス

もちろん凝集度を高くすることが常に正解ではありません。そのコードを取り巻く環境によっては、あえて凝集度を下げる選択肢が正解となることもありえます。しかしクラスの設計をする上で、凝集度は一考の価値がある尺度であることには間違いないでしょう。

6.4.1 凝集度が低いアプリケーションサービス

凝集度のことを念頭に置きながらアプリケーションサービスを改めて眺めてみましょう。次のコードはユーザ登録処理とユーザ退会処理です（**リスト6.32**）。

リスト6.32：ユーザ登録処理とユーザ退会処理

```
public class UserApplicationService
{
  private readonly IUserRepository userRepository;
  private readonly UserService userService;

  (…略…)

  public void Register(UserRegisterCommand command)
  {
```

```
    var user = new User(
      new UserName(command.Name)
    );

    if(userService.Exists(user))
    {
      throw new CanNotRegisterUserException(user, ➡
"ユーザは既に存在しています。");
    }

    userRepository.Save(user);
  }

  public void Delete(UserDeleteCommand command)
  {
    var userId = new UserId(command.Id);
    var user = userRepository.Find(userId);
    if (user == null)
    {
      throw new UserNotFoundException(userId);
    }

    userRepository.Delete(user);
  }
}
```

まずはuserRepositoryフィールドに着目してみます。userRepositoryはすべてのメソッドで利用されているので凝集度の観点からも好ましい状態にあります。それに比べてuserServiceフィールドはどうでしょうか。このフィールドは現在のところユーザの重複の確認のためだけに利用されています。UserServiceが利用されるのはユーザを登録するときです。ユーザを削除する際には重複の確認など行いませんから、ユーザ退会処理ではuserServiceを利用していません。UserApplicationServiceは凝集度の観点から考えると望ましくない状態にあります（**図6.5**）。

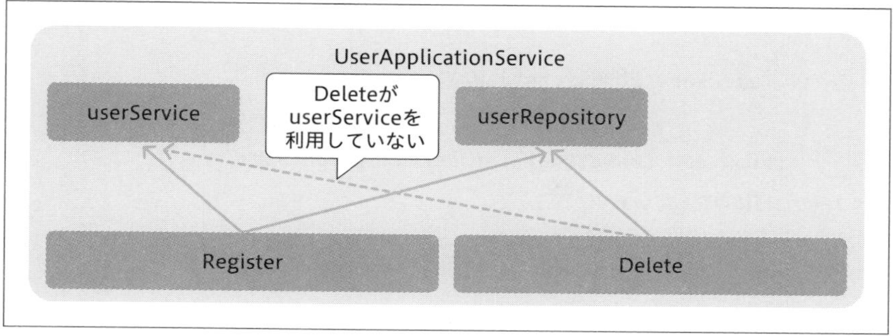

図6.5：UserApplicationServiceのフィールド利用状況

凝集度を高めるためにはクラスを分割するというのが簡単な対処です。UserApplicationServiceを凝集度が高まるように分割してみます。まずはユーザ登録処理を分割してみましょう（**リスト6.33**）。

リスト6.33：ユーザ登録処理クラス

```
public class UserRegisterService
{
  private readonly IUserRepository userRepository;
  private readonly UserService userService;

  public UserRegisterService(IUserRepository userRepository, ➡
UserService userService)
  {
    this.userRepository = userRepository;
    this.userService = userService;
  }

  public void Handle(UserRegisterCommand command)
  {
    var userName = new UserName(command.Name);

    var user = new User(
      userName
    );
```

```
    if (userService.Exists(user))
    {
      throw new CanNotRegisterUserException(user,➡
"ユーザは既に存在しています。");
    }

    userRepository.Save(user);
  }
}
```

必要なオブジェクトをコンストラクタで受け取ることや処理内容自体は変わりませんが、ユーザ登録処理でひとつのクラスになりますのでクラス名もそれに合わせて変更します。Registerという意図がクラス名で表現されているのでメソッド名はシンプルな表現に変更できます。

次に同じようにクラス分割をしたユーザ退会処理を確認してみましょう（**リスト6.34**）。

リスト6.34：ユーザ退会処理クラス

```
public class UserDeleteService
{
  private readonly IUserRepository userRepository;

  public UserDeleteService(IUserRepository userRepository)
  {
    this.userRepository = userRepository;
  }

  public void Handle(UserDeleteCommand command)
  {
    var userId = new UserId(command.Id);
    var user = userRepository.Find(userId);
    if (user == null)
```

```
        {
            throw new UserNotFoundException(userId);
        }

        userRepository.Delete(user);
    }
}
```

ユーザ登録処理と同様に必要なオブジェクトはコンストラクタで受け取るようにして、メソッド名の変更などを行っています。特筆すべき大きな変化は、UserServiceオブジェクトが退会処理ではまったく登場しなくなったということです。

現在、ユーザ登録処理とユーザ退会処理のフィールドはいずれもすべてのメソッドで利用され、凝集度が高い状態になっています（**図6.6**）。クラスの見通しはどうでしょうか。ユーザ登録クラスはユーザ登録のみを行っていますし、ユーザ退会クラスはユーザの退会のみを行っています。

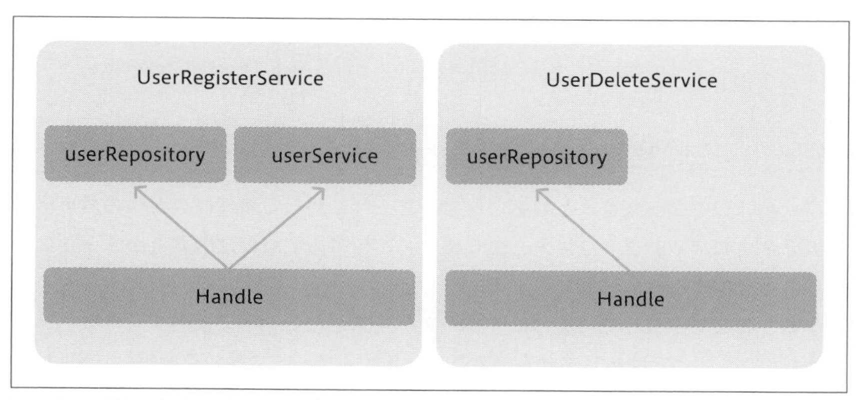

図6.6：分割され凝集度が高まったクラス

そもそもユーザの登録処理とユーザの退会処理は「ユーザ」という概念で繋がってはいるものの、目的や処理内容はまったく真逆のものです。責務を厳密に分担したのであれば、クラスが分かれることも当然のことです。

とはいえ、ユーザに関係する処理としてどんなものが既に用意されているのかといったことは俯瞰して見れるようにすべきです。現在のコードはクラスを分けてしまうことにより、まとまりが表現できなくなってしまっています。こうしたときまとまりを表現するために利用するのがパッケージ[*2]です。ユーザ登録処理とユーザ退会処理は次のようにパッケージによってまとめます。

- Application.Users.UserRegisterService
- Application.Users.UserDeleteService

パッケージはそのままディレクトリ構造に反映されることも多いです。**図6.7**はソースファイル配置の例です。

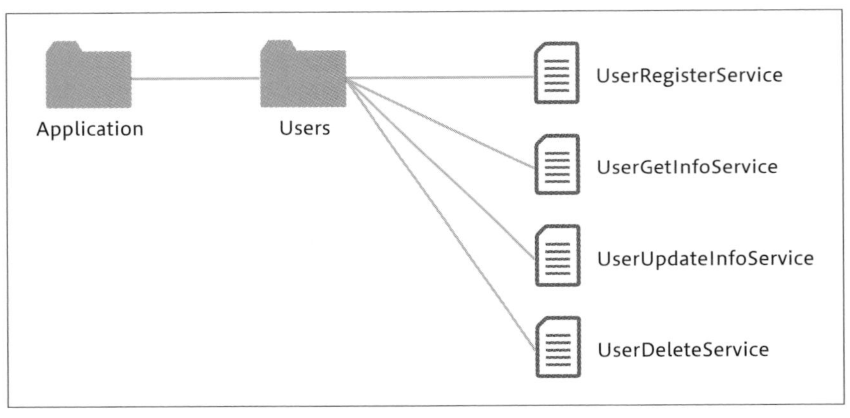

図6.7：ソースファイルのディレクトリ構造

パッケージでクラスをまとめることで、ユーザに関わる処理はひとつのパッケージ、ひとつのディレクトリにまとまります。この構造であれば開発者がユーザに関する処理を探すことは容易でしょう。

なお、ここで主張しているのは「ユースケースごとにクラスは必ず分けるべきである」ということではありません。フィールドとメソッドに基づく凝集度に着目し、こういったクラス構成を採択する道もありうるということです。ユーザに関するユースケースだからといって、すべてUserApplicationServiceクラスに同居させる必要はないのです。

凝集度こそが絶対の指標ではありません。クラスを構成するインスタンス変数とメソッドには対応関係があり、それが健全であるかどうかを示す凝集度の視点は、コードを整頓する際のヒントとして頭の片隅に入れておくべきものです。

[*2] 名前空間とも呼ばれます。

アプリケーションサービスのインターフェース

より柔軟性を担保するためにアプリケーションサービスのインターフェースを用意することがあります。たとえば**リスト6.35**のようなインターフェースです。

リスト6.35：ユーザ登録処理のインターフェース

```
public interface IUserRegisterService
{
  void Handle(UserRegisterCommand command);
}
```

アプリケーションサービスを呼び出すクライアントはアプリケーションサービスの実体を直接呼び出すのではなく、インターフェースを操作して処理を呼び出すようになります（**リスト6.36**）。

リスト6.36：クライアントはインターフェースを利用する

```
public class Client
{
  private IUserRegisterService userRegisterService;

  (…略…)

  public void Register(string name)
  {
    var command = new UserRegisterCommand(name);
    userRegisterService.Handle(command);
  }
}
```

これはクライアント側の利便性を高めます。

たとえばクライアント側の開発者とアプリケーション側の開発者で分業して開発を行うと、クライアント側の開発者はアプリケーションサービスの実装を待つことになります。待ち時間に他の作業を行えるのであれば問題はありませんが、そうでない場合クライアント側の開発者はただ待ちぼうけをするのみです。これは非常に勿体ない時間の使い方です。

アプリケーションサービスのインターフェースを用意すれば、モックオブジェクトを利用してプロダクション用のアプリケーションサービスの実装を待たずして、開発を進めることが可能になります（**リスト6.37**）。

リスト6.37：インターフェースを実装したモックオブジェクト

```
public class MockUserRegisterService : IUserRegisterService
{
  public void Handle(UserRegisterCommand command)
  {
    // nop
  }
}
```

それ以外にも、たとえばアプリケーションサービスで例外が発生したときのクライアント側の処理を実際にテストしたいといった要求にも応えることができます（**リスト6.38**）。

リスト6.38：モックオブジェクトに例外を送出させる

```
public class ExceptionUserRegisterService : IUserRegisterService
{
  public void Handle(UserRegisterCommand command)
  {
    throw new ComplexException();
  }
}
```

エラーを起こすように整合性のとれたデータを準備するのは、いかにプログラムに精通していたとしても面倒な作業です。その処理に意味はなく、例外が投げられたときの処理を確認したいだけであれば、インターフェースによりアプリケーションサービスを差し替え可能にすることで対応できます（**図6.8**）。

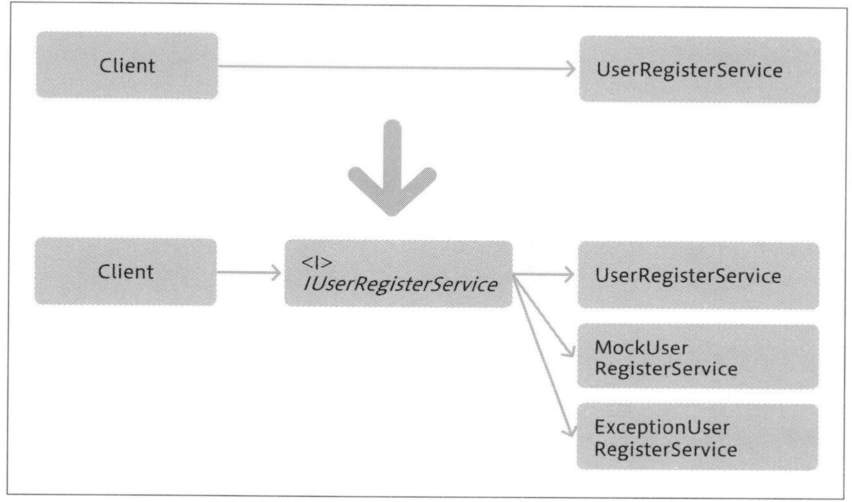

図6.8：モジュール構成の変化と処理の流れのイメージ

DDD 6.6 サービスとは何か

第4章『不自然さを解決する「ドメインサービス」』でドメインサービスを確認し、本章でアプリケーションサービスを確認しました。ここで改めてサービスとは何かを確認しておきましょう。

サービスはクライアントのために何かを行うモノです。値オブジェクトやエンティティは自身のためのふるまいをもっていますが、サービスは自身のためのふるまいをもちません。したがってサービスはものごとではなく、活動や行動であることが多いです。

サービスはどのような領域にも存在します。そのうち、ドメインにおける活動をドメインサービスとしていて、アプリケーションとして成り立たせるためのサービスをアプリケーションとしているのです。

たとえば第4章『不自然さを解決する「ドメインサービス」』で紹介したユーザの重複確認はドメインの活動です。したがってそれを行うサービスオブジェクトはドメインのサービス、すなわちドメインサービスです。ドメインサービスはれっきとしたドメインの知識を表現したオブジェクトです。

ではアプリケーションサービスはどうでしょうか。アプリケーションはその利用者の問題を解決するために作られます。ソフトウェアには必ずアプリケーション固有の機能があるはずです。

たとえば本章で示したユーザを登録したり、退会したりといったことはアプリケーションを成り立たせるための操作です。それらのふるまいはドメインに存在する概念ではなく、ユーザ機能を新たに実現するために作られたものです。したがってユーザの登録や退会といったふるまいはアプリケーション固有のふるまいであり、それが定義されるサービスはアプリケーションのサービス、つまりアプリケーションサービスです。

ドメインサービスとアプリケーションサービスは対象となる領域が異なるだけで本質的には同じものです。まずサービスがあり、それの向いている方向がドメインであるか、アプリケーションであるかで分けられているのです。

6.6.1 サービスは状態をもたない

サービスは自身のふるまいを変化させる目的で状態を保持しません。サービスが状態をもつようになると、サービスがいまどのような状態にあるのかを気にする必要が出てきてしまいます。しかし、それと同時に勘違いしていけないのは、状態を一切もっていないことを意味しないことです。

たとえば本章で取り扱ったUserApplicationServiceは状態をもっているサービスです（**リスト6.39**）。

リスト6.39：状態をもったサービス

```
public class UserApplicationService
{
  private readonly IUserRepository userRepository;
  (…略…)
}
```

UserApplicationServiceはIUserRepository型のフィールドuserRepositoryを状態としてもちますが、userRepositoryは直接的にサービスのふるまいを変更しません。したがって自身のふるまいを変化させる目的の状態ではありません。

反対に**リスト6.40**の状態はふるまいを変化させる目的で保持している状態です。

リスト6.40：自身のふるまいを変化させる目的で状態をもつ

```
public class UserApplicationService
{
  private bool sendMail;

  (…略…)

  public void Register()
  {
    (…略…)

    if (sendMail)
    {
      MailUtility.Send("user registered");
    }
  }
}
```

Registerメソッドは sendMailの値によって処理が分岐します。sendMailは直接的にサービスのふるまいを変更しています。Registerメソッドを利用するときにはインスタンスがどういった状態にあるかを気にする必要が出てきてしまいます。

状態がもたらす複雑さは多くの開発者を混乱させるものです。状態をもたせる以外の方法を考えてください。

まとめ

本章ではドメインの知識を表現するドメインオブジェクトの力をまとめあげて、ドメインの問題を解決に導くアプリケーションサービスを学びました。

ドメインモデルを表現するだけではアプリケーションとして完成しません。アプリケーションサービスはドメインオブジェクトの操作に徹することでユースケースを実現します。

アプリケーションを実装するときに気を付けることはドメインのルールが記述されないようにすることです。アプリケーションサービスにドメインの知識が流出することは短期的には問題とならないこともありますが、ソフトウェアは長期的に利用されることが期待されます。知識を一所にまとめて変更を容易にするためにも、ドメインのルールはドメインオブジェクトに実装するようにしましょう。

ここまでの内容で利用者の問題を解決するアプリケーションを作ることができるようになりました。次の章ではソフトウェアの柔軟性を左右する依存の取り扱い方についてを解説します。

柔軟性をもたらす依存関係のコントロール

ソフトウェアに柔軟性をもたらすために必要なことは依存関係を制御することです。

プログラムには依存という概念があります。依存はオブジェクトがオブジェクトを参照するだけで発生します。したがって、オブジェクト同士に依存関係が発生するのは自然なことです。しかし、この依存関係を軽視するとソフトウェアはその柔軟性を失います。
ソフトウェアを柔軟に保つために必要なことは、特定の技術的要素への依存を避け、変更の主導権を主たる抽象に移すことです。本章で解説する依存のコントロールはその方法です。
オブジェクト同士の依存がどういったものかを確認し、ソフトウェアを柔軟に保つために技術的要素への依存から脱却する術を確認しましょう。

DDD 7.1 技術要素への依存がもたらすもの

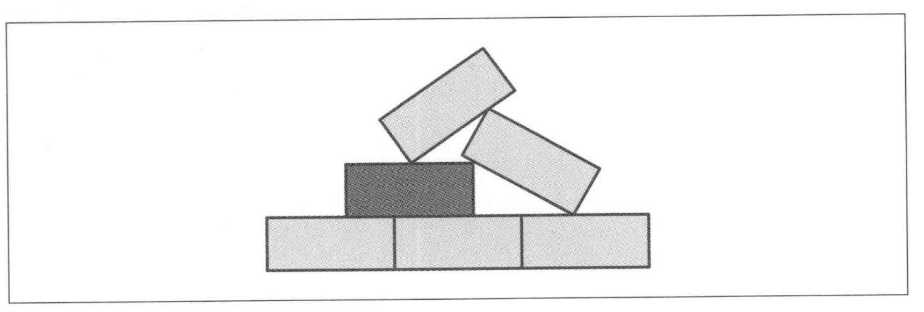

図7.1：複雑な依存関係

積み上がった積み木の中ほどに位置するブロックを抜き出すことを想像してみてください（図7.1）。抜き出そうとしたブロックは直上のブロックを支えています。手荒くブロックを抜き出せば、たちまちに積み木は崩れ去るでしょう。誰しもがブロックを抜き出すことを難しいと感じるはずです。プログラムにおける依存も同じことがいえます。

ソフトウェアの中核に位置するオブジェクトを変更することを想像してみてください。そのオブジェクトは多くのオブジェクトに依存されていますし、多くのオブジェクトに依存しています。たったひとつの変更が多くのオブジェクトに影響します。緻密に組み上げられたコードを変更することの厄介さは、ほとんど恐怖と似たような感覚となって開発者に襲い掛かるでしょう。

プログラムを組み上げていく過程でオブジェクト同士の依存は避けられません。依存関係はオブジェクトを利用するだけで発生するのです。重要なことは依存を避けることではなく、コントロールすることです。

本章で解説する依存のコントロールはドメインのロジックを技術的要素から解き放ち、ソフトウェアに柔軟性を与えるものです。コードが技術的要素に支配されることの問題を確認し、その解決法を確認していきましょう。

DDD 7.2 依存とは

まずは簡単なサンプルで依存がどういったものかを確認します。依存はあるオブジェクトからあるオブジェクトを参照するだけで発生します。**リスト7.1**の単純なコードに存在している依存関係を確認してみましょう。

リスト7.1：ObjectAはObjectBに依存する

```
public class ObjectA
{
  private ObjectB objectB;
}
```

ObjectAはObjectBを参照しています。そのため、ObjectBの定義が存在しない限りObjectAは成り立ちません。ObjectAはObjectBに依存しているといえます。

こういった依存関係は図で表すことができます。**図7.2**はObjectAとObjectBの依存関係を表した図です。

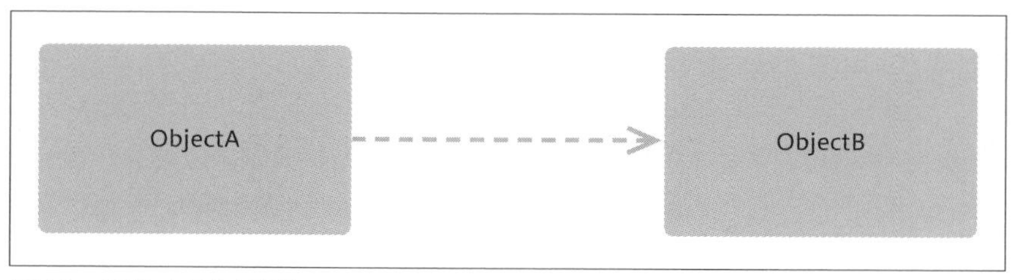

図7.2：参照による依存関係

依存は依存する側のモジュールから依存される側のモジュールへと矢印を伸ばして表現します。**図7.2**の矢印は参照による依存を表す矢印です。

依存関係が生じるのは参照に限ったことではありません。たとえばインターフェースとその実体になる実装クラスの関係にも依存が生まれます（**リスト7.2**）。

リスト7.2：UserRepositoryはIUserRepositoryに依存する

```
public interface IUserRepository
{
  User Find(UserId id);
}

public class UserRepository : IUserRepository
{
  public User Find(UserId id)
  {
    (…略…)
  }
}
```

UserRepositoryクラスはIUserRepositoryインターフェースを実装しています。もしもIUserRepositoryの定義が存在しなかったとしたらクラスの宣言部にてコンパイルエラーが検出され、UserRepositoryは成り立ちません。UserRepositoryはIUserRepositoryに依存していることになります。

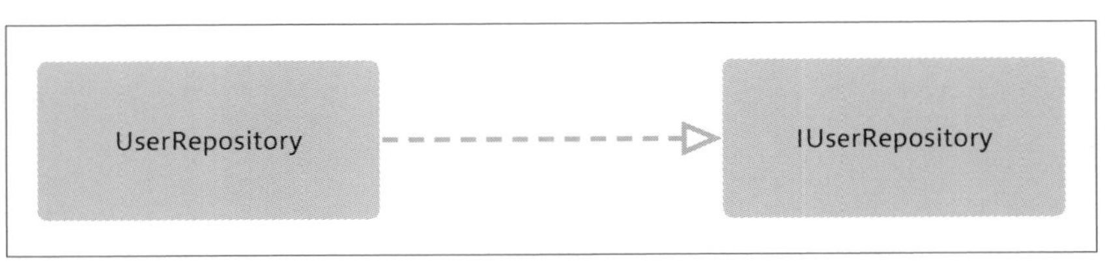

図7.3：汎化による依存関係

インターフェースと実装クラスの依存関係を表したものが**図7.3**です。依存の方向性を表す白抜きの矢印は汎化を示します。

これらの例を見てわかるとおり、プログラムを組み上げていく上で、依存は自然と発生するものです。もちろん、これまでの解説で取り扱ってきたオブジェクトにも依存は発生しています。たとえば次のUserApplicationServiceに登場するモジュールの依存関係を確認してみましょう（**リスト7.3**）。

リスト7.3：UserApplicationServiceの依存関係に着目

```
public class UserApplicationService
{
  private readonly UserRepository userRepository;

  public UserApplicationService(UserRepository userRepository)
  {
    this.userRepository = userRepository;
  }

  (…略…)
}
```

UserApplicationServiceにはUserRepositoryがフィールドとして定義されています。したがってUserApplicationServiceはUserRepositoryに依存している状態です（**図7.4**）。

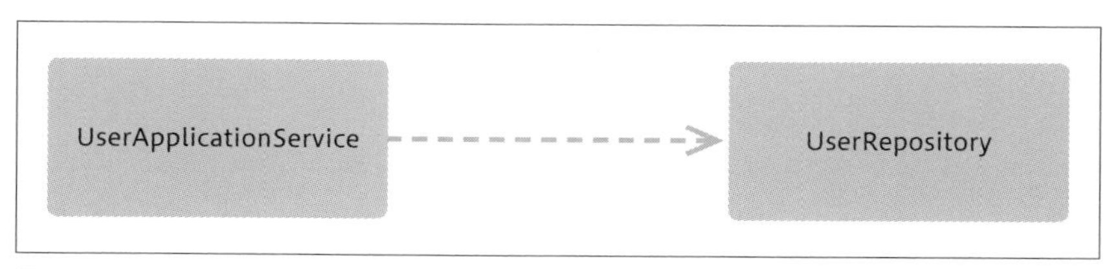

図7.4：リスト7.3の依存関係

実をいうと、このUserApplicationServiceには問題があります。具体的にいえば具象クラスであるUserRepositoryクラス、ひいてはそこで利用されているデータ永続化に関する特定の技術基盤に依存していることが問題です。

UserRepositoryが取り扱っているデータストアがリレーショナルデータベースなのか、それともNoSQLデータベースであるかということは**リスト7.3**を眺めても計り知れませんが、UserApplicationServiceがいずれかのデータストアに対して結びついていることは確かです。ソフトウェアが健全に成長するためには開発やテストで気軽にコードを実行できるように仕向けることが重要です。特定のデータストアに結びついてしまうとそれは不可能になります。コードを実行するためにはデータベースを準備して、必要なテーブルを作成する必要があります。取り扱うロジックによっては事前にデータを投入する必要が生じることもあるでしょう。ただ動作させるというだけで、途方もない労力がのしかかってきます。

　このような問題を解決するためには第5章『データにまつわる処理を分離する「リポジトリ」』で解説をしたリポジトリが役に立ちます。UserApplicationServiceが具象クラスであるUserRepositoryを受け取るのではなく、リポジトリのインターフェースを参照するようにしてみましょう（**リスト7.4**）。

リスト7.4：リポジトリのインターフェースを参照する

```
public class UserApplicationService
{
  // インスタンス変数として保持しているのはインターフェース
  private readonly IUserRepository userRepository;

  // コンストラクタが受け取る引数もインターフェースになる
  public UserApplicationService(IUserRepository userRepository)
  {
    this.userRepository = userRepository;
  }

  (…略…)
}
```

　UserApplicationServiceがIUserRepositoryという抽象型（インターフェースは抽象型とも呼ばれる）に対して依存するようになったことで、IUserRepositoryを実装した具象クラスであればその実体が何であっても引き渡すことができます。つまりUserApplicationServiceはUserRepositoryという具象クラス、ひいては特定のデータストアに結びつくことがなくなったのです。現在のUserApplicationServiceであれば、たとえばインメモリで動作するテスト用のリポジトリを引き渡してユニットテストを実施することが可能です。あるいは、別のデータストアを利用するリポジトリを用意することで、主たるロジックに変更を加えることなくデータストアを差し替えることも可能になります。

　リスト7.4の依存関係を表した図が**図7.5**です。

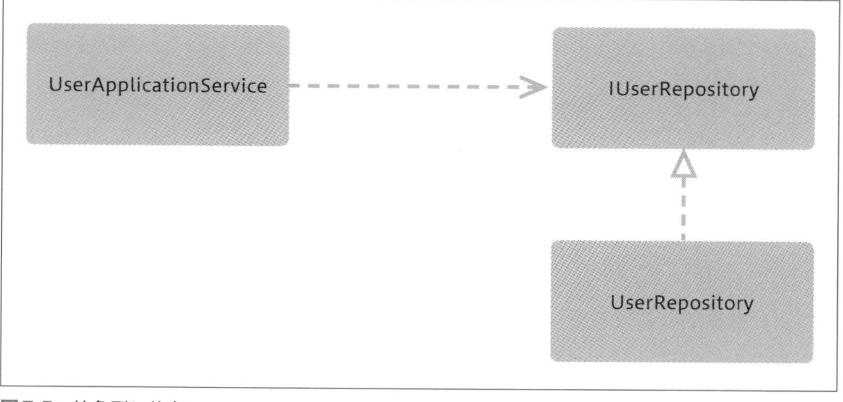

図7.5：抽象型に依存

抽象型を利用するようになると、具象型に向いていた依存の矢印が抽象型へ向くようになります。このように依存の方向性を制御し、すべてのモジュールが抽象へ依存するように制御することはビジネスロジックを具体的な実装から解き放ち、より純粋なものに昇華する効果があります。

この抽象型を用いた依存関係の制御は「依存関係逆転の原則」として知られています。

DDD 7.3 依存関係逆転の原則とは

依存関係逆転の原則（Dependency Inversion Principle）は次のように定義されています（以下引用[*1]）。

> A. 上位レベルのモジュールは下位レベルのモジュールに依存してはならない、どちらのモジュールも抽象に依存すべきである。

> B. 抽象は、実装の詳細に依存してはならない。実装の詳細が抽象に依存すべきである。

[*1] 『実践ドメイン駆動設計』（翔泳社）、P.119より引用。なお本書では、「上位」を「上位レベル」、「下位」を「下位レベル」と表記しています。

依存関係逆転の原則はソフトウェアを柔軟なものに変化させ、ビジネスロジックを技術的な要素から守るのに欠かせないものです。ここでしっかりと内容を理解していきましょう。

7.3.1 抽象に依存せよ

プログラムにはレベルと呼ばれる概念があります。レベルは入出力からの距離を示します。低レベルといえば機械に近い具体的な処理を指し、高レベルといえば人間に近い抽象的な処理を指します。依存関係逆転の原則に表れる上位レベルや下位レベルというのはこれと同じです。

たとえばデータストアを操作するUserRepositoryの処理は、UserRepositoryを操作するUserApplicationServiceよりも機械に近い処理です。レベルの概念に照らし合わせるとUserRepositoryは下位レベルでUserApplicationServiceは上位レベルになります。抽象型を利用しなかったとき（**リスト7.3**）、UserApplicationServiceは具体的な技術基盤と比べて上位レベルのモジュールでありながら、データストアの操作を行う下位レベルのモジュールであるUserRepositoryに依存していました。これはまさに「上位レベルのモジュールは下位レベルのモジュールに依存してはならない」という原則に反しています。

この依存の関係はUserApplicationServiceが抽象型であるIUserRepositoryを参照する（**リスト7.4**）ようになると**図7.6**のように変化します。

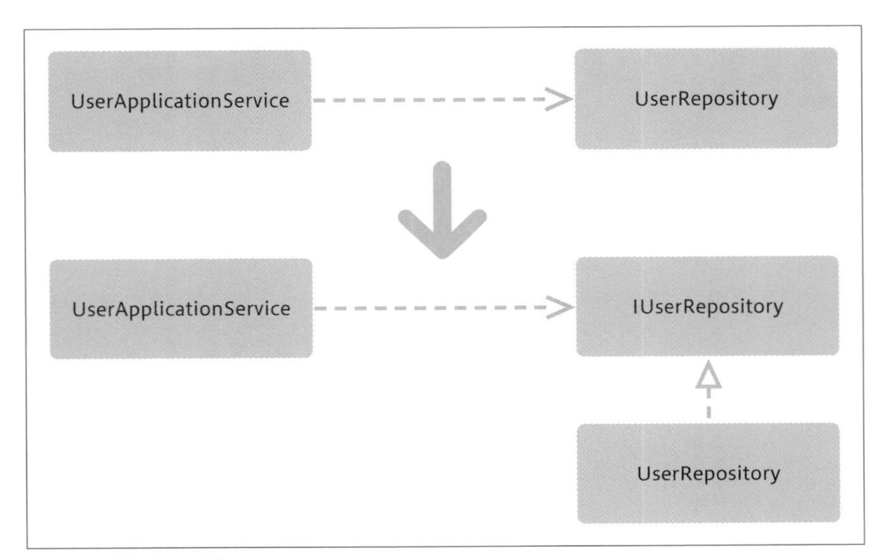

図7.6：依存関係の変化

抽象型を導入することでUserApplicationServiceとUserRepositoryは、双方ともに抽象型であるIUserRepositoryに依存の矢印を伸ばすことになります。もはや上位レベルのモジュール（UserApplicationService）が下位レベルのモジュール（UserRepository）に依存しなくなり、「どちらのモジュールも抽象に依存すべきである」という原則にも合致します。もともと具体的な実装に依存していたものが抽象に依存するように、依存関係は逆転したのです。

一般的に抽象型はそれを利用するクライアントが要求する定義です。IUserRepositoryはいわばUserApplicationServiceのために存在しているといっても過言ではありません。このIUserRepositoryという抽象に合わせてUserRepositoryの実装を行うことは、方針の主導権をUserApplicationServiceに握らせることと同義です。「抽象は実装の詳細に依存してはならない。実装の詳細が抽象に依存すべきである」という原則はこのようにして守られます。

7.3.2 主導権を抽象に

伝統的なソフトウェア開発手法では高レベルなモジュールが低レベルなモジュールに依存する形で作成される傾向がありました。言い換えるなら抽象が詳細に依存するような形で構築されていました。

抽象が詳細に依存するようになると、低レベルのモジュールにおける方針の変更が高レベルのモジュールに波及します。これはおかしな話です。重要なドメインのルールが含まれるのはいつだって高レベルなモジュールです。低レベルなモジュールの変更を理由にして、重要な高レベルのモジュールを変更する（たとえばデータストアの変更を理由にビジネスロジックを変更する）などということは起きてほしくない事態です。

主体となるべきは高レベルなモジュール、すなわち抽象です。低レベルなモジュールが主体となるべきではありません。

高レベルなモジュールは低レベルのモジュールを利用するクライアントです。クライアントがすべきはどのような処理を呼び出すかの宣言です。先述したとおり、インターフェースはそれを利用するクライアントが宣言するものであり、主導権はそのクライアントにあります。インターフェースを宣言し、低レベルのモジュールはそのインターフェースに合わせて実装を行うことで、より重要な高次元の概念に主導権を握らせることが可能になるのです。

DDD 7.4 依存関係をコントロールする

UserApplicationServiceがインメモリで動作するテスト用のリポジトリを利用してほしいのか、それともリレーショナルデータベースに接続するプロダクション用のリポジトリを利用してほしいのかどうかは、ときと場合によります。開発中であれば前者でしょうし、リリースビルドはもちろん後者です。重要なのはどれを扱うかではなく、それをどのようにして制御するかです。依存関係をコントロールする手段について確認していきます。

まずはあまりよくない例から見ていきましょう。たとえば開発中にインメモリのリポジトリを利用するという目的を達成することだけを考えた短絡的なコードは**リスト7.5**です。

リスト7.5：インメモリのリポジトリをコンストラクタで生成する

```
public class UserApplicationService
{
  private readonly IUserRepository userRepository;

  public UserApplicationService()
  {
    this.userRepository = new InMemoryUserRepository();
  }

  (…略…)
}
```

リスト7.5は、フィールドであるuserRepositoryは抽象型であるものの、具象クラスを内部でインスタンス化しているためにUserApplicationServiceはInMemoryUserRepositoryという詳細なオブジェクトに依存してしまっています。この依存が引き起こす問題は単純で、完成したはずのコードに修正を加えることが必要になることです。ある程度動作するようになってからか、それとも考えうる限りのテストをしきってからかはわかりませんが、**リスト7.6**のようにリリースの際にはプロダクション用リポジトリを利用するように完成したはずのコードを修正する必要があります。

リスト7.6：プロダクション用のリポジトリに差し替える

```
public class UserApplicationService
{
  private readonly IUserRepository userRepository;

  public UserApplicationService()
  {
    // this.userRepository = new InMemoryUserRepository();
    this.userRepository = new UserRepository();
  }

  (…略…)
}
```

もちろんこの作業はここだけにとどまりません。この造りが許されるなら、きっと他のコードも似たような構造をしているでしょう。それらも間違いなくプロダクション用リポジトリを取り扱うようにコードを修正していく必要があります。修正自体は至極単純な作業と予測できますが、いかにも開発者向きでない愚直で面倒な作業です。

また修正作業を無事完遂してリリースしたとしても、場合によってはインメモリのリポジトリを利用したくなるときがあります。たとえばソフトウェアに不具合が発生したときの原因究明をしたいときなどがそれにあたります。ソフトウェアに不具合が生じたとき、その不具合の状況を再現するためのデータをデータベースに用意するのは手間がかかります。多くの場合「エラーを発生させるための整合性が取れたデータ」は用意しづらいものです。

こういったときはテスト用のリポジトリを用意して、それを利用するように差し替えて、プログラムの挙動を確かめたいところです。そのとき開発者に与えられるのは、プロダクション用のリポジトリをまたテスト用のリポジトリに差し替える単調な作業です。

こういった問題を解決するために取られるパターンとして、Service Locatorパターンと IoC Containerパターンがあります。それぞれどういったものか確認していきましょう。

7.4.1 Service Locatorパターン

Service LocatorパターンはServiceLocatorと呼ばれるオブジェクトに依存解決先となるオブジェクトを事前に登録しておき、インスタンスが必要となる各所でServiceLocatorを経由してインスタンスを取得するパターンです。

言葉だけではイメージがしづらいので具体例を見てみましょう。**リスト7.7**はService Locatorパターンを適用したUserApplicationServiceです。

リスト7.7：ServiceLocatorを適用する

```
public class UserApplicationService
{
  private readonly IUserRepository userRepository;

  public UserApplicationService()
  {
    // ServiceLocator経由でインスタンスを取得する
    this.userRepository = ServiceLocator.Resolve➡
<IUserRepository>();
  }

   (…略…)
}
```

コンストラクタでServiceLocatorにIUserRepositoryの依存を解決するように依頼しています。この依頼に対して返却される実際のインスタンスはスタートアップスクリプトなどで事前に登録しておきます（**リスト7.8**）。

リスト7.8：事前にインスタンスを登録する

```
ServiceLocator.Register<IUserRepository, ➡
InMemoryUserRepository>();
```

リスト7.8のように登録するとIUserRepositoryの依存解決が依頼された際にInMemoryUserRepositoryをインスタンス化して引き渡します。もしもプロダクション用データベースに接続するリポジトリを利用したいときはServiceLocator

への登録を**リスト7.9**のように変更することで対応します。

リスト7.9：プロダクションに移行するためリポジトリを切り替える

```
// この修正のみで全体に変更が行き渡る
ServiceLocator.Register<IUserRepository, UserRepository>();
```

IUserRepositoryを要求するオブジェクトがすべてServiceLocator経由でインスタンスを取得していれば、修正箇所は依存関係を設定しているスタートアップスクリプトの修正だけでこと足ります。

このようにServiceLocatorに依存を解決させることによりInMemoryUserRepositoryないしUserRepositoryのインスタンス化を行うコードがプログラムの随所に点在しなくなり、アプリケーションの中核を担うロジックに修正を加えることなく、リポジトリの実体を差し替えられるようになります（**図7.7**）。

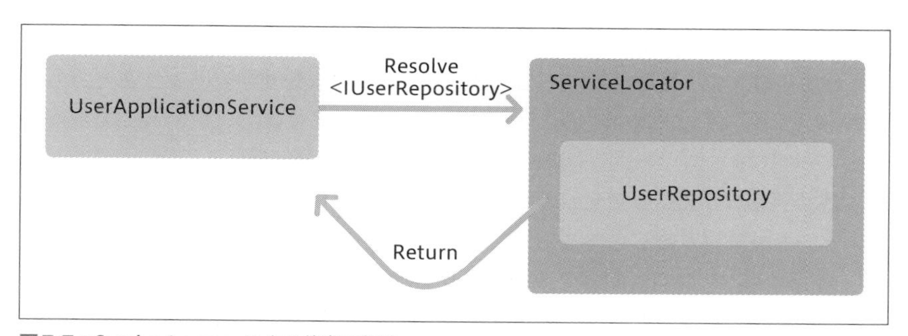

図7.7：Service Locatorによる依存の解決

ServiceLocatorに登録されるインスタンスの設定はプロダクション用とテスト用など用途に応じて一括で管理すると便利です。スタートアップスクリプトでプロジェクトの構成設定などをキーにして、用途ごとのインスタンス設定に切り替えを行えるようにします（**図7.8**）。

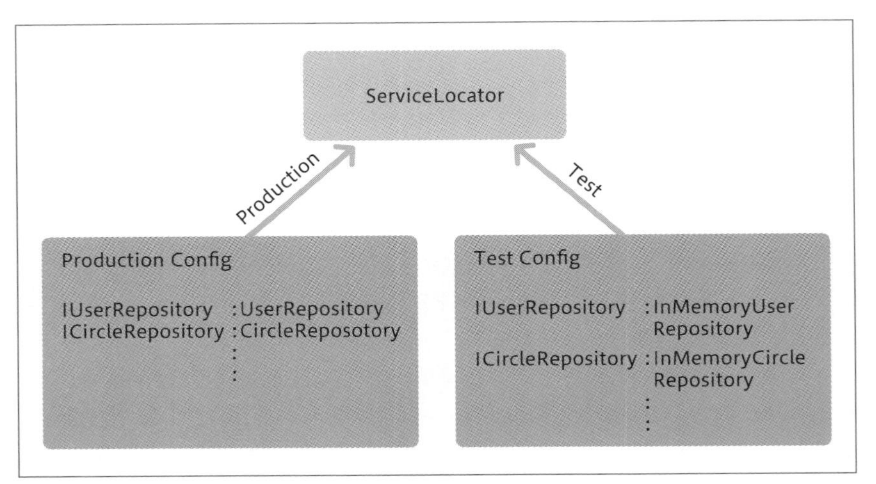

図7.8：スタートアップスクリプトによる切り替え

Service Locatorパターンは大がかりな仕掛けを用意する必要がないため導入しやすいものです。一方でService Locatorパターンはアンチパターンであるともいわれています。その理由は次の2つの問題を起因とします。

- 依存関係が外部から見えづらくなる
- テストの維持が難しくなる

それぞれがどういった問題なのかを具体的に確認します。

D 依存関係が外部から見えづらくなる

Service Locatorパターンを採用した場合、コンストラクタはたいていひとつになります。これはService Locatorから必要なインスタンスを取り出すようになるためです。このとき外部から見えるクラス定義は**リスト7.10**です。

リスト7.10：外部から確認したときのクラスの定義

```
public class UserApplicationService
{
  public UserApplicationService();
  public void Register(UserRegisterCommand command);
}
```

この定義を見たとき、開発者はUserApplicationServiceをインスタンス化してRegisterメソッドを呼び出すでしょう。それ以外にこのオブジェクトに対してできることがないからです。しかし、それは実行時エラーによってプログラムを強制終了させる結果に終わります。なぜならUserApplicationServiceのコンストラクタはServiceLocatorにIUserRepositoryの依存解決を依頼するからです（**リスト7.11**）。

リスト7.11：リスト7.10のコンストラクタ

```
public class UserApplicationService
{
  private readonly IUserRepository userRepository;

  public UserApplicationService()
  {
    // IUserRepositoryの依存解決先が設定されていないのでエラーを起こす
    this.userRepository = ServiceLocator.Resolve➡
<IUserRepository>();
  }

   (…略…)
}
```

事前にServiceLocatorに対して依存解決の設定を行っていないため、UserApplicationServiceが要求する依存解決は失敗します。

「UserApplicationServiceを正しく動作させるためには、事前にIUserRepositoryが要求された際に引き渡すオブジェクトの登録が必要である」ことが、クラスの定義を確認しただけではわからないことはあまり良い傾向とはいえません。UserApplicationServiceを動作させるためにUserRepositoryをServiceLocatorに登録できるのは、UserApplicationServiceの実装を確認したか、さもなければ超能力に目覚めたかのどちらかでしょう。もちろんコメントにより補足を行う手立ても考えられますが、コメントは実際のコードと乖離することがある以上、解決策として上策ではありません。

D テストの維持が難しくなる

優れた開発者は「人間が間違いを犯す生き物である」という事実を知っています

し、その最たる例が自分であることも熟知しているでしょう。テストはそのような間違いを未然に発見できるツールです。すべての間違いを防ぐことは叶いませんが、思い違いや意図しない動作をある程度は見つけ出してくれます。**リスト7.12**はUserApplicationServiceのテストを行うスクリプトの一部です。

リスト7.12：テストを行うための準備

```
ServiceLocator.Register<IUserRepository, ➡
InMemoryUserRepository>();
var userApplicationService = new UserApplicationService();
```

UserApplicationServiceが実装された当初、このコードは問題なく動作していました。テストは開発者の思い違いを正し、大いに役立ったものです。そうしてうまくやってのけたコードも月日が経つにつれて変化が求められます。UserApplicationServiceもまたそのうちのひとつでした（**リスト7.13**）。

リスト7.13：UserApplicationServiceに変化が起きた

```
public class UserApplicationService
{
  private readonly IUserRepository userRepository;
  // 新たなフィールドが追加された
  private readonly IFooRepository fooRepository;

  public UserApplicationService()
  {
    this.userRepository = ServiceLocator.Resolve➡
<IUserRepository>();
    // ServiceLocator経由で取得している
    this.fooRepository = ServiceLocator.Resolve➡
<IFooRepository>();
  }

  (…略…)
}
```

新しいコードには新たな依存関係が追加されています。しかし、**リスト7.12**のテストコードでは当然のことながらIFooRepositoryに対する依存解決が登録されていません。この変更によってテストは破壊されるのです。

とはいえ、テストが破壊されること自体はそれほど問題ではありません。UserApplicationServiceを変更したことで、それを取り扱うテストコードにも変更が必要になるというのはよくあることです。ここで問題とすべきは、テストが破壊されたことが、テストを実行するそのときまでわからないことです。

開発者にとってテストは自身を助けるものですが、同時に途方もなく面倒なものです。テストを維持するにはある程度の強制力が必要です。今回のような依存関係の変更に自然と気づき、テストコードの変更を余儀なくさせる強制力をもたせることができなければ、近い将来テストは維持されなくなってしまうでしょう。

7.4.2 IoC Containerパターン

IoC[*2] Container (DI Container) について知るにはまずDependency Injectionパターンについて知る必要があります。

Dependency Injectionパターンは依存の注入という言葉で訳されます。ほとんど直訳ですので、わかったようなわからないような言葉です。具体例を確認して理解しましょう。**リスト7.14**はUserApplicationServiceにInMemoryUserRepositoryに対する依存を注入、つまりDependency Injectionをしています。

リスト7.14：依存を注入する

```
var userRepository = new InMemoryUserRepository();
var userApplicationService = new UserApplicationService(➡
userRepository);
```

この形式はコンストラクタで依存するオブジェクトを注入しているのでコンストラクタインジェクションとも呼ばれます。これまでの解説で何度も登場してきたパターンです。Dependency Injectionパターンはこれ以外にメソッドで注入するメソッドインジェクションなど多くのパターンが存在します。注入する方法はいくつもありますが、いずれも依存するモジュールを外部から注入することに変わりありません。

Dependency Injectionパターンであれば依存関係の変更に強制力をもたせら

[*2] IoCはInversion of Controlの略で、「制御の反転」を意味します。

れます。たとえば**リスト7.15**のようにUserApplicationServiceに新たな依存関係を追加してみましょう。

リスト7.15：新たな依存関係を追加する

```
public class UserApplicationService
{
  private readonly IUserRepository userRepository;
  // 新たにIFooRepositoryへの依存関係を追加する
  private readonly IFooRepository fooRepository;

  // コンストラクタで依存を注入できるようにする
  public UserApplicationService(IUserRepository ➡
userRepository, IFooRepository fooRepository)
  {
    this.userRepository = userRepository;
    this.fooRepository = fooRepository;
  }

  (…略…)
}
```

UserApplicationServiceでは新たな依存関係を追加するためコンストラクタに引数が追加されています。これによりUserApplicationServiceをインスタンス化して実施しているテストはコンパイルエラーにより実行できなくなります（**リスト7.16**）。

リスト7.16：テストがコンパイルエラーになる

```
var userRepository = new InMemoryUserRepository();
// 第2引数にIFooRepositoryの実体が渡されていないためコンパイルエラーとなる
var userApplicationService = new UserApplicationService(➡
userRepository);
```

テストを実施するために開発者はコンパイルエラーを解消することを余儀なくされます。この強制は大いなる力です。

しかし、これは便利な一方で、依存するオブジェクトのインスタンス化をあちこちに記述する必要が生み出します。たとえば開発時にインメモリのリポジトリでプログラムを動作させていた場合、プロダクション環境へ移行するときにはデータベースに接続するリポジトリを利用するように変更する必要があります。**リスト7.16**のようなリポジトリのインスタンス化を行っている箇所すべてを見つけ出し、依存させたいリポジトリに差し替える必要があるのです。

この問題を解決するために活躍するのがIoC Containerパターンです。**リスト7.17**のコードはC#のIoC Containerを利用してUserApplicationServiceをインスタンス化するコードです。

リスト7.17：IoC Containerを利用して依存関係を解決させる

```
// IoC Container
var serviceCollection = new ServiceCollection();
// 依存解決の設定を登録する
serviceCollection.AddTransient<IUserRepository,
InMemoryUserRepository>();
serviceCollection.AddTransient<UserApplicationService>();

// インスタンスはIoC Container経由で取得する
var provider = serviceCollection.BuildServiceProvider();
var userApplicationService = provider.GetService➡
<UserApplicationService>();
```

IoC Containerは設定にしたがって依存の解決を行い、インスタンスを生成します。

リスト7.17を例に処理の流れを追ってみましょう。オブジェクトのインスタンス化が始まるのは**リスト7.17**の最終行からです。GetService<UserApplicationService>が呼び出され、IoC ContainerはUserApplicationServiceを生成しようとします。UserApplicationServiceはコンストラクタでIUserRepositoryを必要とするので、内部的に依存関係を解決し、IUserRepositoryを取得しようとします。IUserRepositoryはInMemoryUserRepositoryを利用するように登録されているので、UserApplicationServiceはInMemoryUserRepositoryのインスタンスを受け取り、インスタンス化されます（**図7.9**）。

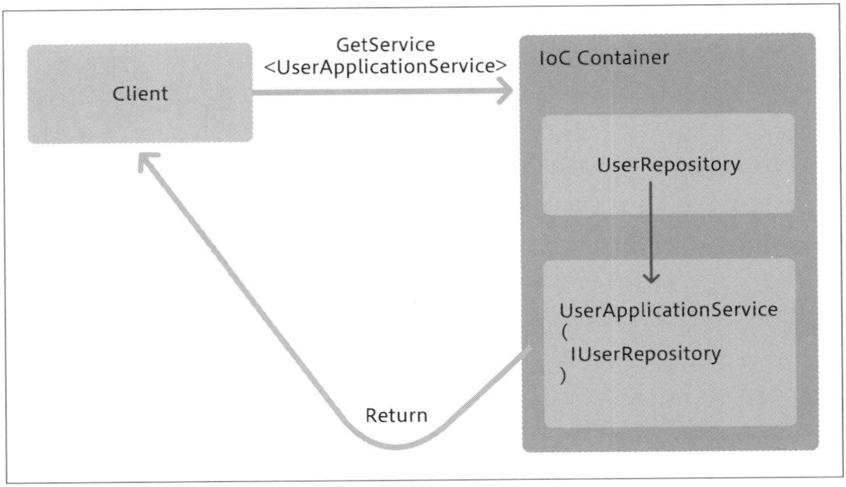

GetService
<UserApplicationService>
Client
IoC Container
UserRepository
UserApplicationService
(
IUserRepository
)
Return

図7.9：IoC Containerによる依存の解決

IoC Containerに対する設定方法はService Locatorと同じくスタートアップスクリプトなどで行います。

DDD 7.5 まとめ

この章ではプログラムとは切っても切れない関係にある重要な概念の依存と、そのコントロールの仕方について学びました。

依存関係はソフトウェアを構築する上で自然と発生するものです。しかしながらその取り扱い方を間違えると手の施しようがないほど硬直したソフトウェアを生み出すことに繋がります。

ソフトウェアは本来柔軟なものです。利用者を取り巻く環境の変化に対応し、利用者を助けるために柔軟に変化できるからこそ「ソフト」ウェアと呼ばれるのです。

依存を恐れる必要はありません。依存すること自体は避けられなくとも、依存の方向性は開発者が絶対的にコントロールできるものです。この章で学んだようにドメインを中心にして、主要なロジックを技術的な要素に依存させないように仕立て上げ、ソフトウェアの柔軟性を保つことを目指してください。

ソフトウェアシステムを組み立てる

ユーザーインターフェースに組み込んで、システムを成り立たせます。

利用者がアプリケーションを利用するためにはユーザーインターフェースが必要です。
ユーザーインターフェースと一口にいっても、文字をベースにしたものやグラフィックをベースとしたものなど、実にさまざまな種類がありますが、これまで取り扱ってきたアプリケーションはユーザーインターフェースを選びません。文字ベースであってもグラフィックベースであっても、任意のユーザーインターフェースに組み込むことが可能です。
そこで、本章ではまず文字ベースのユーザーインターフェースに組み込む手順とWeb GUIに組み込む手順を紹介します。
これまでに登場した要素をユーザーインターフェースに組み込み、ソフトウェアとして成り立たせる方法を確認していきましょう。

DDD 8.1 ソフトウェアに求められるユーザーインターフェース

ソフトウェアの利用者はユーザーインターフェースを通してアプリケーションを利用します。ソフトウェアとして成り立たせるためにはユーザーインターフェースが必要です。

ユーザーインターフェースには沢山の種類があります。たとえば利用者が文字列によって指示を出すCLI（コマンドラインインターフェース）や操作対象がグラフィックによって表現されるGUI（グラフィカルユーザーインターフェース）はその代表です。

本書ではWeb GUIをユーザーインターフェースとしたWebアプリケーションをメインのサンプルにしますが、これはもちろんドメイン駆動設計がWebアプリケーションに限ったものということを意味しません。その処理の指示方法が文字列によるものであっても、グラフィカルなアイコンを駆使して指示されたものであっても、「ユーザを登録する」というビジネスロジックに変わりはないからです。ユーザーインターフェースとして採用するのがCLIであったりGUIであったとしてもドメイン駆動設計の強力な力の恩恵を受けることは可能です。

それを証明するかのように、本章ではまず最初にCLIで問題なくアプリケーションの処理が実行できることを確認し、その後にWeb GUIをベースとした実践的なシステムを構築していきます。また、ソフトウェアはただ動作するだけでは完成ではありません。間違いなく動作することを確かめてこそ本当の完成です。したがって、本章の最後にはアプリケーションが正しく動作する確認のためにユニットテストを実施します。

アプリケーションのインターフェースがCLIやGUI、果てはユニットテストとまったく異なるものであったとしても、ソフトウェアとして成り立たせることが可能であることを確認していきましょう。

COLUMN

ソフトウェアとアプリケーションの使い分け

ソフトウェアとアプリケーションは一般的に同じものを指しますが、本書ではドメインの問題を解決するなど利用者の必要を満たす主要なモジュール群をアプリケーションと呼び、それらにユーザーインターフェースなどを付加してシステムとして成り立たせたものをソフトウェアと区別して記述しています。

DDD 8.2 コマンドラインインターフェースに組み込んでみよう

開発者はしばしばCLIを好んで利用しますが、その理由はさまざまです。たとえばグラフィックに関わる処理の実装が不要で単純であることや、コマンドを正確に入力するよう要求されるため誤操作を起こしづらい、といったことが代表的な理由でしょう。ここでCLIを題材とする理由は、主に前者を理由としています。

さっそくCLIで動作させるコードを確認していきましょう。まずは依存関係の登録を行うコードです。依存関係のコントロールにはIoC Containerを利用します。ServiceCollectionはC#におけるIoC Containerです（**リスト8.1**）。

リスト8.1：依存関係の登録を行う

```
class Program
{
  private static ServiceProvider serviceProvider;

  static void Main(string[] args)
  {
    Startup();

    (…略…)
  }

  private static void Startup()
  {
    // IoC Container
    var serviceCollection = new ServiceCollection();
    // 依存関係の登録を行う（以下コメントにて補足）
    // IUserRepositoryが要求されたらInMemoryUserRepositoryを生成して➡
引き渡す（生成したインスタンスはその後使いまわされる）
    serviceCollection.AddSingleton<IUserRepository, ➡
InMemoryUserRepository>();
    // UserServiceが要求されたら都度UserServiceを生成して引き渡す
```

```
        serviceCollection.AddTransient<UserService>();
        // UserApplicationServiceが要求されたら都度➡
UserApplicationServiceを生成して引き渡す
        serviceCollection.AddTransient<UserApplicationService>();
        // 依存解決を行うプロバイダの生成
        // プログラムはserviceProviderに依存の解決を依頼する
        serviceProvider = serviceCollection.BuildServiceProvider();
    }
}
```

IUserRepositoryの依存解決に利用するInMemoryUserRepositoryはAddSingletonでシングルトンとして登録します。シングルトンでの登録は一度インスタンスを作成したら、そのインスタンスを使いまわす設定です。もしもInMemoryUserRepositoryがシングルトンとして登録されていないと、IoC ContainerはIUserRepositoryの依存解決が要求されるたびに、InMemoryUserRepositoryのインスタンスを新たに生成します。InMemoryUserRepositoryはインメモリで動作するオブジェクトであるので、インスタンスごとにデータを保持します。インスタンスの使いまわしをしないと余所で保存したデータが消えてしまいます。

COLUMN

シングルトンパターンと誤解

シングルトンパターンほど誤解を招きやすいデザインパターンはないでしょう。

その誤解というのはシングルトンをstaticの代わりとして扱われてしまうことです。もしシングルトンパターンがstaticの代わりとして使うためのパターンであるなら、素直にstaticを利用すればいいはずです。

シングルトンを利用する理由はインスタンスをひとつに限定しながら、通常のオブジェクトと同様に取り扱えることです。言い換えるなら、staticと異なり、ポリモーフィズムなどのオブジェクト指向プログラミングが実現する機能の恩恵を受けることができるのです。

シングルトンをstaticの代わりとして扱うのは誤りです。通常のオブジェクト指向プログラミングの流れを組ませるためにシングルトンを利用するのが正しい利用方法です。

UserApplicationServiceはAddTransientで登録します。AddTransientでの登録はオブジェクトが要求されるたびに新しいインスタンスを生成する設定です。

今回のスクリプトではAddSingletonで登録したとしても問題ありませんが、インスタンスの生存期間はなるべくなら短くしておくことが管理をしやすくするコツです。パフォーマンスに問題がないようであれば、都度インスタンスを生成したとしても問題ないでしょう。

なお、AddSingletonやAddTransientといったメソッドはC#のIoC ContainerライブラリであるServiceCollectionに定義されたメソッド名にすぎません。皆さんがご利用のプログラミング言語やIoC Containerライブラリによって命名は異なりますので、対応するメソッドを確認してください。

8.2.1 メインの処理を実装する

スタートアップスクリプトにて依存の設定をしたのちは、いよいよメインの処理です（**リスト8.2**）。

リスト8.2：メインとなる処理を実装する

```
class Program
{
  private static ServiceProvider serviceProvider;
  static void Main(string[] args)
  {
    Startup();

    while (true)
    {
      Console.WriteLine("Input user name");
      Console.Write(">");
      var input = Console.ReadLine();
      var userApplicationService = serviceProvider.GetService➡
<UserApplicationService>();
      var command = new UserRegisterCommand(input);
      userApplicationService.Register(command);

      Console.WriteLine("-------------------------");
      Console.WriteLine("user created:");
```

```
        Console.WriteLine("------------------------");
        Console.WriteLine("user name:");
        Console.WriteLine("- " + input);
        Console.WriteLine("------------------------");

        Console.WriteLine("continue? (y/n)");
        Console.Write(">");
        var yesOrNo = Console.ReadLine();
        if (yesOrNo == "n")
        {
          break;
        }
      }
    }

    (…略…)
}
```

IoC Container（serviceProvider）からUserApplicationServiceを取得し、ユーザ登録処理を呼び出しています。インスタンスを直接生成せずにIoC Container経由でインスタンスを取得するようにすることで、スタートアップスクリプトなどに依存関係の設定に関する記述を集中させられます。

プロダクション用のリレーショナルデータベースに接続するリポジトリを使用したいときはスタートアップスクリプトを変更します（**リスト8.3**）。

リスト8.3：リポジトリを差し替える

```
class Program
{
  (…略…)

  private static void Startup()
  {
    var serviceCollection = new ServiceCollection();
```

```
        // UserRepositoryに差し替え
        // serviceCollection.AddSingleton<IUserRepository, ➡
InMemoryUserRepository>();
        serviceCollection.AddTransient<IUserRepository, ➡
UserRepository>();
        serviceCollection.AddTransient<UserService>();
        serviceCollection.AddTransient<UserApplicationService>();

        serviceProvider = serviceCollection.BuildServiceProvider();
    }
}
```

このようにIoC Containerを活用することでメインの処理（**リスト8.2**）にまったく手を加えることなく、データストアの変更を実現できるのです。

DDD 8.3 MVCフレームワークに組み込んでみよう

より本格的なソフトウェアとして成り立たせるべくWebアプリケーションを組み立ててみましょう。

Webアプリケーションを開発する際には、Webフレームワークを利用するのが一般的です。C#におけるWebフレームワークはASP.NETというフレームワークがメジャーです。ASP.NETにはいくつかのバージョンが存在していますが、本書ではASP.NET Core MVCを題材にします。

ここではCLIのときと同じように、まずスタートアップスクリプトにて依存関係を設定し、システムの利用者のアクションに応じて適宜必要なインスタンスをIoC Containerに要求するように設定と実装を確認していきます。その後に実際に利用者の操作から処理を実行する箇所を確認します。処理の流れは**図8.1**です。予め確認しておくとよいでしょう。

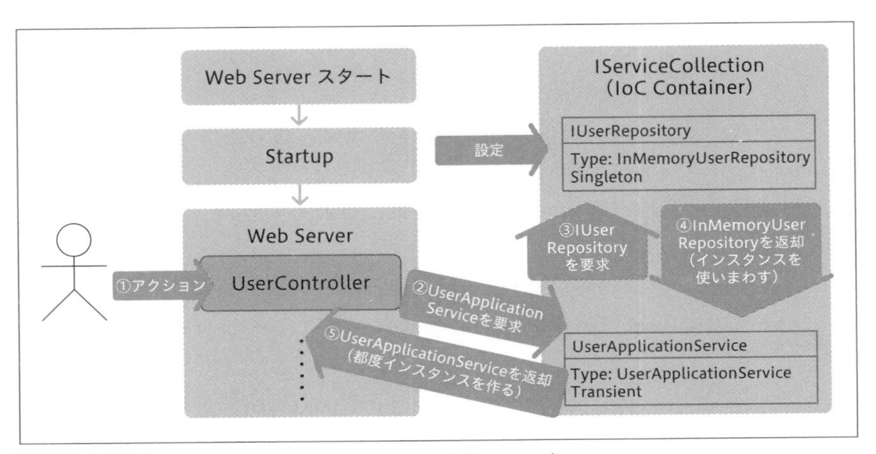

図8.1：MVCフレームワークとIoC Containerの連携イメージ

ASP.NET Core MVCはMVCフレームワークとして一般的な機能を網羅しています。皆さんが普段お使いのプログラミング言語やフレームワークがまったく異なるものであったとしても、代替となる機能は存在するでしょう。適宜読み換えながら読み進めていってください。

8.3.1 依存関係を設定する

依存関係の設定はCLIのときと同じようにスタートアップスクリプト（**リスト8.4**）で設定します。ASP.NET Core MVCでは予めスタートアップスクリプトとしてStartupクラスが用意されており、サーバー起動時にこの処理が実行されます。

リスト8.4：ASP.NET Core MVCが提供しているStartupクラス

```
public class Startup
{
  public Startup(IConfiguration configuration)
  {
    Configuration = configuration;
  }

  public IConfiguration Configuration { get; }
```

```
    // This method gets called by the runtime. Use this method ➡
to add services to the container.
    public void ConfigureServices(IServiceCollection services)
    {
        services.AddControllersWithViews();

        services.AddSpaStaticFiles(configuration =>
        {
            configuration.RootPath = "ClientApp/build";
        });
    }

    (…略…)
}
```

StartupクラスのConfigureServicesメソッドはIoC Containerを利用して依存関係を登録する箇所です。このメソッドにリポジトリなどの依存解決の設定を行っていきます（**リスト8.5**）。

リスト8.5：MVCフレームワークのスタートアップスクリプトで依存解決の設定をする

```
public class Startup
{
    (…略…)

    public void ConfigureServices(IServiceCollection services)
    {
        services.AddControllersWithViews();

        services.AddSpaStaticFiles(configuration =>
        {
            configuration.RootPath = "ClientApp/build";
        });
```

```
    // リポジトリやアプリケーションサービスの依存解決を設定する
    services.AddSingleton<IUserRepository, ➡
InMemoryUserRepository>();
    services.AddTransient<UserService>();
    services.AddTransient<UserApplicationService>();
  }
}
```

リスト8.5に追加した依存関係の登録は**リスト8.1**で行っていた登録と同じ内容です。設定自体に問題はありませんが、このままではプロダクション用としてデータベースに接続して動作させたいとき、この設定スクリプトに変更を加える必要があります。現段階では登録されているリポジトリはたったひとつなのであまり問題にはなりませんが、システムが大きくなるにつれて比例するようにリポジトリの数は増えてきます。それらすべてを起動のたびにいちいち設定を書き直すのは大きな手間です。

こうした手間を省くためにデバッグ用とプロダクション用でコンフィグスクリプトを分けるのはよいアイデアです（**リスト8.6**、**リスト8.7**）。

リスト8.6：テスト用の設定スクリプト

```
public class InMemoryModuleDependencySetup : IDependencySetup
{
  public void Run(IServiceCollection services)
  {
    SetupRepositories(services);
    SetupApplicationServices(services);
    SetupDomainServices(services);
  }

  private void SetupRepositories(IServiceCollection services)
  {
    services.AddSingleton<IUserRepository, ➡
InMemoryUserRepository>();
```

```
  }

  private void SetupApplicationServices(IServiceCollection
services)
  {
    services.AddTransient<UserApplicationService>();
  }

  private void SetupDomainServices(IServiceCollection services)
  {
    services.AddTransient<UserService>();
  }
}
```

リスト8.7：プロダクション用の設定スクリプト

```
public class SqlConnectionDependencySetup : IDependencySetup
{
  private readonly IConfiguration configuration;

  public SqlConnectionDependencySetup(IConfiguration ➡
configuration)
  {
    this.configuration = configuration;
  }

  public void Run(IServiceCollection services)
  {
    SetupRepositories(services);
    SetupApplicationServices(services);
    SetupDomainServices(services);
  }

```

```
  private void SetupRepositories(IServiceCollection services)
  {
    services.AddTransient<IUserRepository, SqlUserRepository>();
  }

  private void SetupApplicationServices(IServiceCollection ➡
services)
  {
    services.AddTransient<UserApplicationService>();
  }

  private void SetupDomainServices(IServiceCollection services)
  {
    services.AddTransient<UserService>();
  }
}
```

これらのスクリプトはプロジェクトの構成ファイルによって切り替えます。ASP.NET Coreではappsettings.jsonというjson形式のファイルがその構成ファイルにあたります（**リスト8.8**）。

リスト8.8：利用する設定スクリプトを構成ファイルに記述する

```
{
  "Dependency": {
    "SetupName": "InMemoryModuleDependencySetup"
  }
}
```

スタートアップスクリプトでは**リスト8.8**を読み込み、実施する依存関係の設定処理を切り替えます（**リスト8.9**、**リスト8.10**）。

リスト8.9：リスト8.8の設定により設定スクリプトを選定するモジュール

```
class DependencySetupFactory
{
  public IDependencySetup CreateSetup(IConfiguration ➡
configuration)
  {
    var setupName = configuration["Dependency:SetupName"];
    switch (setupName)
    {
      case nameof(InMemoryModuleDependencySetup):
        return new InMemoryModuleDependencySetup();

      case nameof(SqlConnectionDependencySetup):
        return new SqlConnectionDependencySetup(configuration);

      default:
        throw new NotSupportedException(setupName + " is ➡
not registered.");
    }
  }
}
```

リスト8.10：スタートアップスクリプトはリスト8.9を利用する

```
public class Startup
{
  public IConfiguration Configuration { get; }

  public void ConfigureServices(IServiceCollection services)
  {
    // 依存関係の設定スクリプトを取得して実行
    var factory = new DependencySetupFactory();
    var setup = factory.CreateSetup(Configuration);
    setup.Run(services);
```

```
    services.AddControllersWithViews();

    services.AddSpaStaticFiles(configuration =>
    {
      configuration.RootPath = "ClientApp/build";
    });
  }

  (…略…)
}
```

8.3.2 コントローラを実装する

さぁ、依存関係の設定をしている箇所の確認が済んだところで、いよいよコントローラの実装の確認です。まずはユーザ登録のデータを受け取り、ユーザを登録する処理（アクション）を確認しましょう。

多くのMVCフレームワークはIoC Containerと連携しており、IoC Containerに登録されたオブジェクトをコントローラのコンストラクタで受け取ることができます。UserApplicationServiceを利用したい場合、**リスト8.11**のようにコンストラクタで受け取り、アクションから呼び出すように記述します。

リスト8.11：ユーザを作成するアクション

```
[Route("api/[controller]")]
public class UserController : Controller
{
  private readonly UserApplicationService ➡
userApplicationService;

  // IoC Containerと連携して依存の解決が行われる
  public UserController(UserApplicationService ➡
userApplicationService)
```

```
    {
      this.userApplicationService = userApplicationService;
    }

    (…略…)

    [HttpPost]
    public void Post([FromBody] UserPostRequestModel request)
    {
      var command = new UserRegisterCommand(request.UserName);
      userApplicationService.Register(command);
    }
}
```

Postアクションの引数であるUserPostRequestModelはビューから受け渡されるデータがバインドされるオブジェクトです。このオブジェクトはアプリケーションサービスが受け取るUserRegisterCommandオブジェクトとほとんど同じデータ構造ですので、それを使いまわすアイデアも思い浮かびますが、フロントから引き渡されるデータの入れ物と、アプリケーションサービスのふるまいを実行するためのコマンドオブジェクトは用途が違うものです。特に理由がないようであれば、オブジェクトの使いまわしをしない方がよいでしょう。

その他の処理も確認してみましょう（**リスト8.12**）。

リスト8.12：コントローラのその他の処理

```
[Route("api/[controller]")]
public class UserController : Controller
{
  private readonly UserApplicationService ➡
userApplicationService;
```

```
  public UserController(UserApplicationService ➡
userApplicationService)
  {
    this.userApplicationService = userApplicationService;
  }

  [HttpGet]
  public UserIndexResponseModel Index()
  {
    var result = userApplicationService.GetAll();
    var users = result.Users.Select(x => new ➡
UserResponseModel(x.Id, x.Name)).ToList();

    return new UserIndexResponseModel(users);
  }

  [HttpGet("{id}")]
  public UserGetResponseModel Get(string id)
  {
    var command = new UserGetCommand(id);
    var result = userApplicationService.Get(command);

    var userModel = new UserResponseModel(result.User);

    return new UserGetResponseModel(userModel);
  }

   (…略…)

  [HttpPut("{id}")]
  public void Put(string id, [FromBody] UserPutRequestModel ➡
request)
  {
```

```
      var command = new UserUpdateCommand(id, request.Name);
      userApplicationService.Update(command);
    }

    [HttpDelete("{id}")]
    public void Delete(string id)
    {
      var command = new UserDeleteCommand(id);
      userApplicationService.Delete(command);
    }
}
```

いずれのアクションも、コントローラはフロントからのデータをビジネスロジックが必要とする入力データへ変換する作業に集中しています。ビジネスロジックをアプリケーションサービスに寄せるようになると、結果としてコントローラのコードは**リスト8.11**や**リスト8.12**とほとんど同じようなコードばかりのシンプルなものになるでしょう。

以上でCRUD機能をもった最小限のWebアプリケーションは完成です。

COLUMN

コントローラの責務

コントローラの責務は入力の変換です。たとえばゲーム機を思い浮かべてみてください（**図8.2**）。

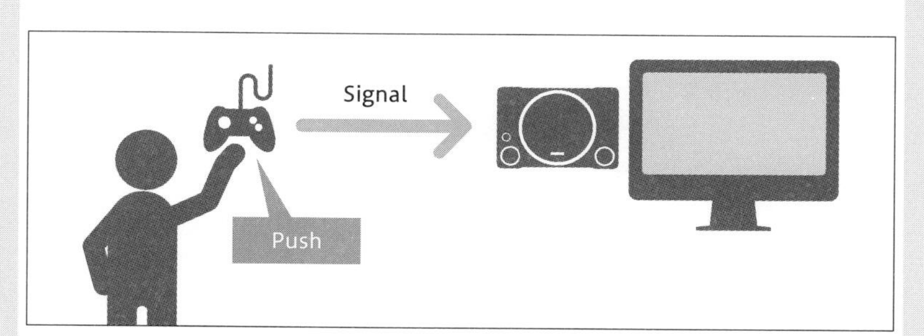

図8.2：コントローラの役目

ゲームのプレイヤーはコントローラのボタンを押すことでキャラクターを動かします。このときコントローラは「ボタンが押された」という事実をそのままゲーム機に送っているわけではありません。コントローラは「ボタンが押された事実」をゲーム機が解釈できる電気信号に変換して送信しているのです。ゲーム機のコントローラの責務はプレイヤーの入力をゲーム機が理解できる形に変換する作業です。

MVCパターンのコントローラもこれと同じです。コントローラはユーザからの入力をモデルが要求するメッセージに変換し、モデルに伝えることが責務です。もしもコントローラがそれ以上のことをこなしているように見受けられたのなら、ドメインの重要な知識やロジックがコントローラに漏れ出している可能性を疑うべきです。

DDD 8.4 ユニットテストを書こう

ソフトウェアを完成とするには意図したとおりに動くことを証明する必要があります。プログラムが正しく動作することを証明するのにユニットテストは最高のツールです。百聞は一見に如かずという言葉もあるとおり、動作することを口頭で説明するも、正しく動作することを実証してしまう方がずっと簡単です。

この最小限のアプリケーションにもユニットテストを用意して、完成を証明しましょう。

8.4.1 ユーザ登録処理のユニットテスト

ユニットテストのたびにテストデータを用意することはあまり現実的ではありません。ユニットテストでは実際のデータストアに接続したりといったことは基本的に行いません。そこで登場するのがテスト用のリポジトリです。

本書ではこれまでアプリケーションをインメモリで動作させることの重要性とそのための努力を何度も訴えてきました。いよいよその真価を発揮するときです。

まずはユーザ登録処理が正常に完了することを確認するユニットテストです（**リスト8.13**）。なお、C#ではユニットテストクラスに [TestClass] や [TestMethod] といったアトリビュートを付与します。

リスト8.13：ユーザ登録処理の正常テスト

```
[TestClass]
public class UserRegisterTest
{
  [TestMethod]
  public void TestSuccessMinUserName()
  {
    var userRepository = new InMemoryUserRepository();
    var userService = new UserService(userRepository);
    var userApplicationService = new UserApplicationService➡
(userRepository, userService);

    // 最短のユーザ名（3文字）のユーザが正常に生成できるか
    var userName = "123";
    var minUserNameInputData = new UserRegisterCommand➡
(userName);
    userApplicationService.Register(minUserNameInputData);

    // ユーザが正しく保存されているか
    var createdUserName = new UserName(userName);
    var createdUser = userRepository.Find(createdUserName);
    Assert.IsNotNull(createdUser);
  }

  [TestMethod]
  public void TestSuccessMaxUserName()
  {
    var userRepository = new InMemoryUserRepository();
    var userService = new UserService(userRepository);
    var userApplicationService = new UserApplicationService➡
(userRepository, userService);
```

```
    // 最長のユーザ名（２０文字）のユーザが正常に生成できるか
    var userName = "12345678901234567890";
    var maxUserNameInputData = new UserRegisterCommand➡
(userName);
    userApplicationService.Register(maxUserNameInputData);

    // ユーザが正しく保存されているか
    var createdUserName = new UserName(userName);
    var maxUserNameUser = userRepository.Find(createdUserName);
    Assert.IsNotNull(maxUserNameUser);
  }
}
```

ユーザ登録処理で確認すべきは「生成されたユーザが保存されているか」ということです。ユーザ名には文字数に関して条件があるので境界値の検査も同時に行っています。生成されたユーザが保存されているかを確認するためにインメモリのリポジトリを用いて処理を実行し、処理が完了したのちにリポジトリに対して問い合わせをしています。

テストしたい内容によってはリポジトリに収められた必要な情報を取得するためのメソッドが提供されていないことがあります。そういったときにはリポジトリに対する問い合わせを行わず、リポジトリがデータを保管しているフィールドを公開することで対応できます（**リスト8.14**）。

リスト8.14：テストで確認するためにテスト用リポジトリの内部データを公開する

```
public class InMemoryUserRepository : IUserRepository
{
  // 直接のデータ保管先となる連想配列を公開している
  public Dictionary<UserId, User> Store { get; } = new ➡
Dictionary<UserId, User>();

  (…略…)
}
```

このオブジェクトを利用したテストコードはリポジトリに問い合わせを行わず、リポジトリのプロパティを直接操作するように変化します（**リスト8.15**）。

リスト8.15：リスト8.14を利用してユーザが保存されたかを確認する

```
[TestMethod]
public void TestSuccessMinUserName()
{
  var userRepository = new InMemoryUserRepository();
  var userService = new UserService(userRepository);
  var userApplicationService = new UserApplicationService➡
(userRepository, userService);

  // 最短のユーザ名（3文字）のユーザが正常に生成できるか
  var userName = "123";
  var minUserNameInputData = new UserRegisterCommand(userName);
  userApplicationService.Register(minUserNameInputData);

  // ユーザが正しく保存されているか
  var createdUser = userRepository.Store.Values
    .FirstOrDefault(user => user.Name.Value == userName);
  Assert.IsNotNull(createdUser);
}
```

テスト用のリポジトリがデータ保管先としているフィールドを外部から操作できるようにすることは、きめ細かい検索を可能にし、テスト用モジュールの利便性を向上させます。フィールドを無暗に公開することは避けるべきですが、通常利用されるのはIUserRepositoryであるため**リスト8.14**のStoreプロパティを操作はできません。InMemoryUserRepositoryを直接利用するのはテストコードだけですので、Storeプロパティのように直接のデータ保管オブジェクトを公開しても問題は起きないのです。

さて、正常系のテストを確認したのちは異常系のテストです。ユーザ生成処理はパラメータによってはエラーを発生させることがあります。エラーの条件をまとめると次のリストのとおりになります。

- 登録しようとしたユーザ名の長さが3文字以上20文字以下でない
- 既に登録されているユーザ名である

異常系は正常系に比べて多く検査する項目があるので若干複雑になります。まずはユーザ名の長さが異常なときの動作の確認テストです（**リスト8.16**）。

リスト8.16：ユーザ名の長さに関するエラーをテストする

```
[TestClass]
public class UserRegisterTest
{
  (…略…)

  [TestMethod]
  public void TestInvalidUserNameLengthMin()
  {
    var userRepository = new InMemoryUserRepository();
    var userService = new UserService(userRepository);
    var userApplicationService = new UserApplicationService➡
(userRepository, userService);

    bool exceptionOccured = false;
    try
    {
      var command = new UserRegisterCommand("12");
      userApplicationService.Register(command);
    }
    catch
    {
      exceptionOccured = true;
    }

    Assert.IsTrue(exceptionOccured);
  }
```

```
    [TestMethod]
    public void TestInvalidUserNameLengthMax()
    {
        var userRepository = new InMemoryUserRepository();
        var userService = new UserService(userRepository);
        var userApplicationService = new UserApplicationService➡
(userRepository, userService);

        bool exceptionOccured = false;
        try
        {
            var command = new UserRegisterCommand➡
("123456789012345678901");
            userApplicationService.Register(command);
        }
        catch
        {
            exceptionOccured = true;
        }

        Assert.IsTrue(exceptionOccured);
    }
}
```

ユーザ名が下限値よりも短いときと上限値よりも長いときのふたとおりを確認しています。正常系と合わせれば境界値検査が網羅されていることがわかります。

最後のテストはユーザ名が重複しているときの動作を確認するテストです（**リスト8.17**）。

リスト8.17：ユーザ名の重複に関するエラーをテストする

```
[TestClass]
public class UserRegisterTest
{
   (…略…)

  [TestMethod]
  public void TestAlreadyExists()
  {
    var userRepository = new InMemoryUserRepository();
    var userService = new UserService(userRepository);
    var userApplicationService = new UserApplicationService➡
(userRepository, userService);

    var userName = "test-user";
    userRepository.Save(new User(
      new UserId("test-id"),
      new UserName(userName)
    ));

    bool exceptionOccured = false;
    try
    {
      var command = new UserRegisterCommand(userName);
      userApplicationService.Register(command);
    }
    catch
    {
      exceptionOccured = true;
    }

    Assert.IsTrue(exceptionOccured);
  }
}
```

ユニットテストを作成するとそこにはどういった入力をすればよいのか、その入力によって得られる結果はどうあるべきか、といったことが記述されます。あまり考えたくないことですがドキュメントの類が一切存在しないプロダクトにおいては、ユニットテストがそのロジックのあるべき姿を語る最後の手掛かりになるでしょう。

DDD 8.5 まとめ

この章ではこれまで解説してきたパターンをまとめあげ、アプリケーションを実際にユーザーインターフェースへ組み込み、ソフトウェアとして成り立たせる方法を確認しました。

アプリケーションにとってユーザーインターフェースは交換可能なものです。ユーザーインターフェースをソフトウェアの核心から分離し、オブジェクトの責務を明瞭にすることはソフトウェアの未来を守るに等しい行為です。

実際にユーザーインターフェースを交換するような事態は稀ですが、ユーザーインターフェースを交換可能であるということはアプリケーションが単独で実行できるということで、つまりユニットテストを実施できるということに他なりません。

ユニットテストがそのままソフトウェアの品質向上になるわけでは必ずしもありませんが、ユニットテストができるような形に仕立てることは品質向上の第一歩です。

ソフトウェアに対する変化の要求を満たすために、開発者はリファクタリングを余儀なくされることがあります。そのとき、ユニットテストが準備されていれば、リファクタリングによってアプリケーションを破壊していないかを確認しながら、作り変えることができるのです。

ドメインの変化をドメインオブジェクトまできっちりと伝え、システムがドメインと同期するように仕向けるためにユニットテストを用意しておくことは大事な戦略です。

COLUMN

本当に稀な怪談話

「そうはいうものの、ユーザーインターフェースを交換するような事態なんて起こらない」と高を括ってはいないでしょうか。残念ながら実際にユーザーインターフェースを交換する羽目になった経験が筆者にはあります。

そのプロダクトは主力のサービスで、ASP.NET Web Formsで構築されたソフトウェアでした。Web Formsは技術者の獲得が難しく、より一般的なMVCに乗り換える必要がありました。運命だったとは信じたくないのですが、そのお鉢はなぜか筆者に回ってきました。

15年程の手垢にまみれたコードは筆者を恐怖に陥れました。すべてのロジックはユーザーインターフェースに記述されており、似たようなロジックが至るところに記述されています。もともと同一だったロジックはそれぞれの画面の事情にしたがって出鱈目な進化を遂げていたのです。

当然のようにユニットテストはありません。それどころかドキュメントすらも存在しなかったのです。結局のところ筆者にできたのは、愚直にすべてのコードを読み解いて、ゼロベースでコードを組み立てることでした。

複雑な生成処理を行う「ファクトリ」

1
2
3
4
5
6
7
8
9
10
11
12
13
14
15
APP

ファクトリは作る知識に特化したオブジェクトです。

オブジェクトの生成はときに複雑な手順を必要とします。そういった手順は、モデルを表現するオブジェクトに無理やり実装するよりも、オブジェクトの生成それ自体を独立したオブジェクトとする方がコードの意図を明確にすることに繋がります。
道具を作ることと道具を使うことはまったく別の知識であるのと同様に、オブジェクト生成の責務はモデルを表現するオブジェクトには相応しくないのです。
本章で解説するファクトリはオブジェクトを生成する責務をもったオブジェクトです。

DDD 9.1 ファクトリの目的

あたりを少し見渡せば、視界には多くの道具が飛び込んできます。机、椅子、紙、ペン……人間は道具に囲まれて暮らしています。世の中には道具が満ち溢れていますが、いまもなお新しい道具が増え続けています。

道具が人間の想像の赴くままに創造されている理由は、道具の扱い方を知っていれば内部構造に詳しくなくとも恩恵を受けることができる便利さにあるでしょう。この便利さは大きな力です。そしてプログラムにおいてもこれは同じです。

オブジェクト指向プログラミングにおけるクラスはさながら道具です。メソッドの扱い方さえ知っていれば、クラスの内部構造を意識せずとも扱うことができます。これは開発者を大きく支援する力です。

ところで、道具は便利なものですが、その便利さに比例して複雑な機構をもつことがあります。

たとえば、コンピュータが便利な道具であることは技術者であればよくご存知のことでしょう。そしてその内部構造が複雑だということもまた熟知しているはずです。ここで争点としたいのは内部構造が複雑であることではなく、「複雑な道具はその生成過程も得てして複雑である」ことです。

皆さんはコンピュータの製造過程を知っているでしょうか。

複雑な道具はその生成過程も複雑です。ともすれば生成過程がある種の知識となります。プログラムにおいてもこれは同じで、複雑なオブジェクトはその生成過程も複雑な処理になることがあります。そうした処理はモデルを表現するドメインオブジェクトの趣旨をぼやけさせます。かといって、その生成をクライアントに押し付けるのはよい方策ではありません。生成処理自体がドメインにおいて意味をもたなかったとしても、ドメインを表現する層の責務であることには変わりないのです。

求められることは複雑なオブジェクトの生成処理をオブジェクトとして定義することです。この生成を責務とするオブジェクトのことを、道具を作る工場になぞらえて「ファクトリ」といいます。ファクトリはオブジェクトの生成に関わる知識がまとめられたオブジェクトです。

DDD 9.2 採番処理をファクトリに実装した例の確認

ファクトリが活躍するわかりやすい例として挙げられるものに採番処理があります。

これまでUserのインスタンスを生成する際、その識別子はGUID（Globally Unique Identifer）を利用していました（リスト9.1）。

リスト9.1：ユーザの識別子はコンストラクタで生成される

```
public class User
{
  private readonly UserId id;
  private UserName name;

  // ユーザを新規作成するときのコンストラクタ
  public User(UserName name)
  {
    if (name == null) throw new ArgumentNullException(nameof(➡
name));

    // GUIDを利用して識別子を生成している
    id = new UserId(Guid.NewGuid().ToString());
    this.name = name;
  }

  // ユーザを再構築するときのコンストラクタ
  public User(UserId id, UserName name)
  {
    if (id == null) throw new ArgumentNullException(nameof(id));
    if (name == null) throw new ArgumentNullException(nameof(➡
name));

    this.id = id;
    this.name = name;
```

```
  }

  (…略…)
}
```

Userクラスにはコンストラクタが2つあります。引数としてUserIdを渡すコンストラクタが再構築用で、UserIdを渡さないコンストラクタが新規作成用となっています。ユーザを新規作成するときに生成しているGUIDは衝突しない識別子として扱えるランダムな文字列ですので、コンストラクタで生成してもユニークであることが保証されます。

しかし、システムによってはこの採番処理をコントロールしたいことがあります。そういった採番処理はどのように実装するのがよいでしょうか。

伝統的な採番処理の手法にシーケンスや採番テーブルを利用したものがあります。Userクラスの採番処理をシーケンスを利用するように書き換えてみましょう（**リスト9.2**）。

リスト9.2：採番テーブルを利用するように変更

```
public class User
{
  private readonly UserId id;
  private UserName name;

  public User(UserName name)
  {
    string seqId;
    // データベースの接続設定からコネクションを作成して
    var connectionString = ConfigurationManager.➡
ConnectionStrings["DefaultConnection"].ConnectionString;
    using (var connection = new SqlConnection(connectionString))
    using (var command = connection.CreateCommand())
    {
      connection.Open();
      // 採番テーブルを利用し採番処理を行っている
      command.CommandText = "SELECT seq = (NEXT VALUE FOR ➡
UserSeq)";
```

```
      using (var reader = command.ExecuteReader())
      {
        if (reader.Read())
        {
          var rawSeqId = reader["seq"];
          seqId = rawSeqId.ToString();
        }
        else
        {
          throw new Exception();
        }
      }
    }

    id = new UserId(seqId);
    this.name = name;
  }

  (…略…)
}
```

リスト9.2はあまり好ましいコードではありません。高レベルな概念であるUserにデータベースの操作という低レベルな処理が記述されてしまっています。このようなコードが引き起こす弊害は目もあてられません。Userクラスをただインスタンス化するだけでもデータベースや採番テーブルの準備が必要です。それはとても面倒な作業で直感的ではありません。

可能であればテスト用に気軽にインスタンスを生成したいときは適当なIDを振り、さもなければデータベース接続して採番を行えるようにしたいところです。こういったとき、ファクトリが役に立ちます。

採番処理を切り替えるような仕組みが必要なときには**リスト9.3**のようなファクトリのインターフェースを用意します。

リスト9.3：ファクトリのインターフェース

```
public interface IUserFactory
{
  User Create(UserName name);
}
```

ファクトリに定義されているUserNameを引数に取りUserのインスタンスを返却するメソッドはUserを新規作成する際にコンストラクタの代わりとして利用されます。

Userを生成する処理は**リスト9.3**を実装したクラスが取り持ちます。**リスト9.4**はシーケンスを利用して採番処理を行うファクトリの実装クラスです。

リスト9.4：シーケンスを利用したファクトリ

```
public class UserFactory : IUserFactory
{
  public User Create(UserName name)
  {
    string seqId;

    var connectionString = ConfigurationManager.➡
ConnectionStrings["DefaultConnection"].ConnectionString;
    using (var connection = new SqlConnection(connectionString))
    using (var command = connection.CreateCommand())
    {
      connection.Open();
      command.CommandText = "SELECT seq = (NEXT VALUE FOR ➡
UserSeq)";
      using (var reader = command.ExecuteReader())
      {
        if (reader.Read())
        {
          var rawSeqId = reader["seq"];
          seqId = rawSeqId.ToString();
        }
```

```
          else
          {
            throw new Exception();
          }
        }
      }
      var id = new UserId(seqId);
      return new User(id, name);
    }
  }
```

インスタンス生成の処理がファクトリに移設されたことでUserクラスをインスタンス化する際には必ず外部からUserIdが引き渡されることになります。その変化を受けてUserクラスのUserIdを採番していたコンストラクタが不要になります（**リスト9.5**）。

リスト9.5：Userクラスのコンストラクタはひとつになる

```
public class User
{
  private readonly UserId id;
  private UserName name;

  public User(UserId id, UserName name)
  {
    if (id == null) throw new ArgumentNullException(nameof(id));
    if (name == null) throw new ArgumentNullException(nameof➡
(name));

    this.id = id;
    this.name = name;
  }

  (…略…)
}
```

これでUserクラスのコンストラクタにおいてデータベースに接続するコードを記述しなくて済むようになります。

なお、ファクトリを利用するようになるとUserApplicationServiceのユーザ登録処理ではUserのインスタンスの生成をファクトリ経由で行うようになります（**リスト9.6**）。

リスト9.6：ファクトリを経由してインスタンスを生成する

```
public class UserApplicationService
{
  private readonly IUserFactory userFactory;
  private readonly IUserRepository userRepository;
  private readonly UserService userService;

  (…略…)

  public void Register(UserRegisterCommand command)
  {
    var userName = new UserName(command.Name);
    // ファクトリによってインスタンスを生成する
    var user = userFactory.Create(userName);

    if (userService.Exists(user))
    {
      throw new CanNotRegisterUserException(user);
    }

    userRepository.Save(user);
  }
}
```

Registerメソッドをテストする際にはリレーショナルデータベースに接続しないインメモリで動作させたいと考えるでしょう。その際には**リスト9.7**に示すファクトリを用意します。

リスト9.7：インメモリで動作するファクトリ

```
class InMemoryUserFactory : IUserFactory
{
  // 現在のID
  private int currentId;

  public User Create(UserName name)
  {
    // ユーザが生成されるたびにインクリメントする
    currentId++;

    return new User(
      new UserId(currentId.ToString()),
      name
    );
  }
}
```

このインメモリで動作するオブジェクトを依存解決の対象として設定すればテストを行うことが可能になります。

COLUMN

ファクトリの存在に気づかせる

ファクトリを準備したとき、オブジェクトのインスタンス化はファクトリを経由して実施されることが期待されます。しかし、Userクラスを見ても、ファクトリの存在に気づくことはできません（リスト9.8）。

リスト9.8：Userクラスの定義を見てもファクトリの存在に気づけない

```
public class User
{
  // コンストラクタがあることがわかるのみ
  public User(UserId id, UserName name);
   (…略…)
}
```

ファクトリの存在に気づかせるための仕掛けとして挙げられるのは、次のようなパッケージによるグループ分けです。

- SnsDomain.Models.Users.User
- SnsDomain.Models.Users.IUserFactory

後続の開発者がSnsDomain.Models.Usersパッケージを俯瞰してみたとき、UserとIUserFactoryが同居していることがわかります。

9.2.1 自動採番機能の活用

採番処理といえばデータベースの機能として存在する自動採番機能を無視することはできません。

たとえばSQL ServerではIDENTITYをカラムに設定するとレコードが挿入された際に自動で採番が行われます（**図9.1**）。

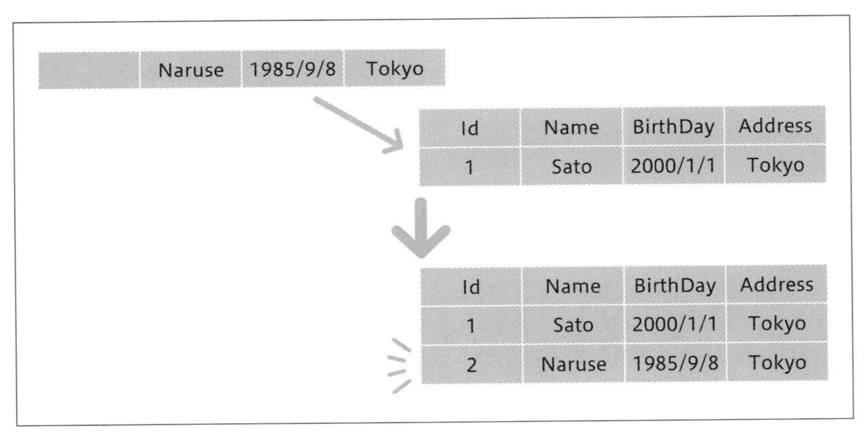

図9.1：自動採番機能

この機能は強力です。もしこの自動採番処理を取り入れたならば、コードにはどのような変化が現れるでしょうか。

自動採番処理はデータベースに対しての永続化を行うことでIDが割り振られます。必然的にインスタンスが初めて作られたときにはIDが存在していないオブジェクトとして生成されます。またIDを永続化の際に設定するため、セッターを用意する必要ができます（**リスト9.9**）。これらはオブジェクトを不安定にさせる要素です。

リスト9.9：オブジェクトにセッターを用意する

```
public class User
{
  private UserName name;

  public User(UserName name)
  {
    this.name = name;
  }

  public UserId Id { get; set; }
}
```

エンティティは識別子により識別されるオブジェクトです。その識別子が永続化を行うまで存在しないというのは不自然で強烈な制限事項です。誤って識別子が設定されないうちに操作してしまったら、意図しない挙動になるでしょう。開発者は永続化されるまで識別子が生成されないことを常に意識し、細心の注意を払う他ありません。

もうひとつ気になることがあります。それはセッターの存在です。**リスト9.9**のUserクラスのIdプロパティのセッターはリポジトリから操作されるということを前提としています。しかしクラスの定義を見ただけでは、それをうかがい知ることが叶いません。事情を知らない開発者が不意にIDを付け替える記述をしてしまう可能性を残します。

いずれにせよ共通する問題は開発者に対して暗黙の了解を課すことです。暗黙の了解は開発者に強力な自制心を求めます。すなわち「やりすぎないように」と。

自動採番処理を利用することに決めるといくつかの懸念事項が発生します。しかし、その上であえて自動採番機能によってIDを割り振ることを受け入れる選択肢はもちろんあります。自動採番機能を採用する場合には開発上のルールをよく周知することが必要です。チームの合意として受け入れられているのであれば、問題を引き起こすことは稀でしょう。

9.2.2 リポジトリに採番用メソッドを用意する

ファクトリとは少し外れますが、リポジトリに採番を行うメソッドを用意するパターンもあります（**リスト9.10**）。

リスト9.10：リポジトリに採番処理を定義する

```
public interface IUserRepository
{
  User Find(UserId id);
  void Save(User user);
  UserId NextIdentity();
}
```

NextIdentityメソッドは採番を行い、新しいUserIdを生成します。この採番処理を利用するとコードは**リスト9.11**のように変更されます。

リスト9.11：採番処理を利用してユーザを登録する

```
public class UserApplicationService
{
  private readonly IUserRepository userRepository;

  (…略…)

  public void Register(UserRegisterCommand command)
  {
    var userName = new UserName(command.Name);
    var user = new User(
      userRepository.NextIdentity(),
      userName
    );

    (…略…)
  }
}
```

リポジトリに採番処理のメソッドをもたせるのはとても気楽な選択肢です。ファクトリを用意するほど手間ではなく、かといってIDが存在しない不安定なエンティティの存在を許容するわけでもありません。

ただし**リスト9.12**のように採番処理と永続化処理の具体的な技術が異なっていた場合は少し事情が異なってきます。

リスト9.12：採番処理と永続化で利用される技術が異なる

```
public class UserRepository : IUserRepository
{
  private readonly NumberingApi numberingApi;

  (…略…)

  // リレーショナルデータベースを利用しているが
  public User Find(UserId id)
  {
    var connectionString = ConfigurationManager.➡
ConnectionStrings["DefaultConnection"].ConnectionString;
    using (var connection = new SqlConnection(connectionString))
    using (var command = connection.CreateCommand())
    {
      connection.Open();
      command.CommandText = "SELECT * FROM users WHERE id = ➡
@id";
      command.Parameters.Add(new SqlParameter("@id", id.Value));
      using (var reader = command.ExecuteReader())
      {
        if(reader.Read())
        {
          var name = reader["name"] as string;
          return new User(
            id,
            new UserName(name)
          );
```

```
            } else {
              return null;
            }
          }
        }
      }

      // 採番処理はリレーショナルデータベースを利用していない
      public UserId NextIdentity()
      {
        var response = numberingApi.Request();
        return new UserId(response.NextId);
      }
    }
```

ひとつのクラス定義の中に複数の技術基盤に基づく操作が記述されています。これを歪に感じる方もいるでしょう。気にするレベルではないという意見もあります。

このパターンはその手軽さからして受け入れられやすいものであることも確かです。開発チームでの合意が取れているのであればこのパターンを採用することは問題ではありません。

筆者の個人的な感覚では、そもそもリポジトリはデータの永続化と再構築を行うオブジェクトです。採番処理にまで手を伸ばすのは少し責務を広げ過ぎているように感じるため推奨していません。

DDD 9.3 ファクトリとして機能するメソッド

クラスそれ自体がファクトリとなる以外に、メソッドがファクトリとして機能することもあります。これはオブジェクトの内部データを利用してインスタンスを生成する必要があるときに利用されます。

たとえばサークル機能を考えてみましょう。サークルはクラブとかチームのようなものでユーザが所属して趣味などを語り合うグループです。サークルにはそのオーナーとなるユーザがいます。どのユーザがそのオーナーであるのかの目印としてユーザIDをもつようにしましょう。するとコードは**リスト9.13**のようになります。

リスト9.13：サークルを生成する

```
var circle = new Circle(
  user.Id, // ゲッターによりユーザのIDを取得
  new CircleName("my circle")
);
```

サークルのオーナーとなるユーザのIDをCircleオブジェクトへ渡すためにゲッターを利用することになります。ゲッターについては既に広く知れ渡っているとおり、安直に使用してよいものではありません（このことについては第12章『ドメインのルールを守る「集約」』にて詳しく解説します）。

内部情報を利用しつつも公開はしないという芸当は、とても単純な手法によって達成可能です。ゲッターを公開するのではなく、メソッドでインスタンスを生成して戻り値として返却すればよいのです（**リスト9.14**）。

リスト9.14：Userクラスのメソッドで Circleクラスのインスタンスを生成する

```
public class User
{
  // 外部に公開する必要がない
  private readonly UserId id;

  (…略…)

  // ファクトリとして機能するメソッド
  public Circle CreateCircle(CircleName circleName)
  {
    return new Circle (
      id,
      circleName
    );
```

```
    }
}
```

このようにファクトリとして機能するメソッドを用意することでインスタンスの内部情報を引き渡すことができます。

このふるまいが正当なものかどうかはドメインに対する捉え方によります。ユーザがサークルを生成することをドメインオブジェクトのふるまいとして定義するべきであれば正当化されるでしょう。

DDD 9.4 複雑な生成処理をカプセル化しよう

ポリモーフィズムの恩恵に与るためにファクトリを利用する以外に、単純に生成方法が複雑なインスタンスを構築する処理をまとめるためにファクトリを利用するのもよい習慣です。

本来であれば初期化はコンストラクタの役目です。しかしコンストラクタは単純である必要があります。コンストラクタが単純でなくなるときはファクトリを定義します。

「コンストラクタ内で他のオブジェクトを生成するかどうか」はファクトリを作る際の動機付けによい指標となります。もしもコンストラクタが他のオブジェクトを生成するようなことがあれば、そのオブジェクトが変更される際にコンストラクタも変更しなくてはならなくなる恐れがあります。他のオブジェクトをただインスタンス化するだけであったとしても、それは複雑さをはらんでいるのです。

もちろんすべてのインスタンスがファクトリにより生成されるべきと主張しているわけではありません。生成処理が複雑でないのであれば素直にコンストラクタを呼び出す方が好ましいです。ここでの主張は「ただ漫然とインスタンス化をするのではなく、ファクトリを導入すべきか検討する習慣を身に着けるべきである」というものです。

COLUMN

ドメイン設計を完成させるために必要な要素

ファクトリはドメインを由来とするオブジェクトではありません。その点についてはリポジトリもまた同様です。であればファクトリやリポジトリはドメインとは関係ないものであるかというと、それもまた違います。

オブジェクトの生成はドメイン由来ではありませんが、ドメインを表現するために必要なことです。ドメインを表現する手助けをするファクトリやリポジトリといった要素は、ドメインの設計を構成する要素です。

ドメインをモデルへ落とし込み、コードでそれを表現するというドメイン設計を完成させるために、ドメインモデルを表現する以外の要素が存在することを認識しておいてください。

DDD 9.5 まとめ

本章では採番処理に焦点を絞ってファクトリの有用性を解説しました。ファクトリはオブジェクトのライフサイクルの始まりでその役割を果たします。

複雑な処理を伴うオブジェクトの生成にファクトリを使用することでコードの論点が明確になります。同時に、まったく同じ生成処理がそこかしこに記述されることを防ぐことができます。

ファクトリによって生成処理をカプセル化することはロジックの意図を明確にしながら、柔軟性を確保する大切なことです。

データの整合性を保つ

システムにはデータの整合性を保つことが求められます。

データの整合性を保つための施策はソフトウェア開発における重大なテーマです。
一般的に整合性を保つために利用されるのはトランザクションです。本章はトランザクションをどのようにして取り扱うかを主軸に解説します。
ドメイン駆動設計に限った話ではありませんがトランザクションは、ソフトウェアシステムを形作る上で必ず必要となるものです。トランザクションの取り回し方にどのような形があるのかをここで確認しておきましょう。

DDD 10.1 整合性とは

システムにはデータの整合性を求められる処理が存在します。整合性とは「矛盾がなく一貫性のあること・ズレがないこと」をいいます。

たとえば商品を注文するときの注文明細を例に考えてみましょう。注文明細はヘッダ部とボディ部に分かれ、ヘッダ部には注文者の名前や住所などの情報が記載され、ボディ部には注文した商品やその数の情報が記載されています（**図10.1**）。

ヘッダ部	会員番号	0000001	名前	Foo	
	住所	Tokyo			
ボディ部	品番	製品名	数量	単価	合計
	A-001-1	A Components	10	100JPY	1,000JPY
	B-001-1	B Components	20	150JPY	3,000JPY

図10.1：完全な注文明細

このとき、ヘッダ部かボディ部のどちらかが欠けても注文書は成り立ちません。ヘッダ部がない注文明細は誰に商品を届ければよいかわかりませんし、ボディ部が存在しない注文明細は届ける先がわかったとしても何を届ければよいかわかりません（**図10.2**）。注文明細のヘッダ部とボディ部には常に互いが存在する一貫性、すなわち整合性が必要です。

品番	製品名	数量	単価	合計
A-001-1	A Components	10	100JPY	1,000JPY
B-001-1	B Components	20	150JPY	3,000JPY

図10.2：ボディ部だけの注文明細

もちろんプログラムが正常に動作している限りは、ヘッダ部かボディ部のどちらかが欠けるような事態に陥ることはありません。問題が発生するのはプログラムが不正終了してしまったときです。たとえば注文明細を作成する過程で、ヘッダ部を保存した直後にプログラムが終了してしまった場合、ボディ部が保存されず、データストアにはヘッダ部だけが存在するという不正なデータが残ることになってしまいます。

本章ではこういった問題を防ぐため、データの整合性を担保する方法について解説をします。なお、本章が取り扱う整合性はドメイン駆動設計に直接関係するものではありません。しかし、データの整合性を保つことはソフトウェアを構築する上で必ず必要となることです。ソフトウェアを構築する上で避けてとおれない整合性への立ち向かい方を確認しておきましょう。

DDD 10.2 致命的な不具合を確認する

これまで作ってきたソフトウェアには実は致命的な不具合があるとお伝えしたら皆さんは驚くでしょうか。残念ながらUserApplicationServiceには整合性を破綻させる可能性を秘めた問題が存在しているのです。

致命的な不具合はユーザ登録処理に潜んでいます。ユーザ登録処理のコードを改めて確認してみましょう（**リスト10.1**）。

リスト10.1：ユーザ登録処理のコード

```
public class UserApplicationService
{
  private readonly IUserFactory userFactory;
  private readonly IUserRepository userRepository;
  private readonly UserService userService;

  (…略…)

  public void Register(UserRegisterCommand command)
  {
```

```
    var userName = new UserName(command.Name);
    var user = userFactory.Create(userName);

    if (userService.Exists(user))
    {
      throw new CanNotRegisterUserException(user, ➡
"ユーザは既に存在しています。");
    }

    userRepository.Save(user);
  }
}
```

ユーザ登録処理には「ユーザ名が重複することを許可しない」という重大なルールがあります。一見すると現在のコードはこのルールを守っているように見えます。しかし、ある特定の条件下ではそれが意図したとおりに機能しなくなります。

ある利用者がユーザを登録しようとしたときを仮定しましょう。登録しようとしたユーザ名は"naruse"です。最初の段階では"naruse"というユーザが存在しないので、この処理は正しく動作します（**図10.3**）。

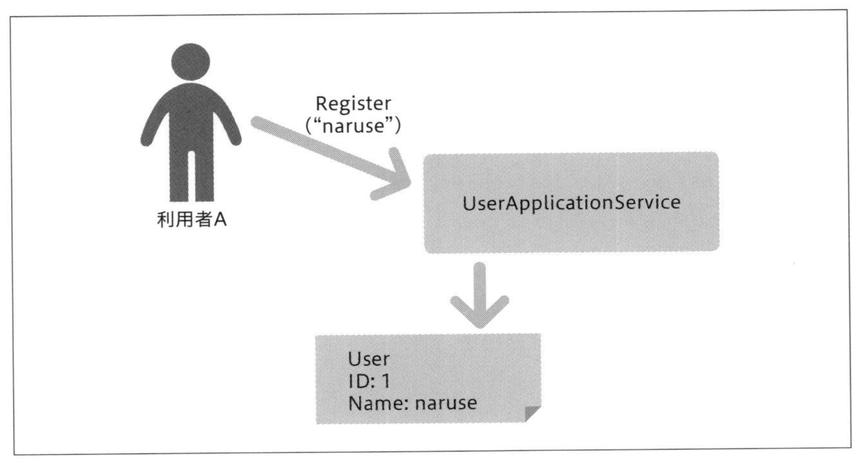

図10.3：登録に成功

さて、ときを同じくして別の利用者がユーザ登録をします。なんという偶然でしょう。この利用者が登録しようとしているユーザ名は"naruse"です（**図10.4**）。

最初の利用者がユーザ登録処理を実行したとき、重複チェックを行ってからインスタンスの永続化処理をリポジトリに依頼します。この永続化を処理している最中にもう一方のユーザ登録処理が重複チェックに差し掛かると、まだ永続化処理が完了していないために同名のユーザが見つからず、あろうことか重複チェックをすり抜けてしまいます。結果として"naruse"というユーザ名のユーザが複数登録されてしまうのです。

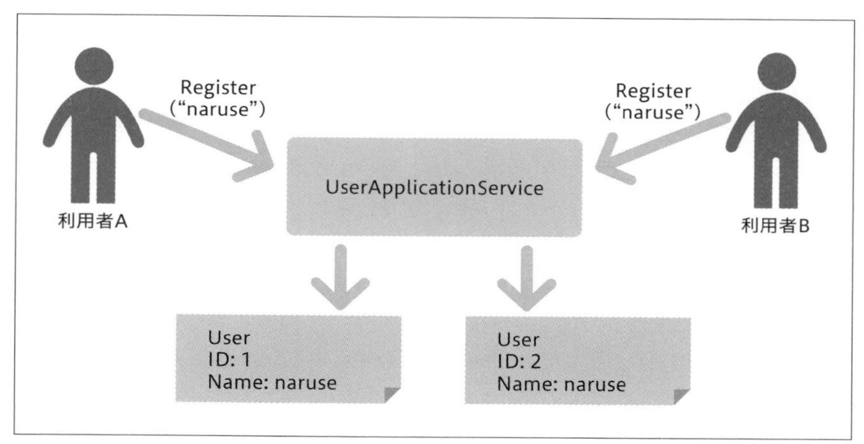

図10.4：ユーザ名が重複してしまう

この現象を整理しましょう。**図10.5**は時間軸を添えてこの問題が発生するメカニズムを示しています。

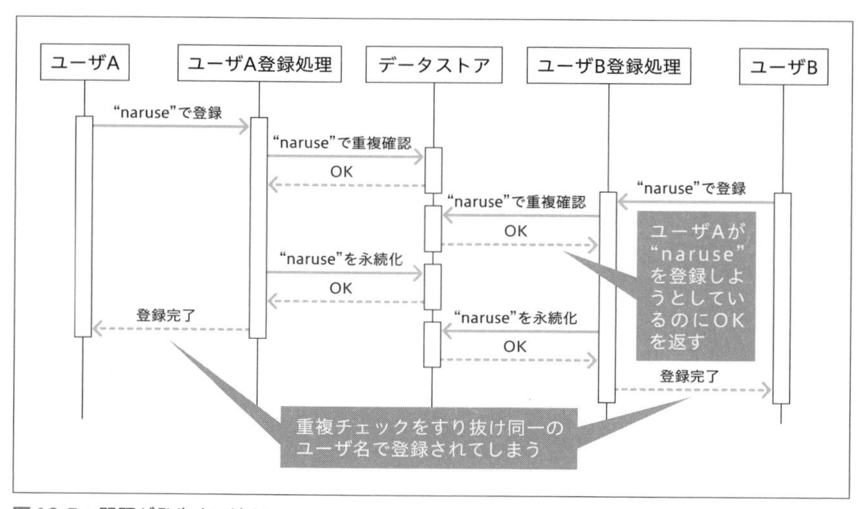

図10.5：問題が発生する流れ

以上が致命的な不具合の内容です。

利用者が行儀よく順番に処理を実行してくれるのであれば問題ありませんが、Webアプリケーションでそれを強いるのは難しいでしょう。データの整合性を保つために何かしらの戦略を練る必要があります。

DDD 10.3 ユニークキー制約による防衛

アプリケーション全体でユーザ名が重複しないように、データの整合性を保つために取れる手段として、ユニークキー制約が挙げられます。

ユニークキー制約はデータベースの特定のカラムがユニーク、つまり唯一無二のものであることを保証する機能です。もしもユニークキー制約に違反するレコードの挿入を行おうとすると、エラーが発生します。

これはとても便利な機能です。データの整合性を守るために積極的に利用すべき機能です。

10.3.1 ユニークキー制約を重複確認の主体としたときの問題点

ユニークキー制約の利用はソフトウェアが破綻する危険性を排除する有力な方法です。しかし、使い方を誤るとコードの表現力が奪われます。具体例を確認してみましょう。

ユニークキー制約さえ設定すれば、プログラムが不正を感知し、終了するため重複確認をする必要がなくなります。したがって、ユーザ登録処理のコードを**リスト10.2**のように簡略化するアイデアが浮かびます。

リスト10.2：ユニークキー制約で重複しないことが担保され重複確認が不要になる

```
public class UserApplicationService
{
  private readonly IUserFactory userFactory;
  private readonly IUserRepository userRepository;

```

```
  (…略…)

  public void Register(UserRegisterCommand command)
  {
    var userName = new UserName(command.Name);
    var user = userFactory.Create(userName);

    userRepository.Save(user);
  }
}
```

このコードはユニークキー制約によってユーザ名が重複しないことは保証されています。結果だけ見れば**リスト10.2**はデータの整合性を守るコードになっています。**リスト10.1**と比べてみればコードも短くなりました。これは理解しやすいコードに違いありません！……と考えたのであれば危険信号です。

ユーザの重複を確認する処理は重要なものです。**リスト10.2**を見て、ユーザには重複に関するルールがあることを読み取れるでしょうか。いかに熟練した開発者であっても、コードの背後にある仕組みをコードから感じ取ることは不可能です。

もうひとつ問題があります。それはデータベースのユニークキー制約という特定の技術基盤に依存している点です。

第7章『柔軟性をもたらす依存関係のコントロール』でビジネスロジックが特定の技術基盤に依存をするのは避けたいということを解説してきました。重複しないことを担保する方法としてリレーショナルデータベースのユニークキー制約に頼るのは、まさに特定の技術基盤に依存することを意味します。**リスト10.2**はドメインの重大なルールに関わる処理が本来記述されるべき場所以外に漏れ出してしまっている状態にあります。

これが引き起こす問題はどのようなものでしょうか。たとえば、重複のルールが変わるときのことを思い浮かべてみましょう。いまはユーザ名が直接の重複のルールですが、それがメールアドレスに変わったときのことを想像してください。果たして**リスト10.2**のコードから、開発者はリレーショナルデータベースのテーブルの制約を変更しなくてはいけないということに気づけるでしょうか。

10.3.2 ユニークキー制約との付き合い方

ドメインのルールを守るための具体的な方法としてユニークキー制約に頼ることは得策とは言えません。ではユニークキー制約はまったく使えないものなのか、というとそれも間違いです。

古今東西、バグの多くは開発者の思い違いを起因にしています。たとえば開発者がユーザの重複に関するルールを間違えて覚えていて、重複チェックの対象をメールアドレスにしたとしましょう（**リスト10.3**）。

リスト10.3：重複チェックの対象をメールアドレスにしてしまった

```
public class UserService
{
  private readonly IUserRepository userRepository;

  (…略…)

  public bool Exists(User user)
  {
    var duplicatedUser = userRepository.Find(user.Mail);
    return duplicatedUser != null;
  }
}
```

このときユニークキー制約がユーザ名カラムに設定されていれば、ユーザ名が重複したときにプログラムは例外を発生させて終了してくれます。これはシステムを強力に保護する大いなる力です。

ユニークキー制約はルールを守る主体ではなく、セーフティネットとして活用されるべき機能です。ユニークキー制約があるからといって**リスト10.2**のように重複の確認を省くことはお勧めできません。

よりソフトウェアの安全性を高めるために、**リスト10.1**のコードとユニークキー制約を併用するとよいでしょう。

トランザクションによる防衛

　データの整合性を保つために利用される一般的な手段としては、データベースのトランザクション機能が挙げられます。トランザクションは一貫した状態を保つために、相互依存的な操作の完了ないし取消を保証します。

　たとえばEC（Electric Commerce: 電子商取引）サイトで利用者がポイントを利用して商品を購入するときの処理を考えてみましょう。システムはまず利用者が使用しようとしたポイントを減らします。次に注文された商品の在庫を減らそうとします。このとき、注文しようとしていた商品の在庫がなくなっていたとしたら処理は失敗します。結果として利用者のポイントが減りますが、注文はなされず、商品の発送はされません。おそらく近い将来カスタマーセンターにはクレームが送られてくるでしょう。

　トランザクションはこれを解決します。トランザクションを利用しているとき、データベースに対する一連の操作は実際には反映されません。処理内容を反映させるにはコミット処理を行う必要があります。

　たとえばECサイトにおけるポイント消費にあてはめてみると、トランザクションを利用した場合は利用者のポイントを即時に減らすようなことはしません。そのため、もし途中でプログラムが不正終了したとしても利用者が保有しているポイン

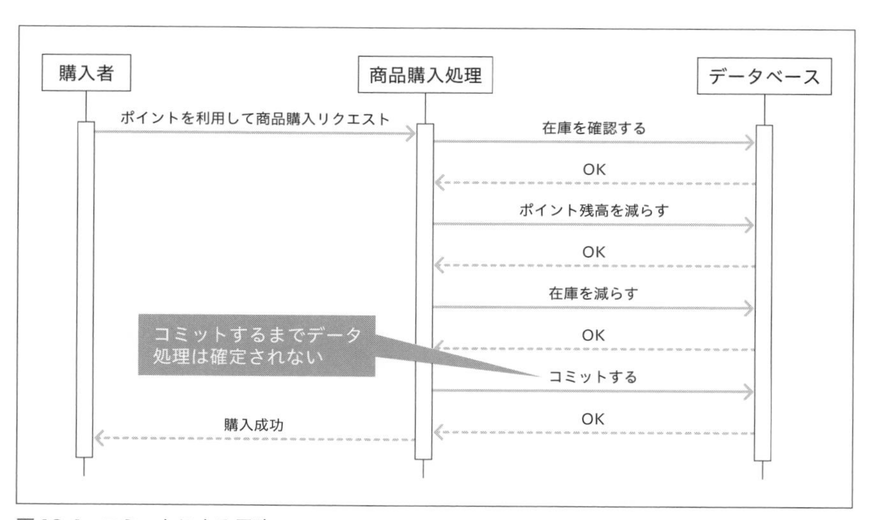

図10.6：コミットによる反映

トは減りません。実際にポイントが減るタイミングは処理を反映するコミット操作が実行されたときです（**図10.6**）。

10.4.1 トランザクションを取り扱うパターン

トランザクションを利用すればユーザ登録処理の問題は解決しそうです。さっそくコードに組み込んでみましょう。トランザクションを扱うにはデータベースコネクションを使いまわす必要があります。リポジトリはデータベースコネクションを受け取って、それを扱うように変化します（**リスト10.4**）。

リスト10.4：トランザクションが開始されたコネクションを利用する

```
public class UserRepository : IUserRepository
{
  // 引き渡されたデータベースのコネクション
  private readonly SqlConnection connection;

  public UserRepository(SqlConnection connection)
  {
    this.connection = connection;
  }

  public void Save(User user, SqlTransaction transaction = null)
  {
    using (var command = connection.CreateCommand())
    {
      if (transaction != null)
      {
        command.Transaction = transaction;
      }
      command.CommandText = @"
 MERGE INTO users
   USING (
     SELECT @id AS id, @name AS name
   ) AS data
   ON users.id = data.id
```

```
    WHEN MATCHED THEN
      UPDATE SET name = data.name
    WHEN NOT MATCHED THEN
      INSERT (id, name)
      VALUES (data.id, data.name);
";
       command.Parameters.Add(new SqlParameter("@id", ➡
user.Id.Value));
       command.Parameters.Add(new SqlParameter("@name", ➡
user.Name.Value));

       command.ExecuteNonQuery();
     }
   }

  (…略…)
}
```

トランザクションの開始やコミット処理を制御するためにUserApplicationServiceも同様にSqlConnectionを受け取るようになります（**リスト10.5**）。

リスト10.5：コンストラクタでトランザクションを受け取る

```
public class UserApplicationService
{
  // このコネクションはリポジトリが保持しているものと同じもの
  private readonly SqlConnection connection;
  private readonly UserService userService;
  private readonly IUserFactory userFactory;
  private readonly IUserRepository userRepository;

  public UserApplicationService(SqlConnection connection, ➡
UserService userService, IUserFactory userFactory, ➡
IUserRepository userRepository)
```

```
  {
    this.connection = connection;
    this.userService = userService;
    this.userFactory = userFactory;
    this.userRepository = userRepository;
  }

  (…略…)
}
```

さぁ、準備が整いました。ユーザ登録処理でトランザクションを開始し、整合性を保つように処理を書き換えてみましょう（**リスト10.6**）。

リスト10.6：トランザクションを利用するようにユーザ登録処理を書き換える

```
public class UserApplicationService
{
  private readonly SqlConnection connection;
  private readonly UserService userService;
  private readonly IUserFactory userFactory;
  private readonly IUserRepository userRepository;

  (…略…)

  public void Register(UserRegisterCommand command)
  {
    // コネクションからトランザクションを開始
    using(var transaction = connection.BeginTransaction())
    {
      var userName = new UserName(command.Name);
      var user = userFactory.Create(userName);

      if (userService.Exists(user))
      {
```

```
            throw new CanNotRegisterUserException(user, ➡
"ユーザは既に存在しています。");
        }

        userRepository.Save(user, transaction);
        // 完了時にコミットを行う
        transaction.Commit();
      }
    }

  (…略…)
}
```

リスト10.6はトランザクションにより整合性が担保されます。もしも同時に同じユーザ名でユーザ登録が実行されたとしても、いずれかの処理は成功し、もう一方の処理は失敗するでしょう。

しかしながら、新たな問題も発生しています。その問題とはSqlConnectionというインフラストラクチャのオブジェクトに対する依存がUserApplicationServiceに発生してしまっていることです。

SqlConnectionはリレーショナルデータベースに基づくオブジェクトです。UserApplicationServiceがリレーショナルデータベースを取り扱っている限りは違和感がありませんが、たとえばIUserRepositoryの実体はInMemoryUserRepositoryであることもあります。その場合にはリレーショナルデータベースを操作するオブジェクトであるSqlConnectionは有効に活用されません。

これまで幾度となく特定の技術に依存することに対する危険性を訴えてきました。ここにきてそれを致し方ない犠牲として諦めるわけにはいきません。整合性を保ちながら特定の技術基盤に依存せずに済むパターンをいくつか紹介します。

10.4.2 トランザクションスコープを利用したパターン

整合性を保つトランザクション処理はそもそもデータベースに限ったことではありません。

確かに整合性を維持するのは低次元な詳細である特定の技術基盤の役目です。しかし、ビジネスロジックの都合で考えると整合性を維持する具体的な実装がデータベースのトランザクションであるか、それとも分散トランザクションであるかは大きな問題ではありません。そもそも整合性は特定の技術基盤に根差す低次元な概念ではなく、高次元な概念なのです。したがって、ビジネスロジックに記載されるべきは整合性を保つためのあれやこれやといった詳細な処理ではなく、整合性が必要とされる処理であることを明示的に主張することです。

C#には整合性が必要とされる処理であるということを主張するためにトランザクションスコープという機能が用意されています（**リスト10.7**）。

リスト10.7：トランザクションスコープを利用する

```
public class UserApplicationService
{
  private readonly UserService userService;
  private readonly IUserFactory userFactory;
  private readonly IUserRepository userRepository;

  public UserApplicationService(UserService userService, ➡
IUserFactory userFactory, IUserRepository userRepository)
  {
    this.userService = userService;
    this.userFactory = userFactory;
    this.userRepository = userRepository;
  }

  public void Register(UserRegisterCommand command)
  {
    // トランザクションスコープを生成する
    // using句のスコープ内でコネクションが開かれると自動的にトランザクションが➡
開始される
    using(var transaction = new TransactionScope())
    {
      var userName = new UserName(command.Name);
      var user = userFactory.Create(userName);

      if (userService.Exists(user))
```

```
        {
            throw new CanNotRegisterUserException(user, ➡
"ユーザは既に存在しています。");
        }

        userRepository.Save(user);
        // 処理を反映する際にはコミット処理を行う
        transaction.Complete();
      }
    }

    (…略…)
}
```

トランザクションスコープはあくまでもトランザクションを行う範囲を定義しています。したがって、実際にトランザクションを開始するような動作はしません。ただし、このスコープの内部でデータベースのコネクションを開こうとすると、自動的にトランザクションが開始されます。結果的に、このスコープ内ではトランザクションの恩恵を享受できます。

UserApplicationServiceはいま、リレーショナルデータベースという特定の技術基盤から解放されました。もしデータベースのトランザクション以外の技術で整合性を担保することになったとしても、TransactionScopeがうまく動作する仕組みを整えればそれで解決できます。インフラストラクチャの変更を起因にUserApplicationServiceを修正する必要はなくなったのです。

10.4.3 AOPを利用したパターン

おそらく読者の中には「C#以外の言語を使っている場合はどうすればよいのか」といった当然の疑問をもった方もいるでしょう。安心してください。たとえばオブジェクト指向プログラミング言語としてメジャーなJavaでは、アスペクト指向プログラミング（AOP: Aspect Oriented Programming）に基づいたアプローチで同じことを実現しています。

AOPはソースコードに変更を加えずに新たな処理を追加することを実現します。具体例を見てみましょう。**リスト10.8**のコードはUserApplicationServiceを

Javaで記述したものです。

リスト10.8：Transactionalアノテーションを利用する（Javaコード）

```
public class UserApplicationService {
  private final UserRepository userRepository;
  private final UserFactory userFactory;
  private final UserService userService;

  (…略…)

  @Transactional(isolation = Isolation.SERIALIZABLE)
  public void Register(UserRegisterCommand command) {
    UserName userName = new UserName(command.getName());
    User user = userFactory.create(userName);

    if (userService.exists(user)) {
      throw new CanNotRegisterUserException(user, ➡
"ユーザは既に存在しています。");
    }

    userRepository.save(user);
  }
}
```

@Transactionalアノテーションはトランザクションスコープと同じことを実現します。メソッドが正常に終了したときはコミットが実施され、途中で例外が投げられるとロールバックが実行されます。

筆者はトランザクションスコープよりもAOPを利用した、このパターンの方が優れていると考えています。なぜならトランザクションスコープはメソッドの処理内容を確認しない限り、整合性が必要とされていることに気づくことができません。アノテーションであれば、内部の詳細なコードを確認するまでもなく、そのメソッドで整合性が必要とされていることがわかります。

10.4.4 ユニットオブワークを利用したパターン

ユニットオブワークというパターンもトランザクションを取り扱うための選択肢のひとつです。

ユニットオブワークはあるオブジェクトの変更を記録するオブジェクトです。ユニットオブワークはオブジェクトの読み取り動作を行う際にインスタンスの状態を記録します。読み取られたオブジェクトの変更や削除はユニットオブワークに通知しない限りデータストアへ反映されることはありません。コミット処理が呼び出されると、そこまでの変更処理をデータストアに対して適用します。このパターンを適用すると、永続化の対象となるオブジェクトの作成・変更・削除といった動作はすべてユニットオブワークを通じて行うようになります。

ユニットオブワークは**リスト10.9**に示す定義をもったオブジェクトです。

リスト10.9：ユニットオブワークの定義

```
public class UnitOfWork
{
  public void RegisterNew(object value);
  public void RegisterDirty(object value);
  public void RegisterClean(object value);
  public void RegisterDeleted(object value);
  public void Commit();
}
```

リスト10.9のRegisterから始まるメソッドはインスタンスの状態を変更記録として保存します。Commitメソッドが呼び出されるとそこまでの変更をまとめてデータストアに適用します。

ユニットオブワークを利用する際には**リスト10.10**に示すエンティティ用の基底クラスを用意し、マーキング手段を提供します。

リスト10.10：マーキングのための手段を提供するエンティティの基底クラス

```
public abstract class Entity
{
  protected void MarkNew()
  {
```

```
    UnitOfWork.Current.RegisterNew(this);
  }

  protected void MarkClean()
  {
    UnitOfWork.Current.RegisterClean(this);
  }

  protected void MarkDirty()
  {
    UnitOfWork.Current.RegisterDirty(this);
  }

  protected void MarkDeleted()
  {
    UnitOfWork.Current.RegisterDeleted(this);
  }
}
```

エンティティは**リスト10.10**を継承し、データの変更時などに適宜マーキング作業を行います（**リスト10.11**）。

リスト10.11：データの変更時にマーキングを行う

```
// エンティティはリスト10.10で定義した基底クラスを継承する
public class User : Entity
{
  public User(UserName name)
  {
    if (name == null) throw new ArgumentNullException(nameof➡
(name));

    Name = name;
    MarkNew();
  }
```

```
  public UserName Name { get; private set; }

  public void ChangeName(UserName name)
  {
    if (name == null) throw new ArgumentNullException(nameof➡
(name));

    Name = name;
    MarkDirty();
  }
}
```

こうして集められた変更履歴はユニットオブワークのコミット操作時にまとめて実行されます。ユーザ登録処理は**リスト10.12**のように変化します。

リスト10.12：ユニットオブワークを利用したユーザ登録処理

```
public class UserApplicationService
{
  // ユニットオブワークを保持する
  private readonly UnitOfWork uow;
  private readonly UserService userService;
  private readonly IUserFactory userFactory;
  private readonly IUserRepository userRepository;

  public UserApplicationService(UnitOfWork uow, UserService ➡
userService, IUserFactory userFactory, IUserRepository ➡
userRepository)
  {
    this.uow = uow;
    this.userService = userService;
    this.userFactory = userFactory;
    this.userRepository = userRepository;
  }
```

```
    public void Register(UserRegisterCommand command)
    {
        var userName = new UserName(command.Name);
        var user = userFactory.Create(userName);

        if (userService.Exists(user))
        {
            throw new CanNotRegisterUserException(user);
        }

        userRepository.Save(user);

        // 作業結果の反映をユニットオブワークに伝える
        uow.Commit();
    }

    (…略…)
}
```

ユニットオブワークに対するコミット処理はサンプルのように開発者が明示的に実行する選択肢もありますが、処理の実行後に暗黙的に実行されるようにする選択肢もあります。コミット処理が多くのスクリプトで実行される可能性が高いことを考えるとむしろ暗黙的に実行される方がよいでしょう。その際にはAOPを適用して、処理の実行後にコミット処理を実施するようにします。

D もう1つのユニットオブワーク

また、ユニットオブワークにリポジトリを保持させて、リポジトリ自身に変更の追跡を行わせるパターンもあります（**リスト10.13**）。このパターンでは先述したユニットオブワークで必要となった基底クラスを用意する必要がありません。

リスト10.13：リポジトリに変更の追跡を移譲したユニットオブワーク

```
public class UnitOfWork : IUnitOfWork
{
  private readonly SqlConnection connection;
  private readonly SqlTransaction transaction;
  private UserRepository userRepository;

  public UnitOfWork(SqlConnection connection, SqlTransaction ➡
transaction)
  {
    this.connection = connection;
    this.transaction = transaction;
  }

  public IUserRepository UserRepository
  {
    get => userRepository ?? (userRepository = new ➡
UserRepository(connection, transaction));
  }

  public void Commit()
  {
    transaction.Commit();
  }
}
```

ユニットオブワークは各リポジトリを公開し、クライアントはプロパティとして公開されているリポジトリに対してオブジェクトの永続化や再構築を依頼します。実際の変更の追跡はリポジトリ内部にて行われます（**リスト10.14**）。

リスト10.14：再構築したインスタンスかどうかによって処理が分かれる

```
public class UserRepository : IUserRepository
{
  // Findメソッドなどで再構築したインスタンスはクローンして保持しておく
```

```
  private readonly Dictionary<UserId, User> cloned = new ➡
Dictionary<UserId, User>();

  (…略…)

  public User Find(UserId id)
  {
    // ユーザを取得するコード
   (…略…)

    // 取得したユーザを保存
    var cloneInstance = Clone(user);
    cloned.Add(id, cloneInstance);
    return user;
  }

  private User Clone(User user)
  {
    return new User(user.Id, user.Name);
  }

  public void Save(User user)
  {
    if (cloned.TryGetValue(user.Id, out var recent))
    {
      SaveUpdate(recent, user);
    }
    else
    {
      SaveNew(user);
    }
  }
```

```
    private void SaveNew(User user)
    {
        // UPSERT処理を行う
        (…略…)
    }

    private void SaveUpdate(User recent, User latest)
    {
        // 変化した項目に応じてUPDATE文を組み立てて実行
        (…略…)
    }
}
```

インスタンスの生成時にインスタンスの状態を記憶しておき、保存の際に更新のあった部分のみを更新しています。

このユニットオブワークを利用するとUserApplicationServiceは**リスト10.15**のように変化します。

リスト10.15：リスト10.14を利用したユーザ登録処理

```
public class UserApplicationService
{
    private readonly IUnitOfWork uow;
    private readonly UserService userService;
    private readonly IUserFactory userFactory;

    public UserApplicationService(IUnitOfWork uow, UserService ➡
userService, IUserFactory userFactory)
    {
        this.uow = uow;
        this.userService = userService;
        this.userFactory = userFactory;
    }

```

```
  public void Register(UserRegisterCommand command)
  {
    var userName = new UserName(command.Name);
    var user = userFactory.Create(userName);

    if (userService.Exists(user))
    {
      throw new CanNotRegisterUserException(user);
    }

    // ユニットオブワークが保持するリポジトリに永続化を依頼
    uow.UserRepository.Save(user);
    uow.Commit();
  }
}
```

プロダクション用のユニットオブワークはデータベースに依存しているので、トランザクションを操作すればロールバックやコミット処理を行えますが、テスト用のユニットオブワークで整合性を維持するにはひと手間必要です（**リスト10.16**）。

リスト10.16：テスト用のユニットオブワーク

```
public class InMemoryUnitOfWork : IUnitOfWork
{
  // インメモリのリポジトリを利用している
  private InMemoryUserRepository userRepository;

  public IUserRepository UserRepository
  {
    get => userRepository ?? (userRepository = new ➡
InMemoryUserRepository());
  }

  public void Commit()
  {
```

```
    userRepository?.Commit();
  }
}
```

ユニットオブワークのCommitメソッドはリポジトリにCommitメソッドを呼び出すようにします。InMemoryUserRepositoryは**リスト10.17**のように変化します。

リスト10.17：インメモリのリポジトリでコミットなどが行えるようにする

```
public class InMemoryUserRepository : IUserRepository
{
  private readonly Dictionary<string, User> creates = ➡
new Dictionary<string, User>();
  private readonly Dictionary<string, User> updates = ➡
new Dictionary<string, User>();
  private readonly Dictionary<string, User> deletes = new ➡
Dictionary<string, User>();
  private Dictionary<string, User> db = new Dictionary➡
<string, User>();

  private Dictionary<string, User> data => db
    .Except(deletes)
    .Concat(creates)
    .Concat(updates)
    .ToDictionary(x => x.Key, x => x.Value);

  public void Save(User user)
  {
    var rawUserId = user.Id.Value;
    var targetMap = data.ContainsKey(rawUserId) ? updates : ➡
creates;
    targetMap[rawUserId] = Clone(user);
  }
```

```
  public void Remove(User user)
  {
    deletes[user.Name.Value] = Clone(user);
  }

  public void Commit()
  {
    db = data;
    creates.Clear();
    updates.Clear();
    deletes.Clear();
  }

  (…略…)
}
```

リスト10.17のコードはテスト用のすべてのリポジトリに必要となるコードですので、ジェネリクスを使ったスーパークラスを実装して共通化を図ってもよいでしょう（**リスト10.18**）。

リスト10.18：リスト10.17のコードを共通化する

```
public abstract class InMemoryRepository<TKey, TEntity>
  where TKey : IEquatable<TKey>
{
  protected readonly Dictionary<TKey, TEntity> creates = ➡
new Dictionary<TKey, TEntity>();
  protected readonly Dictionary<TKey, TEntity> updates = ➡
new Dictionary<TKey, TEntity>();
  protected readonly Dictionary<TKey, TEntity> deletes = ➡
new Dictionary<TKey, TEntity>();
  protected Dictionary<TKey, TEntity> db = new Dictionary➡
<TKey, TEntity>();
```

```
    protected Dictionary<TKey, TEntity> data => db
        .Except(deletes)
        .Concat(creates)
        .Concat(updates)
        .ToDictionary(x => x.Key, x => x.Value);

    public void Save(TEntity entity)
    {
        var id = GetId(entity);
        var targetMap = data.ContainsKey(id) ? updates : creates;
        targetMap[id] = Clone(entity);
    }

    public void Remove(TEntity entity)
    {
        var id = GetId(entity);
        deletes[id] = Clone(entity);
    }

    public void Commit()
    {
        db = data;
        creates.Clear();
        updates.Clear();
        deletes.Clear();
    }

    protected abstract TKey GetId(TEntity entity);
    protected abstract TEntity Clone(TEntity entity);
}
```

ところでこのユニットオブワークですが、皆さんの中には既視感を感じる方もいるのではないでしょうか。

そうです。C#のEntity Frameworkはまさにこのユニットオブワークの実装です。

COLUMN

結局どれを使うべきか

本文ではトランザクションを取りまわすいくつかのパターンを紹介しました。多くの選択肢は迷いを生みます。どれを使うべきか迷いが生まれたことでしょう。そこで参考として筆者の選択についてお話しておきましょう。

筆者は宣言的に記述できるトランザクションスコープを利用します。トランザクションスコープはEntity Frameworkと併用することも可能です。

C#以外ではAOPを利用します。JavaのTransactionalアノテーションに相当する機能がなかった場合は、それに準ずる仕組みを用意します。

10.4.5 トランザクションが引き起こすロックについて

データベースのトランザクションは一貫性を保証するためにデータをロックします。トランザクションを利用するにあたって、どれほどロックされるかは常に念頭に置く必要があります。

トランザクションが引き起こすロックは可能な限り小さくすべきです。ロックが広範囲に渡ると、それに比例するように処理が失敗する可能性が高まります。

ロックを狭める1つの指針として挙げられるのは、一度のトランザクションで保存するオブジェクトを1つに限定し、さらにそのオブジェクトをなるべく小さくすることです。

DDD 10.5 まとめ

本章ではデータの整合性を保つためのトランザクションを制御する方法について学びました。

選択肢はいくつかあります。今回紹介した方法はどれも目的を達成することはできます。もし紹介した方法が提供されていなくても、それぞれがどのようなものであるかを知っておけば、自作することも可能です。どの方法が現在のプロダクトに最適なのかを考えて採用すべきものを選びましょう。

次の章ではこれまでの理解を深める復習のために新しい機能を作っていきます。

アプリケーションを1から組み立てる

理解を深めるためにアプリケーションを最初から組み立てる過程を確認します。

ここまでドメイン駆動設計に登場する多くのパターンとソフトウェアとして成り立たせるために必要な要素の解説をしてきました。最初はその数に圧倒されたとしても、ひとつひとつ紐解いていくことで、その意味や意図を掴み取ることができたのではないでしょうか。
ものごとを会得するためにはまず把握をし、そしてそれを反復することが大事です。理解をより深いものへと変化させるために、この章ではこれまでのパターンを使って実装の練習をしてみましょう。

DDD 11.1 アプリケーションを組み立てるフロー

この章ではこれまで登場した要素を使って、新たな機能をアプリケーションに追加します。ここでは実践的な手順に沿って進めていきます。実装を始める前にどういった手順で進めるのか俯瞰しておきましょう。

まず最初に確認することは、どういった機能が求められているかです。そもそも求められているものを確認しないことには何も始められません。要求にしたがって必要な機能を考えます。

追加する機能が定まったら、今度はその機能を成り立たせるために必要となるユースケースを洗い出します。機能を実現しようとしたとき単一のユースケースだけでは無理であることも多く、いくつかのユースケースを必要とすることもあります。

ユースケースが揃ったらそれらを実現するにあたって、必要となる概念とそこに存在するルールからアプリケーションが必要とする知識を選び出し、ドメインオブジェクトを準備します。

そして、ドメインオブジェクトを用いてユースケースを実現するアプリケーションサービスを実装していきます。

この手順が唯一のものではありませんが、本章はこの手順にしたがって進めます。

DDD 11.2 題材とする機能

これまで題材にしてきたものはＳＮＳのユーザ機能でした。この機能だけではユーザ登録をしただけでその先がありません。そこでここではユーザ同士の交流を促すための機能として、サークル機能を作っていきましょう。

サークルは同じ趣味をもつユーザ同士で交流するために作成されるグループです。作成されるグループはたとえばスポーツを行うためのグループであったり、ボードゲームで遊ぶためのグループであったりと、多岐に渡ります。サークルを別の言葉で表すなら、クラブやギルド、あるいはチームといった表現があるでしょう。

11.2.1 サークル機能の分析

サークル機能を実現するにあたって必要とされるユースケースは「サークルの作成」と「サークルへの参加」です（**図11.1**）。

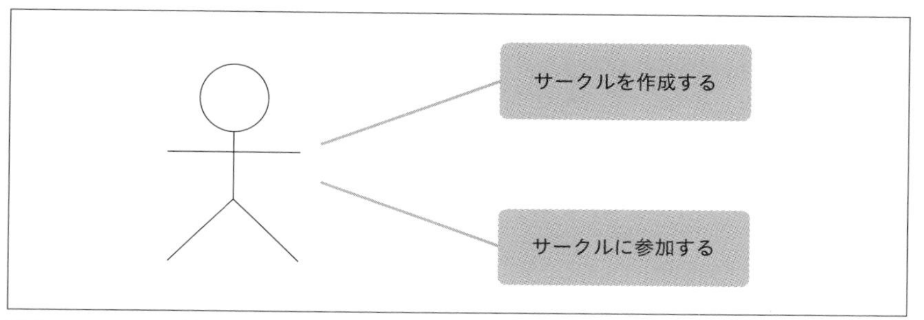

図11.1：サークル機能のユースケース

「サークルからの脱退」や「サークルの削除」といったユースケースも考えられますが、本章では**図11.1**のユースケースを実装します。

次にサークルの前提条件を確認しておきましょう。サークルには次のルールがあります。

- サークル名は3文字以上20文字以下
- サークル名はすべてのサークルで重複しない
- サークルに所属するユーザの最大数はサークルのオーナーとなるユーザを含めて30名まで

これらのルールを踏まえて2つのユースケースを組み立てていきます。

DDD 11.3 サークルの知識やルールをオブジェクトとして準備する

サークルに関する知識やルールが定まったところで、それらをコードとして表現していきます。

まずはサークルを構成する要素です。サークルはライフサイクルがあるオブジェクトで、つまりエンティティです。ライフサイクルを表現するには識別子が必要です。識別子は値ですので値オブジェクトとして実装します（**リスト11.1**）。

リスト11.1：サークルの識別子となる値オブジェクト

```
public class CircleId
{
  public CircleId(string value)
  {
    if (value == null) throw new ArgumentNullException(nameof(➡
value));

    Value = value;
  }

  public string Value { get; }
}
```

またサークルには名前を付けることができます。サークルの名前を表す値オブジェクトも用意します。サークル名に存在するルールにしたがい異常値を検知したら例外を送出するようにします（**リスト11.2**）。

リスト11.2：サークルの名前を表す値オブジェクト

```
public class CircleName : IEquatable<CircleName>
{
  public CircleName(string value)
  {
    if (value == null) throw new ArgumentNullException(nameof(➡
value));
    if (value.Length < 3) throw new ArgumentException("サークル➡
名は3文字以上です。", nameof(value));
    if (value.Length > 20) throw new ArgumentException("サークル➡
名は20文字以下です。", nameof(value));

    Value = value;
```

```
    }

    public string Value { get; }

    public bool Equals(CircleName other)
    {
        if (ReferenceEquals(null, other)) return false;
        if (ReferenceEquals(this, other)) return true;
        return string.Equals(Value, other.Value);
    }

    public override bool Equals(object obj)
    {
        if (ReferenceEquals(null, obj)) return false;
        if (ReferenceEquals(this, obj)) return true;
        if (obj.GetType() != this.GetType()) return false;
        return Equals((CircleName) obj);
    }

    public override int GetHashCode()
    {
        return (Value != null ? Value.GetHashCode() : 0);
    }
}
```

サークル名クラスには「サークル名は3文字以上20文字以下」というルールが記述されています。また「サークル名はすべてのサークルで重複しない」というルールに対応するため、サークル名同士を比較するふるまいが定義されています。

これらの値オブジェクトを利用してライフサイクルをもったオブジェクトであるサークルエンティティを用意します（**リスト11.3**）。

リスト11.3：サークルを表すエンティティ

```
public class Circle
{
  public Circle(CircleId id, CircleName name, User owner, ➡
List<User> members)
  {
    if (id == null) throw new ArgumentNullException➡
(nameof(id));
    if (name == null) throw new ArgumentNullException➡
(nameof(name));
    if (owner == null) throw new ArgumentNullException➡
(nameof(owner));
    if (members == null) throw new ArgumentNullException➡
(nameof(members));

    Id = id;
    Name = name;
    Owner = owner;
    Members = members;
  }

  public CircleId Id { get; }
  public CircleName Name { get; private set; }
  public User Owner { get; private set; }
  public List<User> Members { get; private set; }
}
```

サークルにはサークルのオーナーになるユーザを表すOwnerと所属しているユーザの一覧を表すMembersが定義されています。

次にサークルの永続化を行うために必要となるリポジトリも用意します（**リスト11.4**）。

リスト11.4：サークルのリポジトリ

```
public interface ICircleRepository
{
  void Save(Circle circle);
  Circle Find(CircleId id);
  Circle Find(CircleName name);
}
```

ユースケースのロジックを組み立てる分には、このリポジトリを実装したクラスを定義することはまだ不要です。まずはロジックを組み立てることに集中します。

サークルを生成するファクトリも同じように準備します（**リスト11.5**）。

リスト11.5：サークルのファクトリ

```
public interface ICircleFactory
{
  Circle Create(CircleName name, User owner);
}
```

またサークルはサークル名が重複していないかを確認する必要があります。重複に関するふるまいを**リスト11.3**のCircleクラスに定義すると違和感が生じます。これまでサンプルにしてきたユーザと同様に、重複を確認するふるまいをドメインサービスとして定義しましょう（**リスト11.6**）。

リスト11.6：サークルの重複確認を行うドメインサービス

```
public class CircleService
{
  private readonly ICircleRepository circleRepository;

  public CircleService(ICircleRepository circleRepository)
  {
    this.circleRepository = circleRepository;
  }

  public bool Exists(Circle circle)
```

```
  {
    var duplicated = circleRepository.Find(circle.Name);
    return duplicated != null;
  }
}
```

以上で値オブジェクトからドメインサービスまでひととおりのオブジェクトを用意が終わり、必要最低限の準備は整いました。これらを取りまとめてユースケースを実現していきます。

DDD 11.4 ユースケースを組み立てる

いよいよユースケースを組み立てていきましょう。最初はサークルを作成する処理を実装していきます。

まずはコマンドオブジェクトを準備します（**リスト11.7**）。

リスト11.7：サークル作成処理のコマンドオブジェクト

```
public class CircleCreateCommand
{
  public CircleCreateCommand(string userId, string name)
  {
    UserId = userId;
    Name = name;
  }

  public string UserId { get; }
  public string Name { get; }
}
```

クライアントではこのコマンドオブジェクトを使ってサークルを作成するユーザ（サークルのオーナー）のIDと作成しようとしているサークルの名前を指定します。

リスト11.7を受け取って実際に処理を行うサークル作成処理は**リスト11.8**です。

リスト11.8：アプリケーションサービスにサークル作成処理を追加する

```
public class CircleApplicationService
{
  private readonly ICircleFactory circleFactory;
  private readonly ICircleRepository circleRepository;
  private readonly CircleService circleService;
  private readonly IUserRepository userRepository;

  public CircleApplicationService(
    ICircleFactory circleFactory,
    ICircleRepository circleRepository,
    CircleService circleService,
    IUserRepository userRepository)
  {
    this.circleFactory = circleFactory;
    this.circleRepository = circleRepository;
    this.circleService = circleService;
    this.userRepository = userRepository;
  }

  public void Create(CircleCreateCommand command)
  {
    using (var transaction = new TransactionScope())
    {
      var ownerId = new UserId(command.UserId);
      var owner = userRepository.Find(ownerId);
      if (owner == null)
      {
        throw new UserNotFoundException(ownerId, ➡
"サークルのオーナーとなるユーザが見つかりませんでした。");
      }
```

```
        var name = new CircleName(command.Name);
        var circle = circleFactory.Create(name, owner);
        if (circleService.Exists(circle))
        {
          throw new CanNotRegisterCircleException(circle, ➡
"サークルは既に存在しています。");
        }

        circleRepository.Save(circle);

        transaction.Complete();
      }
    }
}
```

サークルを作成するためにまず最初にサークルのオーナーとなるユーザを検索しています。ユーザの存在を確認できたらサークルを生成し、重複確認を行っています。重複しないことの確認が取れたらリポジトリに永続化を依頼し、処理は完了です。この処理はトランザクションスコープによりデータの整合性が維持されています。

次に、このCircleApplicationServiceにユーザがサークルに参加するための処理を追加してみましょう。まずはコマンドオブジェクトの実装です（**リスト11.9**）。

リスト11.9：サークル参加処理のコマンドオブジェクト

```
public class CircleJoinCommand
{
  public CircleJoinCommand(string userId, string circleId)
  {
    UserId = userId;
    CircleId = circleId;
  }
```

```
    public string UserId { get; }
    public string CircleId { get; }
}
```

サークルに参加するユーザのIDと参加先のサークルのIDを指定することで、どのユーザがどのサークルに参加するかを指定します。

このオブジェクトを利用したサークル参加処理は**リスト11.10**です。

リスト11.10：アプリケーションサービスにサークル参加処理を追加する

```
public class CircleApplicationService
{
  (…略…)

  public void Join(CircleJoinCommand command)
  {
    using (var transaction = new TransactionScope())
    {
      var memberId = new UserId(command.UserId);
      var member = userRepository.Find(memberId);
      if (member == null)
      {
        throw new UserNotFoundException(memberId, ➡
"ユーザが見つかりませんでした。");
      }

      var id = new CircleId(command.CircleId);
      var circle = circleRepository.Find(id);
      if (circle == null)
      {
        throw new CircleNotFoundException(id, ➡
"サークルが見つかりませんでした。");
      }
```

```
        // サークルのオーナーを含めて３０名か確認
        if (circle.Members.Count >= 29)
        {
          throw new CircleFullException(id);
        }

        // メンバーを追加する
        circle.Members.Add(member);
        circleRepository.Save(circle);

        transaction.Complete();
      }
    }
  }
```

サークル参加処理ではサークルに参加しようとしているユーザを検索し、参加先のサークルを検索します。そして「サークルに所属するユーザの最大数はサークルのオーナーとなるユーザを含めて30名まで」というルールに適合しているかを確認し、サークルのメンバーとしてユーザを追加しています。トランザクションスコープにより整合性を維持するようになっているのはサークル作成処理と同様です。

リスト11.10はユーザがサークルに参加するユースケースを実現している点では評価できますが、違和感があります。それは"if (circle.Members.Count) >= 29"という記述です。ここに潜む違和感を紐解きましょう。

11.4.1 言葉との齟齬が引き起こす事態

サークルのルールである「サークルに所属するユーザの最大数はサークルのオーナーとなるユーザを含めて30名まで」は**リスト11.10**では"if (circle.Members.Count) >= 29"として実装されていますが、言葉とコードで表現に齟齬が生まれています。かたや30としているのに対し、もう一方では29と表現しているのです。

コード上の表現が29となっているのは、Circleクラスの内部でオーナーとなるユーザとメンバーにあたるユーザが別で管理されているからです（**リスト11.11**）。

リスト11.11：オーナーとメンバーが別管理になっている

```
public class Circle
{
    (…略…)

  public User Owner { get; private set; }
  public List<User> Members { get; private set; }
}
```

本来であれば表現に即した30という数字をコード上でも用いるようにすべきです。

リスト11.10のコードでは、Circleクラスの内情を知らない開発者が"if (circle.Members.Count) >= 29"を見て、現在のコードが間違っていると考えて"if (circle.Members.Count) >= 30"に変えてしまうことすらありえます。クラス内の事情を外部に漏らすことは可能な限り避けるべきことです。

11.4.2 漏れ出したルールがもたらすもの

「サークルに所属するユーザの最大数はサークルのオーナーとなるユーザを含めて30名まで」というルールはドメインのルールとして重要なものです。本来であればこういったルールはドメインオブジェクトに実装されるべきです。もしもそれに反し、ドメインの重要なルールをアプリケーションサービスに記述してしまうと、同じルールが複数箇所に重複して記述されてしまいます。こういった重複はコードを変更する必要に迫られたときに問題となります。

たとえば、サークルに勧誘するユースケースを追加したとしましょう（**図11.2**、**リスト11.12**）。

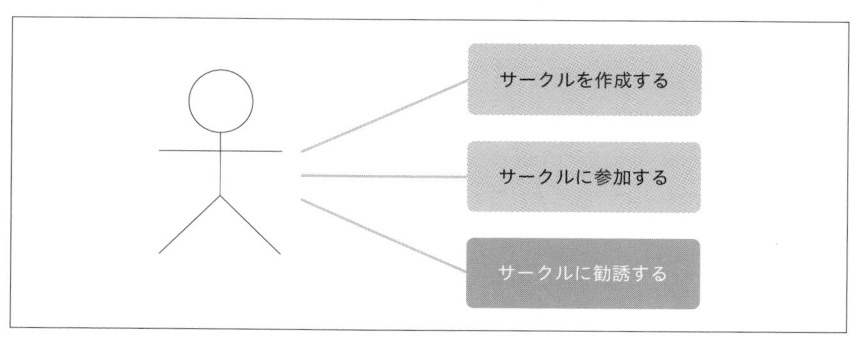

図11.2：サークルに勧誘するユースケースを追加

リスト11.12：メンバー勧誘を行う処理

```
public class CircleApplicationService
{
  (…略…)

  public void Invite(CircleInviteCommand command)
  {
    using (var transaction = new TransactionScope())
    {
      var fromUserId = new UserId(command.FromUserId);
      var fromUser = userRepository.Find(fromUserId);
      if (fromUser == null)
      {
        throw new UserNotFoundException(fromUserId, ➡
"招待元ユーザが見つかりませんでした。");
      }

      var invitedUserId = new UserId(command.InvitedUserId);
      var invitedUser = userRepository.Find(invitedUserId);
      if (invitedUser == null)
      {
        throw new UserNotFoundException(invitedUserId, ➡
"招待先ユーザが見つかりませんでした。");
      }

      var circleId = new CircleId(command.CircleId);
      var circle = circleRepository.Find(circleId);
      if (circle == null)
      {
        throw new CircleNotFoundException(circleId, ➡
"サークルが見つかりませんでした。");
      }
```

```
        // サークルのオーナーを含めて３０名か確認
        if (circle.Members.Count >= 29)
        {
          throw new CircleFullException(circleId);
        }

        var circleInvitation = new CircleInvitation(circle, ➡
fromUser, invitedUser);
        circleInvitationRepository.Save(circleInvitation);
        transaction.Complete();
      }
    }
}
```

ここでの問題は**リスト11.10**にも記述されていた"if (circle.Members.Count >= 29)"というルールがInviteメソッドにも記述されていることです。

もしもサークルのメンバー数の上限数を変更することになったらどのようなことが起きるでしょうか。おそらくCircleオブジェクトのMembersプロパティがどのように使われているかをすべて検索し、それがメンバーの上限数に関する処理であったら修正をする、といった作業を漏れなく行う必要があります。あるいは上限数を表す数字（この場合は29や30）によってコードを検索してもよいでしょう。ただし、数字は他の意味でも利用されている可能性もあります。検索した結果見つけた29がサークルの人数を表す29なのか、それともまったく違う概念の29なのかを選り分ける作業は神経をすり減らすものです。

ルールがプロダクトのあちこちに点在してしまうと、ルールの変更に対する修正箇所も散らばることになり、修正作業の難易度は上昇していきます。ソフトウェアの改修を任された開発者が、おおむね修正したものの一部修正漏れをしてしまい、バグを引き起こす、などといった話は失敗話としてありふれています。CircleApplicationServiceはまさにその危機に晒されています。

この問題の原因は本来1箇所でまとめて管理されるべきルールが複数個所に記述されていることです。そうなってしまった理由はどこにあるのかは実は単純です。ルールに関わるコードがサービスに記述されてしまっていることです。この問題を解決するために必要な知識は集約という考え方です。

DDD 11.5 まとめ

　この章ではひとつの機能を成り立たせるために開発する際の流れを意識しながら、ここまでに登場したパターンを実際に利用しました。実際にソフトウェアを開発する際にも、トップダウンで機能を洗い出し、実装はボトムアップにドメインの知識を表現するドメインオブジェクトを定義し、ユースケースの実装に臨む流れを汲むことは多いでしょう。

　学んだことは実際に利用することで、理論が実践へと昇華します。テーマとなる機能を決めて、実現するにはどういったユースケースが必要か、登場する知識は何かを考え、コードで実現する。より理解を深めるために、この練習を繰り返すことをお勧めします。

　次の章では本章の最後に現れたロジックが点在してしまうといった問題を解決するために「集約」を解説します。「集約」はドメイン駆動設計を構成する要素の中では比較的難しい部類になります。とはいえそう構える必要はありません。オブジェクト指向プログラミングでは当たり前のことを実践すると「集約」の考え方になります。

ドメインのルールを守る「集約」

集約は変更の単位です。

データを変更するための単位として扱われるオブジェクトの集まりを集約といいます。
集約にはルートとなるオブジェクトが存在し、すべての操作はルート越しに行われます。そのようにして集約内部への操作に制限がかけられ、集約内の不変条件は維持されます。
集約はデータの変更の単位であるため、トランザクションやロックとも密接に関係するものです。

1
2
3
4
5
6
7
8
9
10
11
12
13
14
15
APP

DDD 12.1 集約とは

オブジェクト指向プログラミングでは複数のオブジェクトがまとめられ、ひとつの意味をもったオブジェクトが構築されます。こうしたオブジェクトのグループには維持されるべき不変条件[*1]が存在します。

不変条件は常に維持されることが求められますが、オブジェクトのデータを変更しようとする操作を無制限に受け入れてしまうと、それは難しくなります。オブジェクトの操作には秩序が必要です。

集約は不変条件を維持する単位として切り出され、オブジェクトの操作に秩序をもたらします。

集約には境界とルートが存在します。集約の境界は集約に何が含まれるのかを定義するための境界です。集約のルートは集約に含まれる特定のオブジェクトです。

外部からの集約に対する操作はすべて集約ルートを経由して行われます。集約の境界内に存在するオブジェクトを外部にさらけ出さないことで、集約内の不変条件を維持できるようにしているのです。

集約の定義だけを聞くと難しい概念のように思えますが、実をいうと集約は既に登場しています。UserやCircleといったオブジェクトは集約にあたるものです。

12.1.1 集約の基本的構造

集約は関連するオブジェクト同士を線で囲う境界として定義されます。たとえばユーザの集約を図で表すと**図12.1**になります。

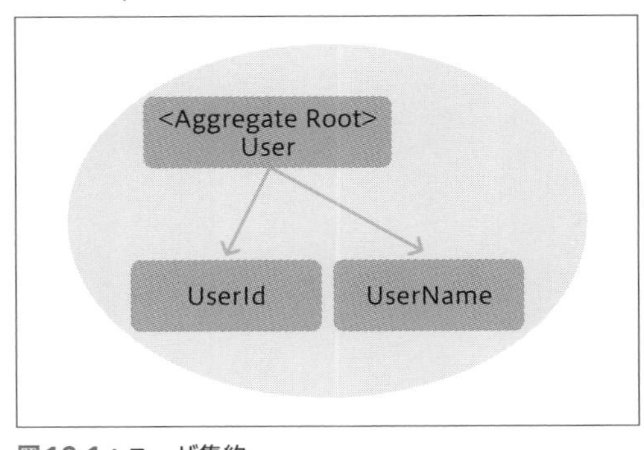

図12.1：ユーザ集約

[*1] ある処理の間、その真理値が真のまま変化しない述語のことです。

集約の外部から境界の内部のオブジェクトを操作してはいけません。集約を操作するための直接のインターフェースとなるオブジェクトは集約ルート（AR: Aggregate Root）と呼ばれるオブジェクトに限定されます。集約内部のオブジェクトに対する変更は、集約ルートが責任をもって行うことで集約内部の不変条件を保ちます。

たとえば**図12.1**でUserNameを直接操作してよいのは集約ルートであるUserのみです。ユーザ名の変更はUserオブジェクトに依頼をする形で変更をしなくてはいけません（**リスト12.1**）。

リスト12.1：ユーザ名の変更はUserオブジェクトに依頼する

```
var userName = new UserName("NewName");

// NG
user.Name = userName;

// OK
user.ChangeName(userName);
```

いずれの操作もその結果に違いはありませんが、ChangeNameといったメソッドを用意することで引き渡された値の確認（nullチェックなど）を行えます。つまり、ユーザ名がないユーザなどの不正なデータの存在を防ぐことが可能です。

次にサークル集約についても確認しましょう。ユーザ集約と同じように図で表すとサークル集約は**図12.2**になります。

サークル集約に含まれるサークル名などを操作してよいのは集約ルートであるCircleです。サークルのメンバーを追加する場合も同様で集約ルート越しに操作をする必要があります。

また**図12.2**にはユーザ集約が描かれています。サークルにはユーザがメンバーとして所属するため、集約同士の関連が表現されています。ユーザ集約はサークル集約に含まれるものではないため、ユーザ集約の情報を変更するような操作はサークル集約からは行いませんが、サークルにメンバーとしてユーザを追加するといった関連を操作する処理はサークル集約が行います。第11章『アプリケーションを1から組み立てる』ではサークルのメンバーを追加する処理を**リスト12.2**のように行っていました。

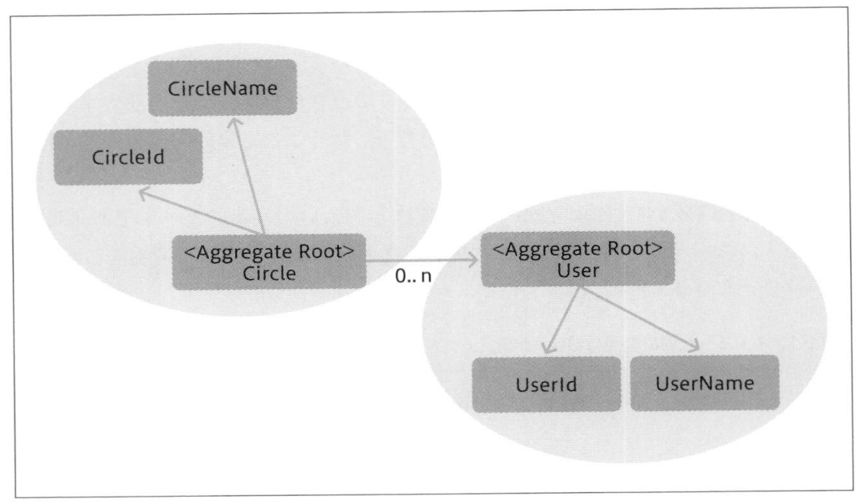

図12.2：サークル集約

リスト12.2：第11章で登場したサークルにメンバーを追加するコード

```
circle.Members.Add(member);
```

これは集約のルールに違反しています。サークル集約の内部に含まれるMembersは集約ルートであるCircleオブジェクトが責任をもって操作すべきです。そのため、本来であれば**リスト12.3**のようにCircleオブジェクトにメソッドを追加することが推奨されます。

リスト12.3：メンバーを追加するコードをエンティティに追加

```
public class Circle
{
  private readonly CircleId id;
  private User owner;
  // メンバーは非公開にできる
  private List<User> members;

  (…略…)
```

```
  public void Join(User member)
  {
    if (member == null) throw new ArgumentNullException➡
(nameof(member));

    if (members.Count >= 29)
    {
      throw new CircleFullException(id);
    }

    members.Add(member);
  }
}
```

Joinメソッドはユーザをメンバーとして追加する際に上限チェックを行います。membersは非公開になったため、サークルのメンバーを追加する際にはJoinメソッドを呼び出す以外に方法がありません。結果として、メンバーを追加する際には常に上限チェックが行われ、「サークルに所属するユーザの最大数はサークルのオーナーとなるユーザを含めて30名まで」という不変条件は常に維持されます。

リスト12.4：メンバー追加のためにCircleのメソッドを呼び出す

```
circle.Join(user);
```

直接プロパティに対してメンバーを追加していたときに比べて、コードの読み方が変化していることに気づくでしょうか。**リスト12.2**は「サークルのメンバーにユーザを追加する」と具体的な処理を読み上げるようになるのに対し、**リスト12.4**は「サークルにユーザを所属させる」とより直感的なものになっています。

オブジェクト指向プログラミングではこのように、外部から内部のオブジェクトに対して直接操作するのではなく、それを保持するオブジェクトに依頼する形を取ります。そうすることで直感的に、かつ不変条件を維持することができるのです。このことは「デメテルの法則」としても知られています。

COLUMN

集約を保持するコレクションを図に表すか

サークル集約を正確に表現しようとして、Userオブジェクトを保持するコレクションの存在を**図12.3**のように記載しようと考えることもあります。

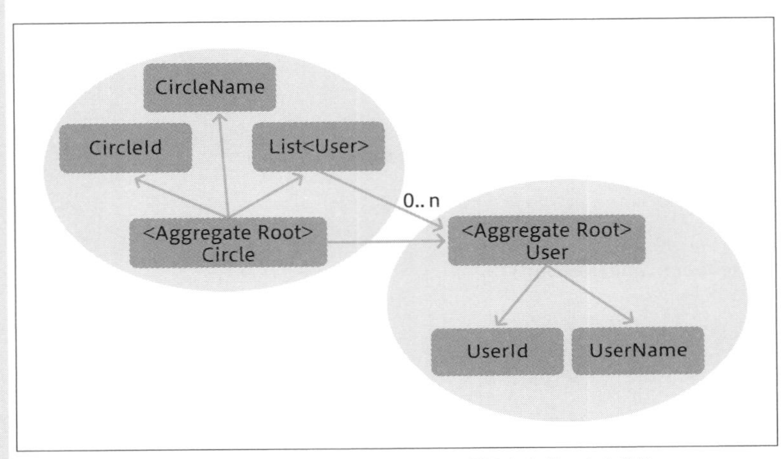

図12.3：Userオブジェクトのコレクションについて言及したサークル集約

しかし、これは必ずしも正しいものではありません。たとえば実際にコレクションをもたず、データストアから直接コレクションを生成することも可能です。

リスト12.5はあまり褒められたコードではないものの、そのことを示すサンプルです。

リスト12.5：データストアを直接操作してコレクションを生成する

```
public class Circle
{
  private readonly CircleId id;

  (…略…)

  public List<User> Members
  {
    get {
      using(var context = new MyDbContext())
      {
```

```
            circle.CircleMembers.Select(x => x.CircleId);
            var circle = context.Circles
              .Include(x => x.CircleMembers)
              .ThenInclude(x => x.Circle)
              .Single(x => x.Id == id.Value);
            var memberIds = circle.CircleMembers.Select➡
(x => x.UserId);
            var members = context.Users.Where➡
(x => memberIds.Contains(x.Id));
            return members.Select(x => new User(
              new UserId(x.Id), new UserName(x.Name))
            ).ToList();
        }
    }
  }
}
```

集約を表す図はあくまでも集約の境界とそこに含まれるモデルが主題であり、コードに対する正確性を問うものではありません。

12.1.2 オブジェクトの操作に関する基本的な原則

オブジェクト同士が無秩序にメソッドを呼び出し合うと、不変条件を維持することは難しくなります。「デメテルの法則」はオブジェクト同士のメソッド呼び出しに秩序をもたらすガイドラインです。

デメテルの法則によると、メソッドを呼び出すオブジェクトは次の４つに限定されます。

- オブジェクト自身
- インスタンス変数
- 引数として渡されたオブジェクト
- 直接インスタンス化したオブジェクト

たとえば車を運転するときタイヤに対して直接命令しないのと同じように、オブジェクトのフィールドに直接命令をするのではなく、それを保持するオブジェクトに対して命令を行い、フィールドは保持しているオブジェクト自身が管理すべきだということです。

先述した**リスト12.2**のcircle.Members.Add(member);といったコードはCircleオブジェクトのフィールド（インスタンス変数）であるMembersを操作しているためデメテルの法則に違反しています。それに比べて**リスト12.4**のcircle.Join(user)というコードはデメテルの法則に則っています。

法則はただただ盲目的にしたがえばそれでよいというものではありません。ルールには必ずそこに至る理由が存在します。その理由まで把握してこそ本当の理解というものです。デメテルの法則が解決したい問題を紐解いてみましょう。

リスト12.6は第11章で登場したサークルにメンバーを追加する際のメンバー上限チェックを行っているコードです。

リスト12.6：メンバーを追加する際の上限チェックを行うコード

```
if (circle.Members.Count >= 29)
{
  throw new CircleFullException(id);
}
```

このコードはサークルに所属するメンバーの数が最大数を超えないように確認をしていますが、Circleオブジェクトのプロパティである Membersを直接操作し、Countメソッド（プロパティ）を呼び出しています。これはデメテルの法則が提示している「メソッドを呼び出してよいオブジェクト」のいずれにもあてはまりません。まさにデメテルの法則に違反している例です。

このコードの問題はメンバーの最大数に関わるロジックが点在することを助長することです。後続の開発者がメンバーの最大数に関わる処理を記述しようとしたとき、**リスト12.6**を参考にすると、最大数を確認するロジックが随所に点在してしまうでしょう。そうしてできあがったアプリケーションにおいて、将来サークルのメンバー数の上限に関わる改修をせざるを得なくなったとき、いったい何箇所の修正をすることになるのでしょうか。想像するだけで背筋が凍ります。

ルールがあるべきところから漏れ出し、随所にばらまかれることを見てみぬふりをすることは、自らの首を真綿で締めるような行為です。その場限りの対応はいつかだれかの苦しみに変わり、その誰かが自分である可能性もあるのです。

デメテルの法則にしたがうとコードは**リスト12.7**のように変化します。

リスト12.7：デメテルの法則にしたがいオブジェクトにふるまいを追加する

```
public class Circle
{
```

```
    private readonly CircleId id;
    // メンバー一覧は非公開にできる
    private List<User> members;

    (…略…)

    public bool IsFull()
    {
        return members.Count >= 29;
    }

    public void Join(User user)
    {
        if (user == null) throw new ArgumentNullException➡
(nameof(user));

        if (IsFull())
        {
            throw new CircleFullException(id);
        }

        members.Add(user);
    }
}
```

メンバー数が上限に達しているかはIsFullメソッドを通じて確認されます。上限チェックのコードはすべてこれに置き換わります（**リスト12.8**）。

リスト12.8：リスト12.7のIsFullメソッドを利用して上限チェックを行う

```
if (circle.IsFull())
{
    throw new CircleFullException(circleId);
}
```

サークルに関わる上限メンバー数の知識はすべてIsFullメソッドに集約されてい

ます。もし上限数が変更されるようであれば**リスト12.9**のようにIsFullメソッドの修正だけで完結します。

リスト12.9：上限数の変更

```
public class Circle
{
  (…略…)

  public bool IsFull()
  {
    // return members.Count >= 29;
    return members.Count >= 49;
  }
}
```

このような形であればサークルのメンバー上限数はいくら変更しても構いません。ゲッターを避ける理由はまさにここにあります。フィールドがゲッターを通じて公開されていると、本来オブジェクトに記述されるべきルールがいつ何時にどこかで漏れ出すことを防げないのです。

デメテルの法則はソフトウェアのメンテナンス性を向上させ、コードをより柔軟なものへ導きます。それは集約が成し遂げようとしていることと同じことでしょう。

12.1.3 内部データを隠蔽するために

オブジェクトの内部データは無暗やたらに公開すべきものではありません。しかし、完全に非公開にしてしまうとリポジトリがインスタンスを永続化をしようとしたときに困ったことが発生します（**リスト12.10**）。

リスト12.10：リポジトリの永続化処理

```
public class EFUserRepository : IUserRepository
{
  public void Save(User user)
  {
    // ゲッターを利用しデータの詰め替えをしている
    var userDataModel = new UserDataModel
```

```
    {
      Id = user.Id.Value,
      Name = user.Name.Value
    };
    context.Users.Add(userDataModel);
    context.SaveChanges();
  }

  (…略…)
}
```

EFUserRepositoryはUserのインスタンスを永続化する際、フレームワーク用のデータモデルであるUserDataModelにデータを移し替えています。UserDataModelを生成する際にはUserクラスのIdやNameを利用しているので、もしもUserクラスのIdやNameが非公開になってしまうと、このコードはコンパイルエラーになってしまいます。この問題に対するアプローチにはどのようなものがあるでしょうか。

最初にもっとも単純な一般的なアプローチとして挙げられるのがルールによる防衛です。つまり、リポジトリ以外で無暗に集約の内部データを取得するようなコードを書かない（要するにゲッターを使わない）ようにするというものです。これはチームで十分に認識が共有されていれば、もっともコストをかけることなく機能します。その反面、こうした紳士協定は制限力がもっとも低いです。開発者にそのつもりがなくても、誤って紳士協定を破ってしまうことは起こりえます。

もうひとつのアプローチは通知オブジェクトを使う方法です。通知オブジェクトを利用する場合はまず専用のインターフェースを用意します（**リスト12.11**）。

リスト12.11：通知のためのインターフェース

```
public interface IUserNotification
{
  void Id(UserId id);
  void Name(UserName name);
}
```

次にこのインターフェースを実装した通知オブジェクトを実装します（**リスト12.12**）。

リスト12.12：リスト12.11を実装した通知オブジェクト

```
public class UserDataModelBuilder : IUserNotification
{
  // 通知されたデータはインスタンス変数で保持される
  private UserId id;
  private UserName name;

  public void Id(UserId id)
  {
    this.id = id;
  }

  public void Name(UserName name)
  {
    this.name = name;
  }

  // 通知されたデータからデータモデルを生成するメソッド
  public UserDataModel Build()
  {
    return new UserDataModel
    {
      Id = id.Value,
      Name = name.Value
    };
  }
}
```

Userクラスは通知オブジェクトのインターフェースを受け取り、内部の情報を通知するようにします（**リスト12.13**）。

リスト12.13：通知オブジェクトを受け取るメソッドを追加する

```
public class User
{
  // インスタンス変数はいずれも非公開
```

```
  private readonly UserId id;
  private UserName name;

  (…略…)

  public void Notify(IUserNotification note)
  {
    // 内部データを通知
    note.Id(id);
    note.Name(name);
  }
}
```

このようにすることでオブジェクトの内部データを非公開にしたまま、外部に対して引き渡せます（**リスト12.14**）。

リスト12.14：通知オブジェクトを利用してデータモデルを取得する

```
public class EFUserRepository : IUserRepository
{
  public void Save(User user)
  {
    // 通知オブジェクトを引き渡して内部データを取得
    var userDataModelBuilder = new UserDataModelBuilder();
    user.Notify(userDataModelBuilder);

    // 通知された内部データからデータモデルを生成
    var userDataModel = userDataModelBuilder.Build();

    // データモデルをO/R Mapperに引き渡す
    context.Users.Add(userDataModel);
    context.SaveChanges();
  }

  (…略…)
}
```

もちろんこの場合はコードの記述量が大幅に増えてしまうことが懸念事項です。その懸念を払しょくするには、**リスト12.11**や**リスト12.12**のような通知オブジェクトに関連するコードをひとまとめに生成する開発者用の補助ツールを用意するとよいでしょう。

COLUMN

よりきめ細やかなアクセス修飾子（Scala）

内部データを操作できる対象の条件をコードで表現できれば、開発者が不用意に内部データに対してアクセスすることがなくなります。たとえばScalaでは**リスト12.15**のように記述することで操作するための条件を指定できます。

リスト12.15：よりきめ細やかなアクセス制御（Scala）

```
public class User (
  private [IUserRepository] val id: UserId,
  private [IUserRepository] val name: UserName
) {
}
```

この記述方法はアクセス限定子と呼ばれます。private修飾子が示すようにidやnameは基本的には非公開ですが、[] で指定したオブジェクトに対してアクセスを許可します。**リスト12.15**のように指定すればIUserRepositoryの実装クラスだけに公開する内部データを実現できるのです。

アクセス限定子はその機能もさることながら宣言的なところが素晴らしいです。コードを見れば、暗にリポジトリ以外から内部データを操作すべきでないという主張が読み取れます。これは開発者に対して無暗に内部データを公開したり操作しないように踏みとどまらせるヒントになるでしょう。

DDD 12.2 集約をどう区切るか

集約をどのように区切るか、というのはとても難しいテーマです。その方針としてもっともメジャーなものは「変更の単位」でしょう。変更の単位が集約の境界を引く理由となることを理解するためには、あえて違反してみるとわかりやすいです。

さっそく違反をしてみましょう。現在、サークル集約は**図12.4**のように区切られています)。

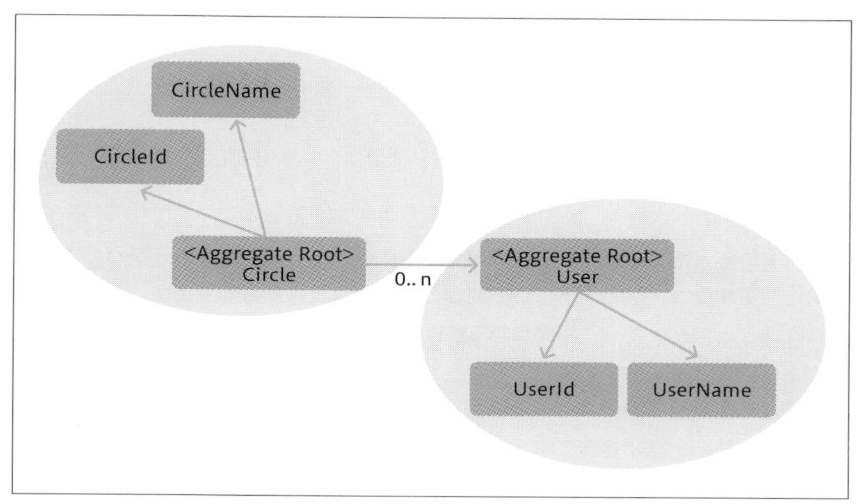

図12.4：サークル集約（**図12.2**を再掲）

サークルとユーザは別の集約です。集約は変更の単位ですので、サークルを変更するときはサークルの集約内部で納めるべきですし、ユーザを変更するときはユーザの集約内部の事柄だけを変更するべきです。もしも集約のルールに違反をして、サークル集約越しにユーザ集約へ変更を加えるとプログラムはどのようになってしまうでしょうか。

リスト12.16のコードはサークル集約からあえてユーザ集約の変更をしています。

リスト12.16：サークル集約を通じてユーザ集約のふるまいを呼び出す

```
public class Circle
{
  private List<User> members;

  (…略…)

  public void ChangeMemberName(UserId id, UserName name)
  {
```

```
    var target = members.FirstOrDefault(x => x.Id.Equals(id));
    if (target != null)
    {
      target.ChangeName(name);
    }
  }
}
```

コードの良しあしはさておき、このコードはサークルに所属するメンバーのユーザ名を変更するコードです。ここで問題となるのは変化による変更がここだけに収まらないことです。サークル集約越しにユーザ集約を操作することによる影響はリポジトリに現れます。

まずは変化が及ぶ前のコードを確認しておきましょう。**リスト12.17**のコードはサークル集約の永続化処理です。

リスト12.17：サークル集約を永続化する処理

```
public class CircleRepository : ICircleRepository
{
  (…略…)

  public void Save(Circle circle)
  {
    using (var command = connection.CreateCommand())
    {
      command.CommandText = @"
 MERGE INTO circles
   USING (
   SELECT @id AS id, @name AS name, @ownerId AS ownerId
   ) AS data
   ON circles.id = data.id
   WHEN MATCHED THEN
   UPDATE SET name = data.name, ownerId = data.ownerId
   WHEN NOT MATCHED THEN
```

ドメインのルールを守る「集約」

1 2 3 4 5 6 7 8 9 10 11 12 13 14 15 APP

```
   INSERT (id, name, ownerId)
   VALUES (data.id, data.name, data.ownerId);
";
        command.Parameters.Add(new SqlParameter("@id", ➡
circle.Id.Value));
        command.Parameters.Add(new SqlParameter("@name", ➡
circle.Name.Value));
        command.Parameters.Add(new SqlParameter("@ownerId", ➡
(object)circle.Owner?.Id.Value ?? DBNull.Value));

      command.ExecuteNonQuery();
    }

    using (var command = connection.CreateCommand())
    {
      command.CommandText = @"
 MERGE INTO userCircles
   USING (
   SELECT @userId AS userId, @circleId AS circleId
   ) AS data
   ON userCircles.userId = data.userId AND ➡
userCircles.circleId = data.circleId
   WHEN NOT MATCHED THEN
   INSERT (userId, circleId)
   VALUES (data.userId, data.circleId);
";
      command.Parameters.Add(new SqlParameter("@circleId", ➡
circle.Id.Value));
      command.Parameters.Add(new SqlParameter("@userId", ➡
null));

      foreach (var member in circle.Members)
      {
```

```
            command.Parameters["@userId"].Value = member.Id.Value;
            command.ExecuteNonQuery();
          }
        }
      }
    }
```

サークル集約は自身の内部データのみを変更するというルールであればこれは問題がないコードです。しかし、今回のコードはユーザ集約のデータを変更しています。このままではサークル集約越しに操作をしたユーザ集約に対する変更が保存されません。ユーザ集約に対する変更を許容する場合、リポジトリのコードを変更する必要があります（**リスト12.18**）。

リスト12.18：サークル集約越しに操作されたユーザ集約に対する変更をサポートする

```
public class CircleRepository : ICircleRepository
{
  (…略…)

  public void Save(Circle circle)
  {
    // ユーザ集約に対する更新処理を行う
    using (var command = connection.CreateCommand())
    {
      command.CommandText = "UPDATE users SET username = ➡
@username WHERE id = @id";
      command.Parameters.Add(new SqlParameter("@id", null));
      command.Parameters.Add(new SqlParameter("@username", ➡
null));

      foreach (var user in circle.Members)
      {
        command.Parameters["@id"].Value = user.Id.Value;
        command.Parameters["@username"].Value = user.Name.Value;
        command.ExecuteNonQuery();
```

```
        }
    }

    // その後サークルの更新処理を行う
    (…略…)
```

サークル集約越しにユーザの操作をサポートした結果、サークルリポジトリのロジックの多くがユーザの更新処理に汚染されてしまいました。同時に、サークルリポジトリに追加されたコードとほとんど同じコードがユーザのリポジトリにも存在しています。やむを得ない場合を除けばコードの重複は可能であれば避けたいところです。

これらの問題は本来の変更の単位を超えて変更を行っているために発生しています。集約に対する変更はあくまでその集約自身に実施させ、永続化の依頼も集約ごとに行われる必要があります。ここまでリポジトリはどの単位で作るのかということに言及していませんでしたが、こういった理由からリポジトリは変更の単位である集約ごとに用意します。

12.2.1 IDによるコンポジション

これまで何度か説いてきたように、そもそもできてしまうことを問題視する考え方もあります。つまりCircleオブジェクトはUserのインスタンスをコレクションで保持していて、プロパティを経由してそのメソッドを呼び出すことが可能であることこそが問題であると見做す考えです。

変更しないことを不文律として課すよりももっと有効な手段はないでしょうか。

もちろんあります。それはとても単純なもので、つまりインスタンスをもたない選択肢です。インスタンスをもたなければメソッドを呼び出しようがありません。インスタンスをもたないけれど、それを保持しているように見せかける、そんな便利なものがエンティティにありました。そう、識別子です。

サークル集約をユーザ集約を直接保持するのではなく、識別子をインスタンスの代わりとして保持するように修正してみましょう（**リスト12.19**）。

リスト12.19：識別子をインスタンスの代わりとして保持する

```
public class Circle
{
  public CircleId Id { get; }
  public CircleName Name { get; private set; }
  // public List<User> Members { get; private set; }
  public List<UserId> Members { get; private set; }

  (…略…)
}
```

このようにしておくことで、たとえMembersプロパティを公開していたとしてもUserオブジェクトのメソッドを呼び出すことができなくなります。あえて呼び出したい場合はUserRepositoryにUserIdを引き渡してUserオブジェクトのインスタンスを再構築し、その上でメソッドを呼び出すことになります。そのような手順が必要になれば、少なくとも不意にメソッドを呼び出して変更してしまうことはないでしょう。

また、これは同時にメモリの節約にも繋がります。たとえばサークルの名前を変更する処理を例にします（**リスト12.20**）。

リスト12.20：サークルの名前を変更する処理

```
public class CircleApplicationService
{
  private readonly ICircleRepository circleRepository;

  (…略…)

  public void Update(CircleUpdateCommand command)
  {
    using (var transaction = new TransactionScope())
    {
      var id = new CircleId(command.Id);
      // この時点でUserのインスタンスが再構築されるが
```

```
        var circle = circleRepository.Find(id);
        if (circle == null)
        {
          throw new CircleNotFoundException(id);
        }

        if (command.Name != null)
        {
          var name = new CircleName(command.Name);
          circle.ChangeName(name);

          if (circleService.Exists(circle))
          {
            throw new CanNotRegisterCircleException(circle, ➡
"サークルは既に存在しています。");
          }
        }

        circleRepository.Save(circle);

        transaction.Complete();

        // Userのインスタンスは使われることなく捨てられる
      }
    }
}
```

サークルの名前を変更する処理ではユーザを操作するようなことはありません。それゆえ、Circleオブジェクトがサークルのメンバーを User オブジェクトとして保持している場合、リポジトリがインスタンスを再構築しますが、まったく利用されずに捨てられることとなります。これは明らかにリソースの無駄遣いです。User オブジェクトを保持する代わりにUserIdを保持することで、User オブジェクトを再構築するための処理能力も節約できますし、インスタンスを保持するメモリも節約できます。

COLUMN

IDのゲッターに対する是非

ここまでゲッターについては可能な限り排除すべきものとして説明してきたつもりです。しかし、その対象が識別子であった場合は少し事情が変わってきます（リスト12.21）。

リスト12.21：識別子をゲッターで公開する

```
public class Circle
{
  private CircleName name;
  private UserId owner;
  private List<UserId> members;

  public Circle(CircleId id, CircleName name, ➡
UserId owner, List<UserId> members)
  {
    if (id == null)
      throw new ArgumentNullException(nameof(id));
    if (name == null)
      throw new ArgumentNullException(nameof(name));
    if (owner == null)
      throw new ArgumentNullException(nameof(owner));
    if (members == null)
      throw new ArgumentNullException(nameof(members));

    Id = id;
    this.name = name;
    this.owner = owner;
    this.members = members;
  }

  public CircleId Id { get; }

  public void Notify(ICircleNotification note)
  {
```

```
        note.Id(Id);
        note.Name(name);
        note.Owner(owner);
        note.Members(members);
    }

    (…略…)
}
```

このCircleクラスは識別子をゲッターで公開しています。理想論でいえばこのゲッターも排除すべきですが、識別子はエンティティを表現するためのシステマチックな属性で、それ自体が集約の代わりとして扱える便利なものです。一意な識別子自体に関心が寄せられることはありますが（宅急便の追跡番号など）、識別子に対してビジネスルールが記述されることは多くありません。そのようなときは識別子を公開することで発生するデメリットよりも公開することのメリットの方が大きいこともあるでしょう。

DDD 12.3 集約の大きさと操作の単位

トランザクションはデータをロックします。集約が大きくなればなるほどロックの範囲もそれに比例して大きくなります。

集約を不用意に大きくしてしまうと、それだけ処理が失敗する可能性を高めます。

集約の大きさはなるべく小さく保つべきです。もしも巨大な集約ができあがってしまったのであれば、それは今一度集約の境界線を見つめ直すチャンスです。

また複数の集約を同一トランザクションで操作することも可能な限り避けます。複数の集約にまたがるトランザクションは、巨大な集約と同様に広範囲なデータロックを引き起こす可能性を高めます。

COLUMN

結果整合性

それでもなお、複数の集約をまたがるような処理を取り扱いたいときもあります。そういったときに利用できるのが結果整合性です。

トランザクション整合性は即時的な整合性ですが、結果整合性はあるタイミングにおいて矛盾が発生することを許容します。もちろんそのままではシステムが破綻してしまいますので、最終的には整合性を保つような仕組みにより解決をします。

たとえば、これは極端な例ですが、一日１回cron（ジョブを自動実行するデーモンプロセス）にてユーザをすべて検査し、もしも同じユーザ名のユーザがいたらそのユーザの名前をランダムで重複しない文字列に変更してしまうといったような仕組みです。**図12.5**はひどく乱暴な処理ですが、システム全体としての整合性は保たれます。

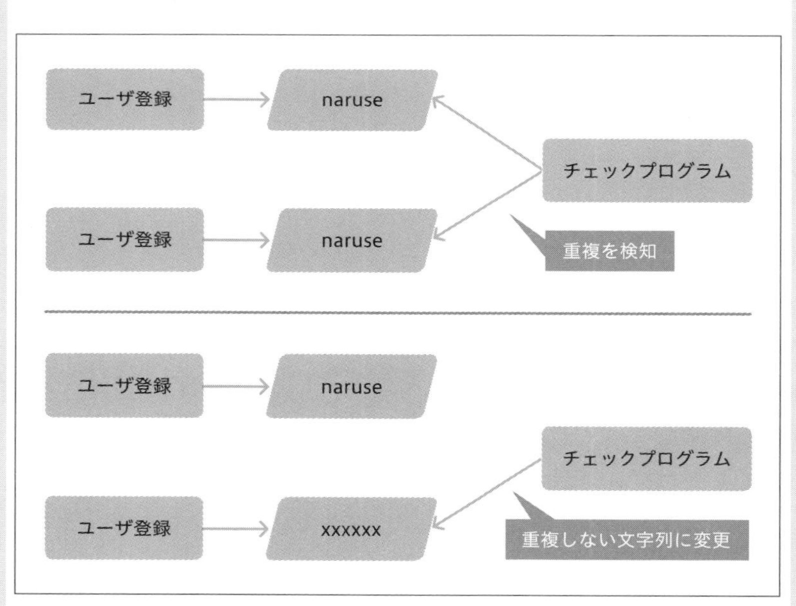

図12.5：結果整合性の一例

システムに必要な整合性を選り分けてみると、即時的な整合性が求められるものは思ったよりも少ないものです。もしも、トランザクションによって問題が発生した際には、結果整合性について一考してみてもよいでしょう。

言葉との齟齬を消す

サークルには「サークルに所属するユーザの最大数はサークルのオーナーとなるユーザを含めて30名まで」という不変条件があります。30といった具体的な数字が出ていますが、コードに出てくる数字は29です（**リスト12.22**）。

リスト12.22：30ではなく29が現れている

```
public class Circle
{
  private User owner;
  private List<User> members;

   (…略…)

  public bool IsFull()
  {
    return members.Count >= 29;
  }
}
```

これはコードが間違っているわけではありません。Circleにはサークルのメンバーを表すmembersとは別にサークルのオーナーのユーザが保持されており、membersとは別のフィールドで管理されているため、**リスト12.22**のIsFullメソッドでは30から1引いて29という数値で比較をしています。

しかしながら、コードに問題はないものの、言葉との齟齬は誤解を招きます。後続の開発者が**リスト12.22**のコードを見て、間違っているのではないかと考えることも否めません。

コードは可能な限り言葉との齟齬がないようにすべきです。そのためにもCircleにはメンバーを数えるメソッドを追加するとよいでしょう（**リスト12.23**）。

リスト12.23：サークルのオーナーとメンバーの定義

```
public class Circle
{
  private User owner;
  private List<User> members;

   (…略…)

  public bool IsFull()
  {
    return CountMembers() >= 30;
  }

  public int CountMembers()
  {
    return members.Count + 1;
  }
}
```

DDD 12.5 まとめ

この章ではオブジェクトがもつ不変条件を守る境界として集約を学びました。

集約はシステマチックに定義できるものではありません。そもそもドメインに渦巻く概念はそのほとんどが連なっているものです。そこに境界線を引くことは簡単なことではありません。

集約の境界線を引くことは、ドメインの概念を捉え、そこにある不変条件を導き出し、ドメインとシステムを両天秤にかけながら最適解を目指すような作業です。どちらか一方によりすぎることのないバランスが取れた解を目指しましょう。

複雑な条件を表現する「仕様」

仕様はオブジェクトの評価を行うオブジェクトです。

オブジェクトの評価はときに複雑な手順が必要となります。こうした評価処理をオブジェクトのメソッドとして定義すると、オブジェクト本来の趣旨を見えづらくしてしまうことがあります。
評価処理はオブジェクトに定義する以外に、評価自体をオブジェクトとして切り出すことが可能です。そうして切り出された条件に合致しているかどうかを見極めるオブジェクトが、本章で解説する仕様です。

DDD 13.1 仕様とは

オブジェクトの評価は単純なものであればメソッドとして定義されますが、すべての評価が単純な処理であるとは限りません。評価処理にはオブジェクトのメソッドとして定義されるには似つかわしくないものも存在します。

そういった複雑な評価の手順は、アプリケーションサービスに記述されてしまうことが多いです。しかしながら、オブジェクトの評価はドメインの重要なルールです。サービスに記述されてしまうことは問題です。

この対策として挙げられるのが仕様です。仕様はあるオブジェクトがある評価基準に達しているかを判定するオブジェクトです。

まずは実際に複雑な評価を例にしながら、仕様がどういったものかを確認していきましょう。

13.1.1 複雑な評価処理を確認する

あるオブジェクトがある特定の条件にしたがっているかを評価する処理は、オブジェクトのメソッドとして定義されます。これまで取り扱ってきたサークルを表すオブジェクトにも、まさに評価を行うメソッドがありました（**リスト13.1**）。

リスト13.1：条件にしたがっているかを評価するふるまい

```
public class Circle
{
  (…略…)

  public bool IsFull()
  {
    return CountMembers() >= 30;
  }
}
```

これほど単純な条件であれば問題はありません。しかし、これよりも、もう少し複雑であった場合はどうでしょうか。

たとえばサークルの人数上限が、所属しているユーザのタイプにより変動するルールを考えてみましょう。

- ユーザにはプレミアムユーザと呼ばれるタイプが存在する
- サークルに所属するユーザの最大数はサークルのオーナーとなるユーザを含めて30名まで
- プレミアムユーザが10名以上所属しているサークルはメンバーの最大数が50名に引き上げられる

Circleはサークルに所属するメンバーを保持していますが、UserIdのコレクションを保持しているにすぎず、プレミアムユーザが何名存在するかはユーザのリポジトリに問い合わせる必要があります。しかし、Circleはユーザのリポジトリを保持していません。そこで、リポジトリを保持しているアプリケーションサービス上で判定してみましょう（**リスト13.2**）。

リスト13.2： サークルのメンバー上限数は条件によって変更される

```
public class CircleApplicationService
{
  private readonly ICircleRepository circleRepository;
  private readonly IUserRepository userRepository;

  (…略…)

  public void Join(CircleJoinCommand command)
  {
    var circleId = new CircleId(command.CircleId);
    var circle = circleRepository.Find(circleId);

    var users = userRepository.Find(circle.Members);
    // サークルに所属しているプレミアムユーザの人数により上限が変わる
    var premiumUserNumber = users.Count(user => user.IsPremium);
    var circleUpperLimit = premiumUserNumber < 10 ? 30 : 50;
    if (circle.CountMembers() >= circleUpperLimit)
```

```
    {
      throw new CircleFullException(circleId);
    }

    (…略…)
  }
}
```

本来サークルが満員かどうかの確認はドメインのルールです。これまで解説してきたとおり、サービスにドメインのルールに基づくロジックを記述することは避けなくてはいけません。これを放置するとドメインオブジェクトは何も語らず、ドメインの重要なルールはサービスのあちらこちらに記述されるようになってしまいます。

ドメインのルールはドメインオブジェクトに定義するべきです。Circleクラスの IsFullメソッドとして定義する道を考えてみましょう。すると今度はCircleクラスがユーザ情報として識別子しか保持していないことが問題となります。ユーザの識別子からユーザ情報を取得するためにはIsFullメソッドがリポジトリを受け取る必要があります（**リスト13.3**）。

リスト13.3：エンティティがリポジトリを受け取る

```
public class Circle
{
  // プレミアムユーザの人数を探したいが保持しているのはUserIdのコレクションだけ
  public List<UserId> Members { get; private set; }

  (…略…)

  // ユーザのリポジトリを受け取る？
  public bool IsFull(IUserRepository userRepository)
  {
    var users = userRepository.Find(Members);
    var premiumUserNumber = users.Count(user => user.IsPremium);
    var circleUpperLimit = premiumUserNumber < 10 ? 30 : 50;
    return CountMembers() >= circleUpperLimit;
```

```
    }
  }
```

これはあまりよくない解決法です。リポジトリはドメイン設計を完成させるといった意味ではドメインのオブジェクトですが、ドメイン由来のものではありません。Circleはドメインモデルの表現に徹していません。

エンティティや値オブジェクトがドメインモデルの表現に専念するためには、リポジトリを操作することを可能な限り避ける必要があります。

13.1.2 「仕様」による解決

エンティティや値オブジェクトにリポジトリを操作させないために取られる手段は仕様と呼ばれるオブジェクトを利用した解決です。サークルが満員かどうかを評価する処理を仕様として切り出してみましょう（**リスト13.4**）。

リスト13.4：サークルが満員かどうかを評価する仕様

```
public class CircleFullSpecification
{
  private readonly IUserRepository userRepository;

  public CircleFullSpecification(IUserRepository userRepository)
  {
    this.userRepository = userRepository;
  }

  public bool IsSatisfiedBy(Circle circle)
  {
    var users = userRepository.Find(circle.Members);
    var premiumUserNumber = users.Count(user => user.IsPremium);
    var circleUpperLimit = premiumUserNumber < 10 ? 30 : 50;
    return circle.CountMembers() >= circleUpperLimit;
  }
}
```

仕様はオブジェクトの評価のみを行います。複雑な評価手順をオブジェクトに埋もれさせず切り出すことで、その趣旨は明確になります。

仕様を利用したときのサークルメンバー追加処理は**リスト13.5**です。

リスト13.5：仕様を利用する

```
public class CircleApplicationService
{
  private readonly ICircleRepository circleRepository;
  private readonly IUserRepository userRepository;

  (…略…)

  public void Join(CircleJoinCommand command)
  {
    var circleId = new CircleId(command.CircleId);
    var circle = circleRepository.Find(circleId);

    var circleFullSpecification = new CircleFullSpecification(➡
userRepository);
    if (circleFullSpecification.IsSatisfiedBy(circle))
    {
      throw new CircleFullException(circleId);
    }

    (…略…)
  }
}
```

複雑な評価手順はカプセル化され、コードの意図は明確になっています。

D 趣旨が見えづらいオブジェクト

オブジェクトの評価処理を安直にオブジェクト自身に実装すると、オブジェクトの趣旨はぼやけます。オブジェクトが何のために存在し、何を為すのかが見えづらくなるのです（**リスト13.6**）。

リスト13.6：評価メソッドにまみれた定義

```
public class Circle
{
  public bool IsFull();
  public bool IsPopular();
  public bool IsAnniversary(DateTime today);
  public bool IsRecruiting();
  public bool IsLocked();
  public bool IsPrivate();
  public void Join(User user);
}
```

こうした評価の処理を放置しておくと、オブジェクトに対する依存は手の施しようがないほど増加し、変化に対して痛みを伴うようになります。

あるオブジェクトを評価する方法はメソッドに限ったことではありません。仕様のように外部のオブジェクトとして切り出すことで扱いやすくなることもあると知っておきましょう。

13.1.3 リポジトリの使用を避ける

仕様はれっきとしたドメインオブジェクトであり、その内部で入出力を行う（リポジトリを使用する）ことを避ける考えもあります。その場合はファーストクラスコレクションを利用することが選択肢に挙げられるでしょう。ファーストクラスコレクションはListといった汎用的な集合オブジェクトを利用するのではなく、特化した集合オブジェクトを用意するパターンです。

たとえばサークルのメンバー群を表現するファーストクラスコレクションは**リスト13.7**です。

リスト13.7：サークルに所属するメンバーを表すファーストクラスコレクション

```
public class CircleMembers
{
  private readonly User owner;
  private readonly List<User> members;
```

```
  public CircleMembers(CircleId id, User owner, List<User> ➡
members)
  {
    Id = id;
    this.owner = owner;
    this.members = members;
  }

  public CircleId Id { get; }

  public int CountMembers()
  {
    return members.Count() + 1;
  }

  public int CountPremiumMembers(bool containsOwner = true)
  {
    var premiumUserNumber = members.Count(member => member.➡
IsPremium);
    if (containsOwner)
    {
      return premiumUserNumber + (owner.IsPremium ? 1 : 0);
    }
    else
    {
      return premiumUserNumber;
    }
  }
}
```

CircleMembersは汎用的なListと異なり、サークルの識別子と所属するメンバーをすべて保持しています。また独自の計算処理をメソッドとして定義できます。

このCircleMembersを利用した仕様は**リスト13.8**です。

リスト13.8：CircleMembersを利用した仕様

```
public class CircleMembersFullSpecification
{
  public bool IsSatisfiedBy(CircleMembers members)
  {
    var premiumUserNumber = members.CountPremiumMembers➡
(false);
    var circleUpperLimit = premiumUserNumber < 10 ? 30 : 50;
    return members.CountMembers() >= circleUpperLimit;
  }
}
```

ファーストクラスコレクションを利用すると決めた場合には、アプリケーションサービスでファーストクラスコレクションへのデータ詰め替え処理が必要になります（**リスト13.9**）。

リスト13.9：ファーストクラスコレクションに詰め替える

```
var owner = userRepository.Find(circle.Owner);
var members = userRepository.Find(circle.Members);
var circleMembers = new CircleMembers(circle.Id, owner, ➡
members);
var circleFullSpec = new CircleMembersFullSpecification();
if (circleFullSpec.IsSatisfiedBy(circleMembers)) {
  (…略…)
}
```

入出力をドメインオブジェクトから可能な限り排除することは重要です。ファーストクラスコレクションを利用した解決法は、その方針を支える手立てになるでしょう。

DDD 13.2 仕様とリポジトリを組み合わせる

仕様は単独で取り扱う以外にもリポジトリと組み合わせて活用する手法が存在します。つまり、リポジトリに仕様を引き渡して、仕様に合致するオブジェクトを検索する手法です。

リポジトリには検索を行うメソッドが定義されますが、検索処理の中には重要なルールを含むものが存在します。こうした検索処理をリポジトリのメソッドとして定義してしまうと、重要なルールはリポジトリの実装クラスに記述されてしまいます。

そういったとき、重要なルールを仕様オブジェクトとして定義し、リポジトリに引き渡せば、重要なルールがリポジトリの実装クラスに漏れ出すことを防げます。

13.2.1 お勧めサークルに見る複雑な検索処理

ユーザがサークルに参加したいと考えたとき、自分に合ったお勧めのサークルを検索できると便利です。お勧めサークルの検索機能を開発することを考えてみましょう。

お勧めサークル検索機能を作るにあたって、まずはお勧めサークルの定義を決めなくてはいけません。たとえば「活気があるサークル」や「新しく作られたばかりのサークル」など、考えられる条件はいくつもありますが、ひとまずは次の2つの条件にしたがったサークルをお勧めサークルとしましょう。

- 直近1か月以内に結成されたサークルである
- 所属メンバー数が10名以上である

お勧めサークルの定義が決まったところで次に決めるべきことは、どこにそれを記述するか、です。お勧めサークルの検索を行う処理はどこに実装すべきでしょうか。

これまでユーザやサークルの検索を実質的に行ってきたのはリポジトリでした。お勧めサークルの検索もこれと同様に、リポジトリに定義してみましょう（**リスト13.10**）。

リスト13.10：リポジトリにお勧めサークルを探し出すメソッドを追加する

```
public interface ICircleRepository
{
  (…略…)
  public List<Circle> FindRecommended(DateTime now);
}
```

FindRecommendedメソッドは引き渡された日付にしたがって、最適なサークルをいくつか見繕ってくれるメソッドです。アプリケーションサービスはFindRecommendedメソッドを利用して、ユーザにお勧めサークルを提案します（**リスト13.11**）。

リスト13.11：お勧めサークルを探し出すアプリケーションサービスの処理

```
public class CircleApplicationService
{
  private readonly DateTime now;

  (…略…)

  public CircleGetRecommendResult GetRecommend(➡
CircleGetRecommendRequest request)
  {
    // リポジトリに依頼するだけ
    var recommendCircles = circleRepository.FindRecommended➡
(now);

    return new CircleGetRecommendResult(recommendCircles);
  }
}
```

この処理自体は正しく動作しますが、ひとつ問題があります。お勧めサークルを導き出す条件がリポジトリの実装クラスに依存している点です。

お勧めサークルの条件は本来であれば重要なルールです。インフラストラクチャのオブジェクトであるリポジトリの実装クラスに左右されることは推奨されません。

リポジトリは強力なパターンです。しかしその強力さゆえに、ドメインの重要なルールをインフラストラクチャの領域に染み出させてしまうことを助長します。

13.2.2 仕様による解決法

ドメインの重要な知識はできる限りドメインのオブジェクトとして表現すべきです。お勧めサークルかどうかを判断する処理はまさにオブジェクトの評価であり、仕様として定義できます（**リスト13.12**）。

リスト13.12：お勧めサークルかどうかを見極める仕様オブジェクト

```
public class CircleRecommendSpecification
{
  private readonly DateTime executeDateTime;

  public CircleRecommendSpecification(DateTime executeDateTime)
  {
    this.executeDateTime = executeDateTime;
  }

  public bool IsSatisfiedBy(Circle circle)
  {
    if (circle.CountMembers() < 10)
    {
      return false;
    }
    return circle.Created > executeDateTime.AddMonths(-1);
  }
}
```

CircleRecommendedSpecificationはお勧めサークルかどうかを判定するオブジェクトです。お勧めサークル検索処理は**リスト13.13**になります。

リスト13.13：仕様を利用しお勧めサークルを検索する

```
public class CircleApplicationService
{
  private readonly ICircleRepository circleRepository;
  private readonly DateTime now;

  (…略…)

  public CircleGetRecommendResult GetRecommend(➡
CircleGetRecommendRequest request)
  {
    var recommendCircleSpec = new CircleRecommendSpecification➡
(now);

    var circles = circleRepository.FindAll();
    var recommendCircles = circles
      .Where(recommendCircleSpec.IsSatisfiedBy)
      .Take(10)
      .ToList();

    return new CircleGetRecommendResult(recommendCircles);
  }
}
```

このように仕立てれば、お勧めサークルの条件をリポジトリに記述する必要はなくなります。

また直接的に仕様のメソッドをスクリプト上で呼び出す以外にも、リポジトリに仕様を引き渡してメソッドを呼び出させることにより、対象となるオブジェクトを抽出させる手法もあります。この手法を採用する場合は、仕様のインターフェースを用意します（**リスト13.14**）。

リスト13.14：仕様のインターフェースと実装クラス

```
public interface ISpecification<T>
{
  public bool IsSatisfiedBy(T value);
}

public class CircleRecommendSpecification : ISpecification➡
<Circle>
{
    (…略…)
}
```

リポジトリはこのインターフェースを受け取り、結果となるセットを返却するようになります（**リスト13.15**）。

リスト13.15：リポジトリは仕様のインターフェースを受け取り結果セットを返す

```
public interface ICircleRepository
{
    (…略…)

  public List<Circle> Find(ISpecification<Circle> ➡
specification);
}
```

仕様をインターフェースにすることでリポジトリには仕様ごとにメソッドを追加定義する必要がありません。ISpecification<Circle>を実装した新たな仕様を定義すれば、ICircleRepositoryに引き渡しての検索が可能です。

リスト13.14を利用したお勧めサークル検索処理は**リスト13.16**です。

リスト13.16：リスト13.14を利用してお勧めサークルを探す

```
public class CircleApplicationService
{
  private readonly ICircleRepository circleRepository;
  private readonly DateTime now;

  (…略…)

  public CircleGetRecommendResult GetRecommend(➡
CircleGetRecommendRequest request)
  {
    var circleRecommendSpecification = new ➡
CircleRecommendSpecification(now);
    // リポジトリに仕様を引き渡して抽出（フィルタリング）
    var recommendCircles = circleRepository.Find(➡
circleRecommendSpecification)
      .Take(10)
      .ToList();

    return new CircleGetRecommendResult(recommendCircles);
  }
}
```

このように仕様を使って表現することで、お勧めサークルの条件はサービスに記述されることなく、ドメインの知識を語るオブジェクトとして存在できるのです。

13.2.3 仕様とリポジトリが織りなすパフォーマンス問題

仕様をリポジトリに引き渡す手法はルールをオブジェクトに表現しつつ、拡張性を高める有効な手段ですが、残念ながらデメリットが存在します。

リスト13.16で利用されているICircleRepositoryの実装クラスを確認してみましょう（**リスト13.17**）。

リスト13.17：仕様オブジェクトを受け取るリポジトリの実装

```
public class CircleRepository : ICircleRepository
{
  private readonly SqlConnection connection;

  (…略…)

  public List<Circle> Find(ISpecification<Circle> specification)
  {
    using(var command = connection.CreateCommand())
    {
      // 全件取得するクエリを発行
      command.CommandText = "SELECT * FROM circles";
      using (var reader = command.ExecuteReader())
      {
        var circles = new List<Circle>();
        while (reader.Read())
        {
          // インスタンスを生成して条件に合うか確認している（合わなければ➡
捨てられる）
          var circle = CreateInstance(reader);
          if (specification.IsSatisfiedBy(circle))
          {
            circles.Add(circle);
          }
        }
        return circles;
      }
    }
  }
}
```

仕様に合致するかはオブジェクトを生成して仕様に引き渡し、検査を行わない限りわかりません。結果としてこのコードは全件検索を行い、ひとつひとつのインスタンスに対して条件に適合するか確認を行っています。データの総数が数件であれば大した問題にはなりませんが、数万件とデータが存在している場合には、ひどく遅い処理になってしまうことがあります。

仕様をリポジトリのフィルターとして扱うときは、パフォーマンスのことを常に考慮しておく必要があります。

13.2.4 複雑なクエリは「リードモデル」で

お勧めサークルの検索処理のように特殊な条件下にあるオブジェクトを検索したいという要求は、便利なソフトウェアを開発していく上で必ずといっていいほど必要になります。そうした操作はたいていの場合は利用者の利便性のための操作であることが多く、パフォーマンスに関する要求も高くなりがちです。

こういった事情のあるときは仕様やリポジトリといったパターンを扱わないことも視野に入ります。この章の主題である仕様から離れますが、ここで一度それについて確認しておきましょう。

リスト13.18はサークルの一覧を取得し、そのサークルのオーナーとなるユーザの情報を取得するスクリプトです。

リスト13.18：サークル一覧を取得する処理

```
public class CircleApplicationService
{
  public CircleGetSummariesResult GetSummaries➡
(CircleGetSummariesCommand command)
  {
    // 全件取得して
    var all = circleRepository.FindAll();
    // その後にページング
    var circles = all
      .Skip((command.Page - 1) * command.Size)
      .Take(command.Size);

    var summaries = new List<CircleSummaryData>();
    foreach(var circle in circles)
    {
      // サークルのオーナーを改めて検索
```

```
            var owner = userRepository.Find(circle.Owner);
            summaries.Add(new CircleSummaryData(circle.Id.Value, ➡
owner.Name.Value));
        }

        return new CircleGetSummariesResult(summaries);
    }

    (…略…)
}
```

この処理には2つの問題があります。

1つ目の問題は、冒頭でサークル集約を全件取得していることです。この処理ではページングが行われているので、すべてのサークルが必要なわけではありません。むしろ、ほとんどのサークルが不要です。せっかく再構築したインスタンスの多くは日の目を見ることなく捨てられます。

2つ目の問題はサークルに所属するユーザの検索処理が繰り返し文によって何度も行われていることです。リポジトリの具体的な実装が何で構成されているかはわかりませんが、もしもSQLであったのならばクエリが大量に発行されます。本来であればJOIN句などを活用することで発行されるクエリはたった1回で済むはずです。

リスト13.18は正しく動作するでしょうが、最適化された状態には程遠い状態です。ドメインのレイヤーにあるべき知識の流出を防ぐことを考えれば、このコードが正解であるはずなのですが、果たしてそれを理由にシステムの利用者の利便性からくる最適化の依頼を拒否してよいものでしょうか。

そもそもシステムは何のために存在するのでしょう。それは間違いなく利用者の問題を解決するためです。徹頭徹尾それは変わりません。システムはその利用者に対して友好的である必要があります。もしもシステムの利用者に対する態度が友好的でなくなれば、そのシステムはやがて使われなくなっていくでしょう。利用者を無視し続けた未来にはシステムの緩やかな死が待ち受けています。

ドメインの防衛を理由に、利用者に対して不便を強いるのは正しい道ではありません。ドメインの表現を守り、領域を保護することは大切なことですが、アプリケーションの領域はプレゼンテーション（ひいてはシステムの利用者）を強く意識する必要があります。

こういった問題は特に読み取りの際に発生します。通常のリポジトリから読み取りを行うよりもずっと複雑な読み取り動作をプレゼンテーションは要求することが多いです。概要取得やページングはまさにその最たるものです。

　複雑な読み取り動作においてパフォーマンスを起因とする懸念があった場合には、局所的にドメインオブジェクトから離れることがあります。より具体的には**リスト13.19**のようにページングしたクエリを直接実行して結果を組み立てます。

リスト13.19：最適化のために直接クエリを実行する

```
public class CircleQueryService
{
  (…略…)

  public CircleGetSummariesResult GetSummaries➡
(CircleGetSummariesCommand command)
  {
    var connection = provider.Connection;

    using (var sqlCommand = connection.CreateCommand())
    {
      sqlCommand.CommandText = @"
 SELECT
 circles.id as circleId,
 users.name as ownerName
 FROM circles
 LEFT OUTER JOIN users
 ON circles.ownerId = users.id
 ORDER BY circles.id
 OFFSET @skip ROWS
 FETCH NEXT @size ROWS ONLY
";
      var page = command.Page;
      var size = command.Size;
      sqlCommand.Parameters.Add(new SqlParameter("@skip", ➡
(page - 1) * size));
      sqlCommand.Parameters.Add(new SqlParameter("@size", ➡
size));
```

```
      using (var reader = sqlCommand.ExecuteReader())
      {
        var summaries = new List<CircleSummaryData>();
        while (reader.Read())
        {
          var circleId = (string) reader["circleId"];
          var ownerName = (string) reader["ownerName"];
          var summary = new CircleSummaryData(circleId, ➡
ownerName);
          summaries.Add(summary);
        }

        return new CircleGetSummariesResult(summaries);
      }
    }
  }
}
```

リスト13.19はSQLを用いたモジュールですが、もちろんORMなどを利用したモジュールでも構いません（**リスト13.20**）。

リスト13.20：ORM（EntityFramework）を利用する

```
public class EFCircleQueryService
{
  private readonly MyDbContext context;

  public EFCircleQueryService(MyDbContext context)
  {
    this.context = context;
  }

  public CircleGetSummariesResult GetSummaries➡
(CircleGetSummariesCommand command)
  {
```

```
        var all =
            from circle in context.Circles
            join owner in context.Users
            on circle.OwnerId equals owner.Id
            select new { circle, owner };

        var page = command.Page;
        var size = command.Size;

        var chunk = all
          .Skip((page - 1) * size)
          .Take(size);

        var summaries = chunk
          .Select(x => new CircleSummaryData(x.circle.Id, ➡
x.owner.Name))
          .ToList();

        return new CircleGetSummariesResult(summaries);
    }
}
```

プレゼンテーション側の要求に特化したユースケースの提供をすることは便利なシステムを提供する上で必ずといってよいほど必要になります。

読み取り（クエリ）で要求されるデータは複雑ですが、その動作自体は単純でドメインのロジックと呼べるものがほとんどありません。反対に書き込み（コマンド）はドメインとしての制約が多く存在します。このことから、コマンドにおいてはドメインを隔離するためにドメインオブジェクトやそれに関わるものを積極的に利用し、クエリにおいてはある程度の緩和をすることがあります。本書で詳しくは取り扱いませんが、この考えはCQS（Command-query separation）やCQRS（Command Query Responsibility Segregation）といった考えに基づくものです。オブジェクトのメソッドをコマンドとクエリに大別し、それらを別個に扱うというこれらの考えはプレゼンテーションが要求するパフォーマンスを維持しながら、システムを統制することに寄与する考えです。

COLUMN

遅延実行による最適化

リポジトリを利用しつつもパフォーマンス問題を解決する手法として遅延実行という手段が挙げられます。遅延実行を実現する場合、リポジトリに定義する検索メソッドはList型ではなく、IEnumerable型を戻り値とします（**リスト13.21**）。

リスト13.21：遅延実行を考慮したリポジトリ

```
public interface ICircleRepository
{
  IEnumerable<Circle> FindAll();
}
```

IEnumerableはコレクション操作を行える型ですが、実際にコレクションに対する操作を行うまでコレクションを確定しません（厳密には実装クラス次第です）。**リスト13.18**の前半部分にこのリポジトリを適用したときを例にして確認してみましょう（**リスト13.22**）。

リスト13.22：リスト13.18の前半部分に適用

```
public class CircleApplicationService
{
  // リスト 13.21のリポジトリ
  private readonly ICircleRepository circleRepository;

  public CircleGetSummariesResult GetSummaries➡
(CircleGetSummariesCommand command)
  {
    // この段階ではデータを取得しない
    var all = circleRepository.FindAll();
    // ページング処理は条件を付与しているに過ぎないためデータを取得しない
    var chunk = all
      .Skip((command.Page - 1) * command.Size)
      .Take(command.Size);
```

```
        // ここではじめてコレクションが処理されるため、条件に応じて➡
データ取得がされる
        var summaries = chunk
            .Select(x =>
            {
                var owner = userRepository.Find(x.Owner);
                return new CircleSummaryData(x.Id.Value, ➡
owner.Name.Value);
            })
            .ToList();

        return new CircleGetSummariesResult(summaries);
    }
}
```

リスト13.22では最初期にFindAllメソッドを利用して全サークルのコレクションを取得していますが、この段階ではコレクションの内容を参照する必要がないため、実際のデータ取得は実施されません。また、その後に続くページング処理もコレクションを取得する際の条件を付与しているに過ぎず、実際にデータを参照する必要がありません。**リスト13.22**で実際にデータ取得が行われるタイミングはToListメソッドによりコレクションが確定されるときです。このとき、操作対象にはページングの条件処理が付与されているため、データ取得前にページングが行われ、無駄なデータ取得が発生しなくなります。

このように、実際に必要となるまで処理を実行しないことを遅延実行といいます。遅延実行を利用するとクエリの発行を本当に必要になるまで遅らせることができます。それゆえ、ロジックの最初期段階で全件取得を行い、条件を付与して取得範囲を狭めていく処理を組み立てやすくなります。

実際に、C#のデータ操作ライブラリであるEntityFrameworkはこの動作をサポートしています。ただし、それをあてにすることは、コードが特定の技術基盤に依存することを意味します。リポジトリの実装クラスがEntityFrameworkをベースとしたものであり続ければよいですが、もし、そうでなくなったときを考えると、悩ましい問題であることは間違いないでしょう。

DDD 13.3 まとめ

オブジェクトの評価はそれ単体で知識になりえます。仕様は評価の条件や手順をモデルにしたオブジェクトです。

オブジェクトの評価をオブジェクト自身にさせることが常に正しいとは限りません。仕様のような外部のオブジェクトに評価させる手法の方が素直なコードになることも多いでしょう。

本章では、仕様をリポジトリに引き渡してフィルタリングを行う手法も紹介しました。残念ながらこれは銀の弾丸ではなく、パフォーマンス上の問題が付いて回ります。

読み取り操作は単純ながら最適化が求められることも多いです。読み取り操作においてはドメインという考え方を棚上げにして、クライアントが利用しやすい形で提供することもあると覚悟しておく必要があります。

Chapter 14

アーキテクチャ

ドメイン駆動設計と同時に語られるアーキテクチャを解説します。

ドメイン駆動設計はドメインと向き合いながらモデルをコードに落とし込むことで、ドメインとコードを結びつけるプラクティスです。したがって、ドメイン駆動設計は特定のアーキテクチャを前提とすることはありません。それにもかかわらず、ドメイン駆動設計と同時にアーキテクチャが語られることは多いです。なぜアーキテクチャの話が出てくるのでしょうか。
これまでドメインモデル貧血症などの例を通じて、重大なルールが漏れ出した結果が引き起こす弊害を訴えてきました。ソフトウェアが利用者の役に立ち続けるものであり続けるには、継続的な改良に耐えうる構造でなくてはなりません。ひとつのモデルの変更がいくつものオブジェクトの変更に繋がるようでは、改良に二の足を踏むのも致し方ないことでしょう。
アーキテクチャはこれを解決するものです。アーキテクチャは知識を記述すべき箇所を示す方針です。ドメインのルールが流出することを予防するのと同時に一箇所にまとめるよう促します。ドメイン駆動設計とアーキテクチャが同時に語られる理由はまさにそこにあります。

DDD 14.1 アーキテクチャの役目

アーキテクチャは開発者の心を躍らせるものです。開発者はいつだって整然とした理論や仕組みに心惹かれるものです。

だからこそ、そこに水を差すのは憚られるのですが、アーキテクチャに対する態度について論じる必要があります。つまり、ドメイン駆動設計にとって「アーキテクチャは決して主役ではない」ことについてです。

この言葉の真意を理解するために、アーキテクチャ自体を学ぶ前に、まずはドメイン駆動設計にとってアーキテクチャがどのような立ち位置であるかを確認していきましょう。

14.1.1 アンチパターン：利口なUI

システムを致命的に硬直したものに仕立てるアンチパターンのひとつが「利口なUI（Smart UI）」です。利口なUIは本来であればドメインオブジェクトに記載されるべき重要なルールやふるまいが、ユーザーインターフェースに記述されてしまっている状態を揶揄しています。

利口なUIはドメインを分離することが適わなかったアプリケーションに多く見られます。そうしたシステムは改良に対するコストが異常に高くなってしまい、結果としてひどく硬直したソフトウェアになってしまっています。

たとえばECサイトのシステムを例に考えてみましょう。

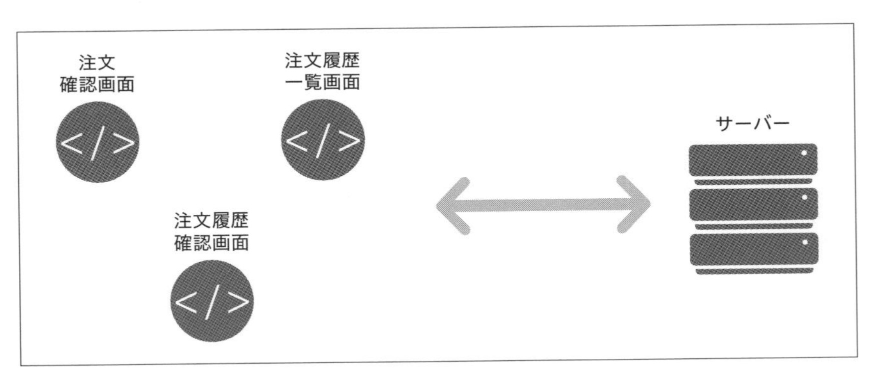

図14.1：典型的なECシステム

ECサイトでは利用者は商品をウェブサイト上から注文します。**図14.1**は主に利用者が商品を注文する際に利用するシステムの一部を表しています。

これらの画面には共通するビジネスロジックが存在します。ひとつずつ、システムの利用者の行動を追いながら確認していきましょう。

まずシステムの利用者は、注文したい商品を選択したのちに、商品を注文するために"注文確認画面"へ遷移します。"注文確認画面"では、これから行う注文の「合計金額」が表示されます。"注文確認画面"に表示されている内容が問題なければ、利用者は注文を確定します。

自分が注文した内容が間違いないかを確認するために、利用者は"注文履歴一覧画面"を開きます。この画面はこれまで行った注文の概要が一覧となって表示されています。このとき、注文それぞれに「合計金額」が表示されていると便利です。"注文履歴一覧画面"には「合計金額」が表示されています。

"注文履歴一覧画面"では注文ひとつひとつの具体的な内容がわかりません。システムの利用者は注文内容の詳細を確認するために"注文履歴確認画面"を開きます。もちろん、そこにも「合計金額」が表示されています。

ここで紹介したいずれの画面においても「合計金額」が表示されています。したがって、「合計金額の計算」をそれらすべての画面で行う必要があります。「合計金額の計算」処理はどこに記述されるべきか考えてみましょう。

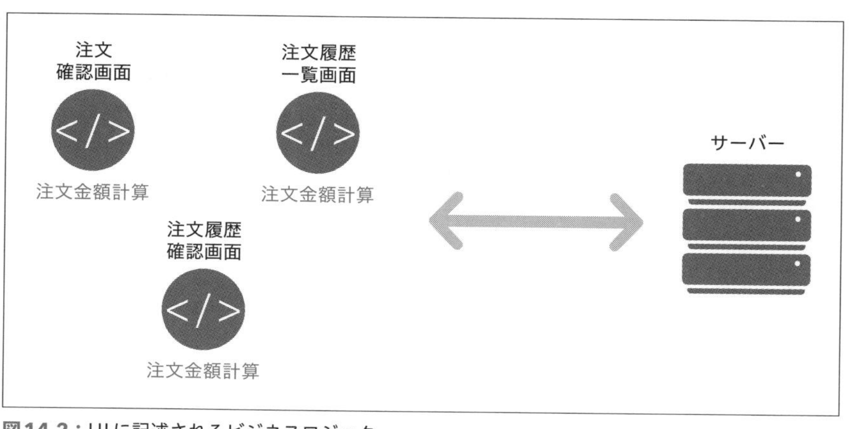

図14.2：UIに記述されるビジネスロジック

図14.2はもっとも短絡的な構成を示しています。3つの画面それぞれで直接「合計金額の計算」をすることで、各画面に「合計金額」を表示しています。

これは多くの問題を抱えています。たとえば、もしも「合計金額の計算」処理が変更されることになったときを考えてみてください。

まず弊害として挙げられるのは、「合計金額の計算」はひとつでありながら、その変更が3箇所に渡ることです。本来、正しくロジックがまとめられていれば、たった1箇所の修正で済んでいたはずなのに、作業量が3倍となってしまいます。

また、ひとつひとつの画面は似たような画面であってもそれぞれの事情は異なります。システムは成長していくものです。年月が経つにつれ、当初はまったく同じであったはずの「合計金額の計算」は、それぞれの画面特有の事情によって独自に成長していくでしょう。同じように見えるコードはわずかに異なり、慎重に修正を加える必要ができてしまいます。

もちろんひとりの開発者がこれら3つの画面を同時期に手掛けるのであれば、わざわざ同じ処理をそれぞれの画面に記述するようなことはしないでしょう。たいていの場合、開発者はロジックをまとめることに熱心です。3つの画面で行われる「合計金額の計算」がまったく同じ処理であることに気づき、共通化を図ることができます。

真に問題となるのは最初時点で画面が1つしかなかったときです。先の例でいえば、最初は"注文確認画面"しか存在せず、後から注文履歴を確認する機能が追加され、"注文履歴一覧画面"と"注文履歴確認画面"の2つの画面を開発することになったときです。

ロジックをまとめることだけに関心がある開発者にとって"注文確認画面"しか存在しないということは、「合計金額の計算」が"注文確認画面"に記述されることは肯定されます（**図14.3**）。このとき同じ計算を他の箇所でも利用することが発生したときのことが頭の片隅に過ぎることはあるでしょうが、それはそのときが来たときに実施すればよい、と楽観的に考えるのです。

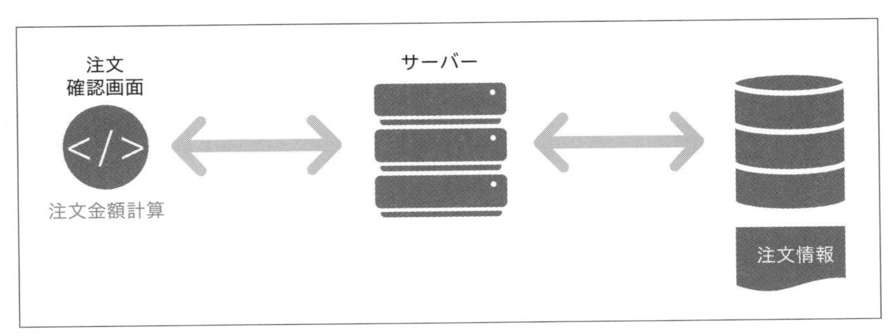

図14.3：重複が起きていない状態

開発者は「一事が万事」といった言葉に目を向けず、いつかリファクタリングをすべきタイミングが訪れる、という夢を信じがちです。同時に、正しい形は見えていて、いかなるときであっても容易に書き換えられるという無謀な自信に満ち溢れています。もちろんそんなときは訪れません。短絡的な解決を図ったコードは複雑怪奇な進化を遂げて、いつの日かあなたの前に立ちはだかるのです。

UIは入力と表示がその責務です。ビジネスに関わるようなロジックは可能な限り記述されるべきではありません。UIはできるだけ愚かであるべきです。UIが利口になればなるほど改修の多くはコストがかさみ、その修正は痛みを伴うものになります。その痛みは開発者を怯えさせ、システムは段々と硬直していきます。

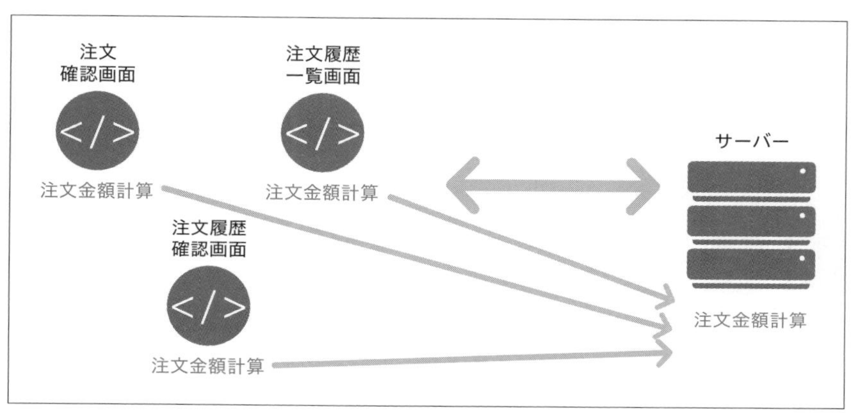

図14.4：ビジネスロジックの集約

利口なUIを捨て、ビジネスロジックを1箇所に集約すると**図14.4**になります。この構成であれば、画面固有の事情が「注文金額の計算」に入り込む余地はありませんし、計算に変更があったとしても1箇所の改修で済みます。もちろん修正の難易度もそう難しいものではないでしょう。

まずは、いま開発しているソフトウェアがひどく単純なものであるという先入観を捨てることから始めるべきです。ユーザインターフェースにビジネスロジックを記述することが肯定された段階で、豊かなドメインモデルを育てていく輝かしい道のりは閉ざされます。

14.1.2 ドメイン駆動設計がアーキテクチャに求めること

利口なUIを避けることに決めたとしても、それを実際に実践するのはそう簡単なことではありません。ビジネスロジックを正しい場所に配置し続けることは、いかにその大切さを熟知している開発者であっても難しいものなのです。それゆえ、開発者に強い自制心を促す以外の方法を考える必要があります。アーキテクチャはその解決策です。

アーキテクチャは方針です。何がどこに記述されるべきかといった疑問に対する解答を明確にし、ロジックが無秩序に点在することを防ぎます。開発者はアーキテクチャが示す方針にしたがうことで「何をどこに書くのか」に振り回されないようになります。これは開発者がドメイン駆動設計の本質である「ドメインを捉え、うまく表現する」ことに集中するために必要なことです。

ドメイン駆動設計がアーキテクチャに求めることは、ドメインオブジェクトが渦巻くレイヤーを隔離して、ソフトウェア特有の事情からドメインオブジェクトを防衛することです。それを可能にするのであれば、アーキテクチャがどのようなものであっても構いません。

DDD 14.2 アーキテクチャの解説

次の一覧はドメイン駆動設計と同時に語られることの多いアーキテクチャです。

- レイヤードアーキテクチャ
- ヘキサゴナルアーキテクチャ
- クリーンアーキテクチャ

本書ではこれらのアーキテクチャを解説しますが、ドメイン駆動設計にとってはドメインが隔離されることのみが重要であり、必ずしもこのいずれかのアーキテクチャにしたがわなければいけないというわけではありません。またアーキテクチャにしたがったからといって、それすなわちドメイン駆動設計を実践したことにはならないということも知っておくべきことです。

重要なのは、ドメインの本質に集中する環境を用意することです。

14.2.1 レイヤードアーキテクチャとは

レイヤードアーキテクチャはドメイン駆動設計の文脈で登場するアーキテクチャの中で、もっとも伝統的でもっとも有名なアーキテクチャです。

レイヤードアーキテクチャはその名のとおり、いくつかの層が積み重なる形で表現されます。

たとえば書籍『エリック・エヴァンスのドメイン駆動設計』では**図14.5**が提示されています。

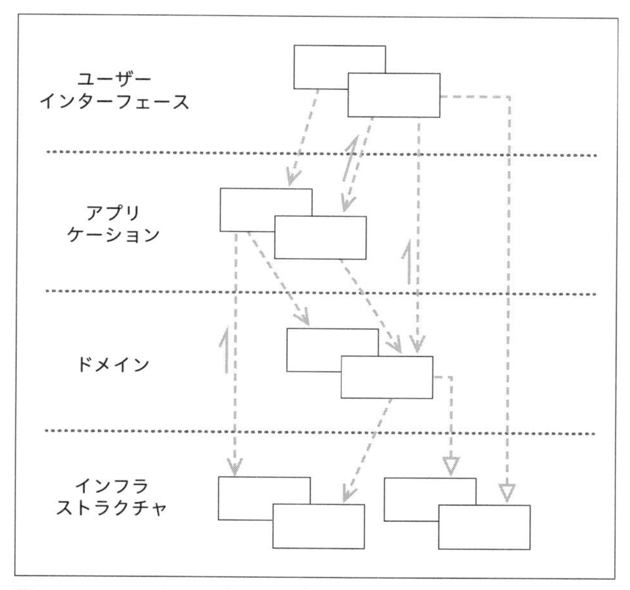

図14.5：エリック・エヴァンスが示したレイヤードアーキテクチャ

出典：『エリック・エヴァンスのドメイン駆動設計』（翔泳社）、P.66より引用

ドメイン駆動設計の文脈で紹介されるレイヤードアーキテクチャは**図14.5**のとおり、4つの層で構成されたものが代表的です。この図に倣って確認していきましょう。

レイヤードアーキテクチャを構成する4つの層の内訳は次のとおりです。

- プレゼンテーション層（ユーザーインターフェース層）
- アプリケーション層
- ドメイン層
- インフラストラクチャ層

ドメイン層はこの中でもっとも重要な層です。ソフトウェアを適用しようとしている領域で問題解決に必要な知識を表現します。この層を明示的にして、ドメイン層に本来所属すべきドメインオブジェクトの隔離を促し、他の層へ流出しないようにします。

アプリケーション層はドメイン層の住人を取りまとめる層です。この層の住人はアプリケーションサービスが挙げられます。アプリケーションサービスはドメインオブジェクトの直接のクライアントとなり、ユースケースを実現するための進行役になります。ドメイン層の住人はドメインの表現に徹しているので、アプリケーションとして成り立たせるためには彼らを問題解決に導く必要があります。そのような働きをするアプリケーション層は、まさにドメイン層の住人を取りまとめる存在です。

プレゼンテーション層はユーザーインタフェースとアプリケーションを結びつけます。主な責務は表示と解釈です。システムの利用者にわかるように表示を行い、システム利用者の入力を解釈します。具体的なアプローチにはさまざまなものがありますが、それが具体的に何であるかについては問いません。ユーザーインターフェースとアプリケーションを結びつけることさえできれば、Webフレームワークであっても CLI であってもよいのです。

インフラストラクチャ層は他の層を支える技術的基盤へのアクセスを提供する層です。アプリケーションのためのメッセージ送信や、ドメインのための永続化を行うモジュールが含まれます。

ここに存在する原則は依存の方向が上から下ということです。上位のレイヤーは自身より下位のレイヤーに依存することが許されます。逆方向の直接的な依存は許されません。

依存の観点で考えると、ドメイン層からインフラストラクチャ層に依存の矢印が伸ばされていることが奇妙に見えることでしょう。これはドメイン層のオブジェクトがインフラストラクチャ層のオブジェクトを取り扱うことを意味していません。**図14.5**の右下に位置する白抜きの矢印を確認すれば、汎化が含まれていることがわかります。ちょうどリポジトリのインターフェースと実装クラスの関係がこの矢印にあたるでしょう。

また、『エリック・エヴァンスのドメイン駆動設計』にはレイヤー間のオブジェクト同士の結びつきを表した図が登場します（**図14.6**）。

「a234：口座」がaddToUnitOfWork(a234)というメッセージを「作業ユニットマネージャ」に送っていることから、古典的なユニットオブワークの実装（**10.4.4**項）を想定していることがわかります。昨今ではあまり利用されることのないパターンですが、ドメインオブジェクトがインフラストラクチャ層のオブジェクトに依存している例として挙げられるでしょう。

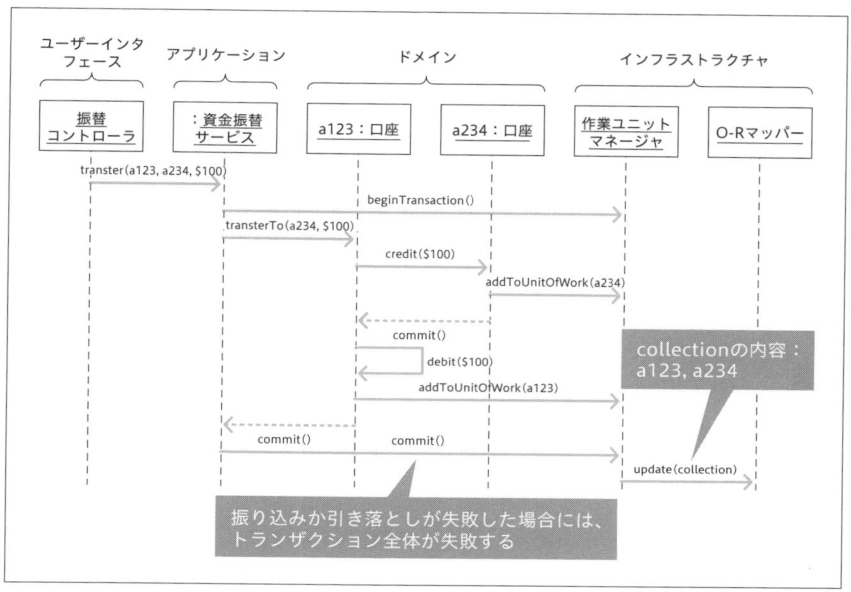

図14.6：オブジェクト同士の結びつきを示した図

出典：『エリック・エヴァンスのドメイン駆動設計』（翔泳社）、P.70の図4.1より引用

D レイヤードアーキテクチャの実装サンプル

本書で解説をしながら実装してきたアプリケーションは実はレイヤードアーキテクチャを意識して実装されたものです。改めてレイヤードアーキテクチャの観点でコードを観察してみましょう。

最初に確認をするのはプレゼンテーション層に所属するUserControllerです（**リスト14.1**）。

リスト14.1：プレゼンテーション層の住人であるコントローラ

```
[Route("api/[controller]")]
public class UserController : Controller
{
  private readonly UserApplicationService ⇒
userApplicationService;
```

```
  public UserController(UserApplicationService ➡
userApplicationService)
  {
    this.userApplicationService = userApplicationService;
  }

  [HttpGet]
  public UserIndexResponseModel Index()
  {
    var result = userApplicationService.GetAll();
    var users = result.Users.Select(x => ➡
new UserResponseModel(x.Id, x.Name)).ToList();

    return new UserIndexResponseModel(users);
  }

  [HttpGet("{id}")]
  public UserGetResponseModel Get(string id)
  {
    var command = new UserGetCommand(id);
    var result = userApplicationService.Get(command);

    var userModel = new UserResponseModel(result.User);

    return new UserGetResponseModel(userModel);
  }

  [HttpPost]
  public UserPostResponseModel Post([FromBody] ➡
UserPostRequestModel request)
  {
    var command = new UserRegisterCommand(request.UserName);
    var result = userApplicationService.Register(command);
```

```
        return new UserPostResponseModel(result.CreatedUserId);
    }

    [HttpPut("{id}")]
    public void Put(string id, [FromBody] UserPutRequestModel ➡
request)
    {
        var command = new UserUpdateCommand(id, request.Name);
        userApplicationService.Update(command);
    }

    [HttpDelete("{id}")]
    public void Delete(string id)
    {
        var command = new UserDeleteCommand(id);
        userApplicationService.Delete(command);
    }
}
```

HTTPリクエストという利用者からの入力データをアプリケーションに伝えるための変換を行っているMVCフレームワークのコントローラは、まさに入力を解釈してアプリケーションに結びつけるプレゼンテーション層の住人です。アプリケーション層の住人であるアプリケーションサービスのクライアントにもなっているので、**図14.5**で示した依存の方向性が守られています。

次にアプリケーション層に所属するアプリケーションサービスを確認してみましょう（**リスト14.2**）。

リスト14.2：アプリケーション層の住人であるアプリケーションサービス

```
public class UserApplicationService
{
    private readonly IUserFactory userFactory;
    private readonly IUserRepository userRepository;
    private readonly UserService userService;

```

```
    public UserApplicationService(IUserFactory userFactory, ➡
IUserRepository userRepository, UserService userService)
    {
        this.userFactory = userFactory;
        this.userRepository = userRepository;
        this.userService = userService;
    }

    public UserGetResult Get(UserGetCommand command)
    {
        var id = new UserId(command.Id);
        var user = userRepository.Find(id);
        if (user == null)
        {
            throw new UserNotFoundException(id, ➡
"ユーザが見つかりませんでした。");
        }

        var data = new UserData(user);

        return new UserGetResult(data);
    }

    public UserGetAllResult GetAll()
    {
        var users = userRepository.FindAll();
        var userModels = users.Select(x => ➡
new UserData(x)).ToList();
        return new UserGetAllResult(userModels);
    }

    public UserRegisterResult Register(UserRegisterCommand ➡
command)
    {
```

```
    using (var transaction = new TransactionScope())
    {
      var name = new UserName(command.Name);
      var user = userFactory.Create(name);
      if (userService.Exists(user))
      {
        throw new CanNotRegisterUserException(user, ➡
"ユーザは既に存在しています。");
      }

      userRepository.Save(user);

      transaction.Complete();

      return new UserRegisterResult(user.Id.Value);
    }
  }

  public void Update(UserUpdateCommand command)
  {
    using (var transaction = new TransactionScope())
    {
      var id = new UserId(command.Id);
      var user = userRepository.Find(id);
      if (user == null)
      {
        throw new UserNotFoundException(id);
      }

      if (command.Name != null)
      {
        var name = new UserName(command.Name);
        user.ChangeName(name);
```

```
        if (userService.Exists(user))
        {
          throw new CanNotRegisterUserException(user, ➡
"ユーザは既に存在しています。");
        }
      }

      userRepository.Save(user);

      transaction.Complete();
    }
  }

  public void Delete(UserDeleteCommand command)
  {
    using (var transaction = new TransactionScope())
    {
      var id = new UserId(command.Id);
      var user = userRepository.Find(id);
      if (user == null)
      {
        return;
      }

      userRepository.Delete(user);

      transaction.Complete();
    }
  }
}
```

アプリケーションサービスはその名に冠しているとおりアプリケーション層に所属するオブジェクトです。自身のレイヤーより下位に位置するドメイン層とインフラストラクチャ層に対して依存をしています。

アプリケーション層の目的はアプリケーションサービスの目的と一致しています。すなわち問題を解決するためにドメインオブジェクトが実施するタスクの進行管理を行います。場合によっては他のサービスと協調することもあります。

このレイヤーで注意すべきはドメインのルールやふるまいを直接的に記述してはいけないことです。ビジネスの重要なルールやふるまいはドメイン層に収められるべき事柄です。

次に確認するドメイン層はもっとも重要な層です。ユーザのコード上の表現であるUserクラスやドメインサービスであるUserServiceクラスはまさにこの層に所属するオブジェクトです（**リスト14.3**）。

リスト14.3： ドメイン層の住人であるエンティティやドメインサービス

```
public class User
{
  public User(UserId id, UserName name, UserType type)
  {
    if (id == null) throw new ArgumentNullException(nameof(id));
    if (name == null) throw new ArgumentNullException(nameof➡
(name));

    Id = id;
    Name = name;
    Type = type;
  }

  public UserId Id { get; }
  public UserName Name { get; private set; }
  public UserType Type { get; private set; }

  public bool IsPremium => Type == UserType.Premium;

  public void ChangeName(UserName name)
  {
    if (name == null) throw new ArgumentNullException(nameof➡
(name));
```

```
    Name = name;
  }

  public void Upgrade()
  {
    Type = UserType.Premium;
  }

  public void Downgrade()
  {
    Type = UserType.Normal;
  }

  public override string ToString()
  {
    var sb = new ObjectValueStringBuilder(nameof(Id), Id)
      .Append(nameof(Name), Name);

    return sb.ToString();
  }
}

public class UserService
{
  private readonly IUserRepository userRepository;

  public UserService(IUserRepository userRepository)
  {
    this.userRepository = userRepository;
  }

  public bool Exists(User user)
  {
    var duplicatedUser = userRepository.Find(user.Name);
```

```
      return duplicatedUser != null;
    }
}
```

ドメインモデルに表現するコードはすべてこの層に集中します。また、ドメインオブジェクトをサポートする役割のあるファクトリやリポジトリのインターフェースもこの層に含まれます。

最後に確認するインフラストラクチャ層のオブジェクトは永続化を実施するリポジトリです（**リスト14.4**）。

リスト14.4：インフラストラクチャ層の住人であるリポジトリ

```
public class EFUserRepository : IUserRepository
{
  private readonly ItdddDbContext context;

  public EFUserRepository(ItdddDbContext context)
  {
    this.context = context;
  }

  public User Find(UserId id)
  {
    var target = context.Users.Find(id.Value);
    if (target == null)
    {
      return null;
    }

    return ToModel(target);
  }

  public List<User> Find(IEnumerable<UserId> ids)
  {
```

```
    var rawIds = ids.Select(x => x.Value);

    var targets = context.Users
      .Where(userData => rawIds.Contains(userData.Id));

    return targets.Select(ToModel).ToList();
  }

  public User Find(UserName name)
  {
    var target = context.Users
      .FirstOrDefault(userData => userData.Name == name.Value);
    if (target == null)
    {
      return null;
    }

    return ToModel(target);
  }

  (…略…)
}
```

インフラストラクチャ層には**リスト14.4**のようにドメインオブジェクトを直接的に支える技術的機能の他に、アプリケーション層やプレゼンテーション層のための技術的機能を担うオブジェクトも含まれます。

14.2.2 ヘキサゴナルアーキテクチャとは

ヘキサゴナルアーキテクチャは六角形をモチーフとした**図14.7**に代表されるアーキテクチャです。コンセプトはアプリケーションとそれ以外のインターフェースや保存媒体は付け外しできるようにするというものです。ヘキサゴナルアーキテクチャが成し遂げようとしていることを説明するにあたって、ゲーム機はよい例えです。

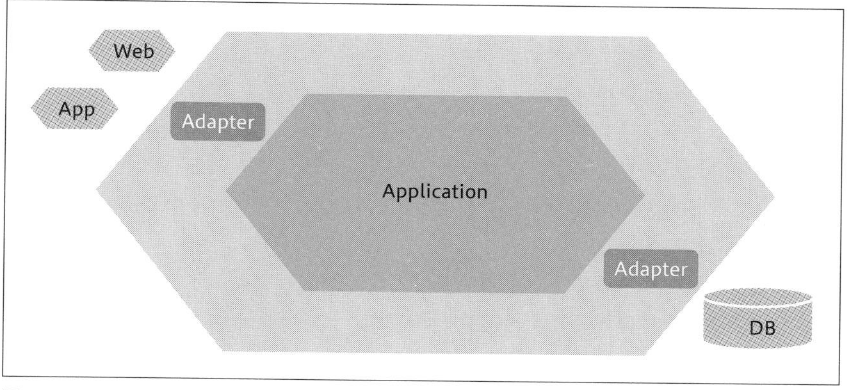

図14.7：ヘキサゴナルアーキテクチャ

ゲーム機にはコントローラやモニターといった利用者が直接触れることのできるインターフェースが存在します（図14.8）。ゲームコントローラにはいわゆる純正品がありますが、利用者の好みによってサードパーティ製のものを差し込んでもうまく動作します。モニターもコントローラと同じく、メーカーや液晶かプラズマかといった描画手法など細かい点が異なりますが、いずれにせよゲーム機にとっては些細な違いです。表示さえできればそれで十分です。

記憶媒体はどうでしょうか。昨今のゲーム機は内蔵されたハードディスクにゲームデータを保存する選択肢以外に、クラウド上に保存する選択肢も用意されています。ゲーム機からするとゲームデータの保存さえできるのであれば、実際に保存される媒体が何であっても構わないのです。

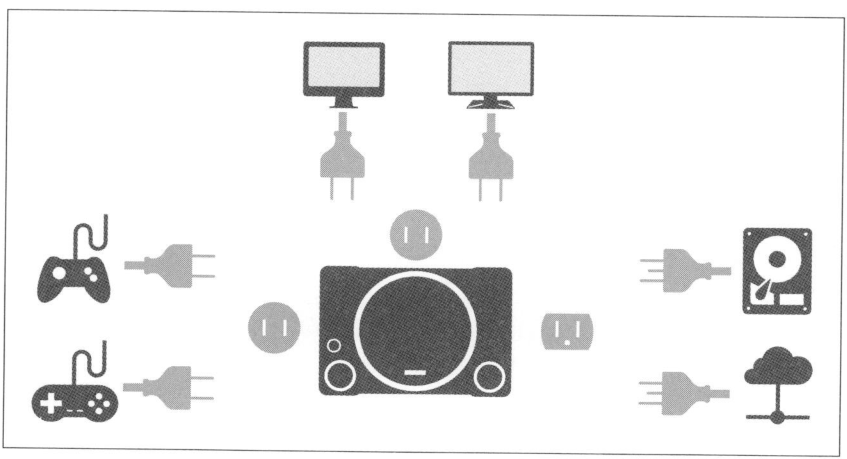

図14.8：ゲーム機と付け外し可能なアダプタ

これをアプリケーションに転用するとどうなるでしょうか（**図14.9**）。

インターフェースはたとえばコマンドラインユーザーインターフェースやグラフィカルユーザーインターフェースなどがあります。最近では音声入力も発達してきてボイスユーザーインターフェースといったものもあります。インターフェースの種類は多岐にわたりますが、アプリケーションからしてみたら利用者の入力を伝えてくれて、処理の結果を表示して利用者に対して伝えてくれるのであればそれが何であっても構いません。

保存媒体にしてもそうです。本書で幾度となく解説したとおり、アプリケーションにとって保存媒体は差し替え可能なものです。アプリケーションが求めるのはインスタンスの永続化と再構築です。それさえこなすことができるのであれば、具体的な保存媒体がデータベースなのか、それとも磁気テープであるのかといったことは些細な問題です。

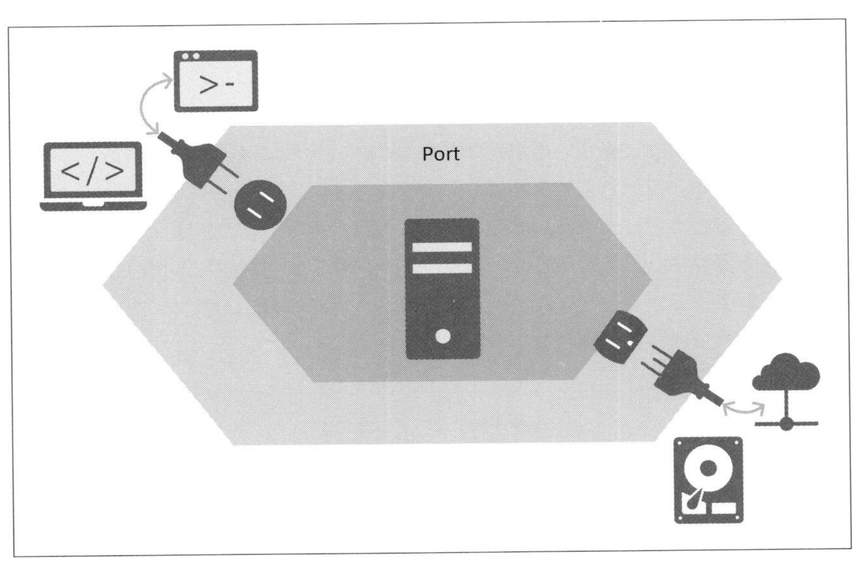

図14.9：アプリケーションに置き換えた図

ヘキサゴナルアーキテクチャはまさにこのコンセプトの上に成り立っています。アプリケーション以外のモジュールはさながらゲームのコントローラのように差し替え可能なものです。そのように仕立てられていれば、インターフェースや保存媒体が変更されるような事態が起きても、コアとなるアプリケーションにその余波は及びません。

ヘキサゴナルアーキテクチャはアダプタがポートの形状に合えば動作することに見立てて、ポートアンドアダプタと呼ばれることもあります。このとき、アプリケーションに対する入力を受けもつポートとアダプタをそれぞれプライマリポートとプライマリアダプタといいます。反対にアプリケーションが外部に対してインタラクトするポートをセカンダリポートと表現し、実装するオブジェクトをセカンダリアダプタと呼びます。

実をいうとこれまで見てきたコードはヘキサゴナルアーキテクチャのコンセプトを達成しています。レイヤードアーキテクチャの紹介をしているときに例示したアプリケーションサービスであるUserApplicationServiceを確認してみましょう（**リスト14.5**）。

リスト14.5：ユーザアプリケーションサービスのコード

```
public class UserApplicationService
{
  private readonly IUserRepository userRepository;
  private readonly UserService userService;

   (…略…)

  public void Update(UserUpdateCommand command)
  {
    using (var transaction = new TransactionScope())
    {
      var id = new UserId(command.Id);
      var user = userRepository.Find(id);
      if (user == null)
      {
        throw new UserNotFoundException(id);
      }

      if (command.Name != null)
      {
        var name = new UserName(command.Name);
        user.ChangeName(name);

        if (userService.Exists(user))
        {
```

```
            throw new CanNotRegisterUserException(user, ➡
"ユーザは既に存在しています。");
          }
        }

        // セカンダリポートであるIUserRepositoryの処理を呼び出す
        // 処理は実体であるセカンダリアダプタに移る
        userRepository.Save(user);

        transaction.Complete();
      }
    }
  }
```

ユーザ情報の更新であるUpdateメソッドを呼び出すクライアントはプライマリアダプタで、Updateメソッドはプライマリポートにあたります。プライマリアダプタはアプリケーションを操作するための値をプライマリポートが求めるUserUpdateCommandに変換し、アプリケーションを呼び出します。

アプリケーションはIUserRepositoryというセカンダリポートを呼び出すことで、具体的な実装（セカンダリアダプタ）からインスタンスを再構築したり、永続化を依頼します。

先に紹介したレイヤードアーキテクチャとの違いとして挙げられるのは、インターフェースを利用した依存関係の整理に言及している点です。レイヤードアーキテクチャは層分けを言及しているに過ぎないので、インターフェースを取り扱うかはまったく任意です。とはいえ、昨今のシステム開発の現場においてはレイヤードアーキテクチャでインターフェースを利用して、依存関係の逆転を達成することは当たり前のように行われているため、両者の垣根はほとんどないように感じられます。

14.2.3 クリーンアーキテクチャとは

クリーンアーキテクチャは4つの同心円が特徴的な図によって説明されるアーキテクチャです（**図14.10**）。

図14.10が示すのはビジネスルールをカプセル化したモジュールを中心に据えるというコンセプトです。図中のEntitiesはドメイン駆動設計のエンティティを示

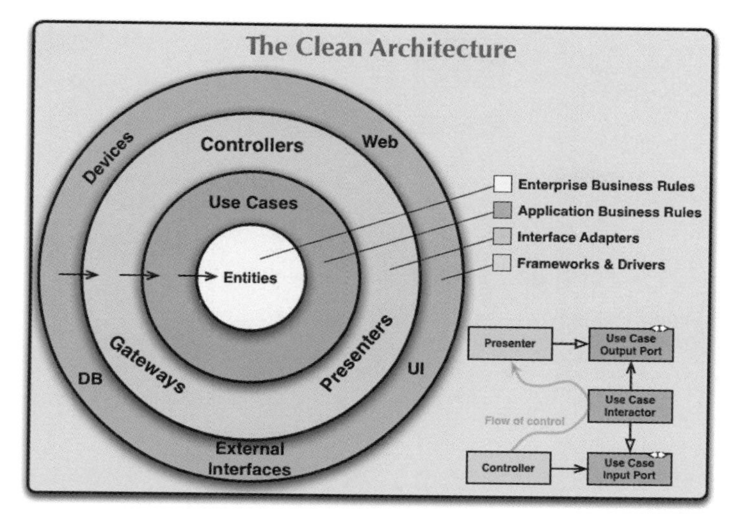

図14.10：クリーンアーキテクチャ

出典：「The Clean Code Blog」より引用
URL：https://blog.cleancoder.com/uncle-bob/2012/08/13/the-clean-architecture.html

しません。クリーンアーキテクチャの文脈で語られるエンティティはビジネスルールをカプセル化したオブジェクトないし、データ構造と関数のセットを指すので、どちらかといえばドメインオブジェクトに近い概念です。

クリーンアーキテクチャはユーザインターフェースやデータストアなどの詳細を端に追いやり、依存の方向を内側に向けることで、詳細が抽象に依存するという依存関係逆転の原則を達成します。

この説明を聞くと勘のよい方であれば次のことに気づくでしょう。すなわち、ヘキサゴナルアーキテクチャと目的としているところが同じであることです。コンセプトが同じであれば、具体的に違う箇所はどこなのかというのは気になるところです。

ヘキサゴナルアーキテクチャとクリーンアーキテクチャの大きな違いはその実装の仕方が詳しく言及されているか否かです。ヘキサゴナルアーキテクチャはポートとアダプタによりつけ外しを可能にするという方針だけがありました。それに比べてクリーンアーキテクチャには、コンセプトを実現する具体的な実装方針が明示されています。

図14.10の右下の図に着目してください。この図こそが具体的な実装方法を表しています。

まずは矢印を見てみましょう。この矢印はよく見ると2種類存在しています。片方は普通の矢印、もう片方は白抜きの矢印。これはそれぞれ依存と汎化を表しています。その観点を念頭において図を改めて眺めてみると**図14.11**に示す＜Ｉ＞という記号にも気づくでしょうか。汎化の矢印が伸びていることからもわかるとおり、モジュールがインターフェースであることを示す印です。Flow of controlはプログラムを実行したときの処理の流れを示しています。

右下の図に則り、実際にコードを実装してみましょう。まずはInput Portです（**リスト14.6**）。

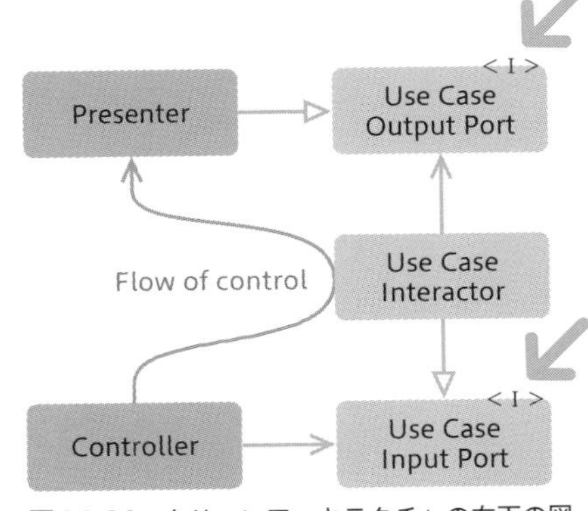

図14.11：クリーンアーキテクチャの右下の図

リスト14.6：InputPortの実装

```
public interface IUserGetInputPort
{
  public void Handle(UserGetInputData inputData);
}
```

InputPortはクライアントのためのインターフェースです。コントローラから呼び出されます。

InteractorはこのInputPortを実装してユースケースを実現します（**リスト14.7**）。

リスト14.7：Interactorの実装

```
public class UserGetInteractor : IUserGetInputPort
{
  private readonly IUserRepository userRepository;
  private readonly IUserGetPresenter presenter;

  public UserGetInteractor(IUserRepository userRepository, ➡
IUserGetPresenter presenter)
  {
    this.userRepository = userRepository;
```

```
    this.presenter = presenter;
  }

  public void Handle(UserGetInputData inputData)
  {
    var targetId = new UserId(inputData.userId);
    var user = userRepository.Find(targetId);

    var userData = new UserData(user.Id.Value, user.Name.Value);
    var outputData = new UserUpdateOutputData(userData);
    presenter.Output(outputData);
  }
}
```

UserGetInteractorはちょうどアプリケーションサービスのメソッドをそのままクラスにしたものです。これまでのアプリケーションサービスと異なる点は、結果を出力する先がpresenterと呼ばれるオブジェクトになっている点です。

UserGetInteractorはIUserGetInputPortを実装しているので、**リスト14.8**のようなスタブを作ることが可能です。

リスト14.8：テスト用のスタブ

```
public class StubUserGetInteractor : IUserGetInputPort
{
  private readonly IUserGetPresenter presenter;

  public UserGetInteractor(IUserGetPresenter presenter)
  {
    this.presenter = presenter;
  }

  public void Handle(UserGetInputData inputData)
  {
    var userData = new UserData("test-id", "test-user-name");
    var outputData = new UserUpdateOutputData(userData);
```

```
        presenter.Output(outputData);
    }
}
```

クライアントはIUserGetInputPort越しにInteractorを呼び出すので、スタブに差し替えることでテストの実施が可能です。このようにして、テスタビリティを随所で確保することもクリーンアーキテクチャの重要なテーマです。

クリーンアーキテクチャのコンセプトでもっとも重要なことはビジネスルールをカプセル化したモジュールを中心に据え、依存の方向を絶対的に制御することです。これはヘキサゴナルアーキテクチャのコンセプトとほとんど同じものです。

いずれにせよ、ドメイン駆動設計の文脈上でもっとも重要なことはドメインの隔離を促すことです。すべての詳細がドメインに対して依存するようにすることは、ソフトウェアの方針をもっとも重要なドメインに握らせることを可能にします。

DDD 14.3 まとめ

アーキテクチャには共通点があります。それは、一度に多くのことを考えすぎないこと。

人は多くのことを同時に考えることが苦手な生き物です。複数の作業をこなすのであれば、並行的に作業をこなすマルチタスクよりも単一の作業を複数こなすシングルタスクを連続して行う方が作業効率はよかったりします。アーキテクチャは方針を示し、各所で考える範囲を狭めることで集中を促します。

何をすべきかが明確になると、同時に考える余地も出てくるでしょう。アーキテクチャを採用することはより深いモデルの考察の時間を増やすことに寄与します。

本章で紹介したアーキテクチャに固執する必要はありません。やり方はひとつではないはずです。ドメイン駆動設計においてアーキテクチャは主役ではありません。ドメインの隔離を促すことができるのであれば、どのようなものを採用しても構いません。

ソフトウェアにとってもっとも重要なことはシステム利用者の必要を満たすことや問題の解決を実現することです。その本質に集中するために、ご自身のプロジェクトにとって最適なアーキテクチャを選択してください。

Chapter 15 ドメイン駆動設計のとびらを開こう

今後の学習の手引きをします。

本書もついに最終章です。ドメインの値を表現する「値オブジェクト」から始まり、「エンティティ」や「ドメインサービス」などのひとつひとつのパターンにフォーカスしながら確認をしてきました。それと並行するようにしてひとつのソフトウェアを作り上げる過程にも触れてきました。いまではコードをどのように組み立てるかといった方針も見えてきたのではないでしょうか。
ところで本書の冒頭でお話したことは覚えているでしょうか。ドメイン駆動設計はモデリング手法とそのモデルをコードへ落とし込むための実践的なパターンをまとめたプラクティスです。決して後者だけがドメイン駆動設計ではありません。
読者の皆さんはいまようやくドメイン駆動設計のとびらに手をかけたところです。とびらの先に広がる世界を歩むための旅支度をはじめましょう。

DDD 15.1 軽量DDDに陥らないために

ドメイン駆動設計に登場するパターンだけを取りいれる手法は軽量DDDと呼ばれます。

軽量DDDはあくまでもコードの書き方を主題としているので、開発者だけで完結させることが可能で実践しやすく、短期的にプロダクトのコードにある程度の秩序をもたらします。それゆえ、費用対効果が高く感じられ、ともすればパターンを踏襲することだけで満足してしまいます。

しかしながら、ドメイン駆動設計が目指すことは決してパターンに終始することではありません。パターンを主軸にすることは、すべての問題に技術的な解決を求めるのと何ら変わりないことです。

もっとも重要なことはドメインの本質に向き合うことです。技術的なパターンは絶対的な答えとして君臨するものではなく、ドメインの本質に向き合い、それをうまくコードで表現するためのサポート役として機能します。

常に「どのように表現するか」や「どのように実現するか」といったことを考えていると、ドメインに向き合う余裕が生まれません。パターンは考える余裕を生み出します。そうしてできた余力はドメインに向けるべきです。

ドメイン駆動設計では、ドメインを実装に結びつけるモデリングの手法についても多く語られています。本書の位置づけはパターンを題材にドメイン駆動設計を学ぶ土台として必要な基礎的知識の解説を行うもので、決して皆さんを軽量DDDに導きたいわけではありません。ドメイン駆動設計のモデリング手法すべてに触れることは叶いませんが、代表的な概念だけでもここで触れておきましょう。

COLUMN

パターンの濫用とパターンを捨てるとき

トンカチを手にすると目の前のものが釘に見えて仕方なくなるのと同じように、パターンを覚えるとそれが適用できるチャンスをとにかく探してしまいます。

もちろんトンカチを振るう対象が釘であるなら問題はないのですが、それがネジであったなら明らかに道具を間違えています。パターンは見るものすべてを釘に変えてしまう魔力があります。

ドメインの表現手段としてそうすることが自然であるのであれば、パターンを捨てることを決断することも、ときには必要です。

DDD 15.2 ドメインエキスパートとモデリングをする

友人と旅行に行く計画をして、いざ当日に彼がヘリで迎えにきたら、あなたはきっと驚くでしょう（**図15.1**）。

とあるモノやコトについて語っているときに認識がいつの間にかズレているということはよくあることです。現実では友人がヘリで迎えにくるほどの認識のズレはあまり起こりませんが、ことシステム開発においてはそれとほとんど同じぐらい荒唐無稽な認識のズレが起こりえます。

図15.1：認識のズレ

たとえば「ユーザを登録する」という表現と「ユーザを新規保存する」という表現は結果が同じであってもそこに存在するニュアンスは異なります。前者は直感的であり、後者はよりシステマチックです。この程度の表現の差異であれば開発者以外であっても会話をしながら「"新規保存"はきっと"登録する"ことをいっているのだな」と補完を行えます。私たち人間は会話のエキスパートであるので、初めて聞く単語の組み合わせであっても、自身の経験をもとにある程度の推測が可能です。

しかし、より複雑で繊細な概念を前にすると事情は変わってきます。開発者がシステムに実直な言葉を使えば使うほど、それを聞かされるドメインの精通者は理解を放棄するようになるでしょう。「彼らの言葉は難しすぎる。システム開発のエキスパートである彼らに任せてしまった方がよさそうだ」といった具合にです。

こういった言葉のすれ違いから生じる理解の放棄は、最終的にドメインとコードの断絶という結果に行き着きます。ドメインの概念が捻じ曲げられても、断絶によりそれに気づく機会が与えられず、訂正される機会すらも奪われます。プロダクトのコードは開発者の理解と言葉によって組み立てられ、ソフトウェアはまるで見当違いな方向へ歩み出してしまうのです。

開発者はドメインエキスパートと呼ばれるドメインの精通者たちと会話をしなくてはなりません。ドメインエキスパートはドメインの実践者です（**図15.2**）。決してステークホルダーのことではありません。ドメインのことを知るには彼らが所属している世界がどんなものなのか、彼らから見える景色がどういったものなのかを知らなくてはなりません。同じ労力をかけるのであればシステマチックな表現に変換することよりも、ドメインの概念を捻じ曲げないように共通の言葉でコミュニケーションをするように心がけるべきです。

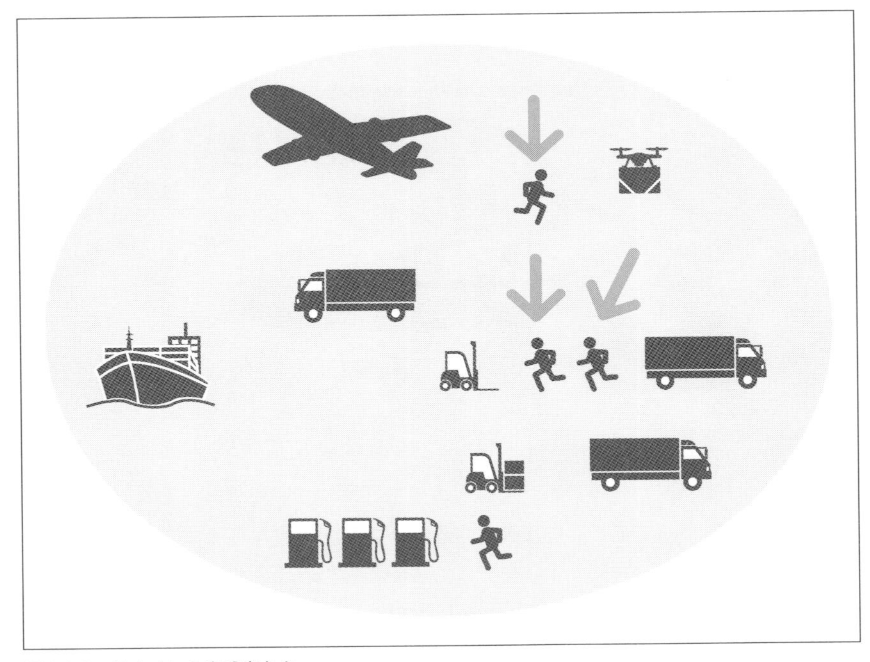

図15.2：ドメインの実践者たち

ドメインの問題を解決するソフトウェアを開発するにあたって、ドメインと向き合うことは避けられません。私たち開発者は、ともすればドメインと向き合うことよりも技術的なアプローチに傾倒しがちです。しかしそれは間違った選択肢です。問題を知らずして答えを導き出すことは不可能であるのと同様に、ドメインの問題を解決する答えを導き出すにはドメインを知る必要があるのです。正しい答えを導き出すためにその背景を知り、それを解決する最善策が何なのかを探し求めることはドメインに向き合うことと同義でしょう。

15.2.1 本当に解決すべきものを見つけよう

ドメインエキスパートとの対話はソフトウェアの方向性を決定するのに有意義です。これは開発者がドメインエキスパートへ迎合するよう推奨しているわけではありません。

ドメインエキスパートが問題としていることが実は些細なことで、本当に解決すべき問題はまったく別のところにあることもあります。ドメインエキスパートに迎合しているばかりでは、その間違いに気づくことができません。真に解決すべき問題は開発者とドメインエキスパートが対話することによって見つけ出されるものなのです。

開発者はドメインエキスパートと協力して、ドメインにおいて有益な概念を作り上げなくてはなりません。そうして作り上げられた概念がドメインモデルと呼ばれているものです。ここで勘違いしてはいけないのが、ドメインモデルはドメインエキスパートが知っているわけではないということです。

そもそも人間は自分が欲しいものについて、案外理解していないものです。ソフトウェアシステムがドメインの活動に対してどのように働きかけることができるのかについて知識のないドメインエキスパートは、自身の活動を助けるものが何であるかわかりません（**図15.3**）。紙とペンしか触れたことがない者がデータベースのことを理解できるはずもありませんし、それを利用することで何ができるのかは想像もつかないはずです。

図15.3：想像できない世界

またドメインエキスパートが保有している知識は膨大ですが、どの知識がシステムの役に立つのかといったことまではわかりません。それを知るにはシステムによって実現できることに関する知識が必要です。

開発者はただドメインエキスパートの言葉を聞くことに徹していてはいけませ

ん。開発者には彼らとの対話を手引きし、システムにとって役立つ概念や知識を引き出す使命があります。必要とあらば開発者がドメインエキスパートに対して、システムを理解するために必要なことを教えることもあります。会話は一方向では成り立ちません。ドメインエキスパートと開発者が協力しながら知識を蒸留することで、ドメインの概念から知識が選び抜かれ、ドメインモデルへと昇華するのです。

残念ながら世の中にはドメインエキスパートの業務をサポートするソフトウェアを開発するプロジェクトでありながら、ドメインエキスパートがまったく関わらない（もしくは関われない）プロジェクトが存在します。会議が開発者とステークホルダーの間で行われたり、ときにはあろうことかステークホルダー間で行われてすべてが決まることすらあります。ソフトウェアを利用する当事者に対するインタビューはステークホルダーを通して行われます。当然ながらそのような状況では、価値あるドメインモデルが作り上げられることはなく、できあがったソフトウェアの扱いづらさにシステムの利用者たちは陰口を惜しみません。「新しいシステムは本当に使えない」と。

知識を蒸留する作業は開発者とドメインエキスパートが共同して行えるようにすべきです。そうすることで開発者はアプリケーションが何をすべきかという表面的なことだけではなく、ドメインエキスパートの問題は何なのかといったことに目を向けます。これがきっかけとなり、開発者は無味無色なソフトウェアを開発するのではなく、問題の解決に向けて動き出すようになります。

もしもあなたがプロダクトオーナーやステークホルダーといった立場で、プロジェクトを成功させたいと願うならば、ひとつアドバイスがあります。あなたがドメインエキスパートと会話をする仲介者としてふるまうのではなく、開発者とドメインエキスパートの会話の機会を増やすよう働きかけてください。ビジネスの視点を開発者に共有し、彼らに主体となって取り組んでもらうよう仕向ける方法としてこれ以上のものはありません。

15.2.2 ドメインとコードを結びつけるモデル

ソフトウェア開発の最終成果物はコードです。モデルはドメインとコードを結びつけるために存在します。

しかしながら、ときに開発者は専門家によるモデルを押し付けられることがあります。ソフトウェアとして実装することに対する配慮が欠けたおよそ実現不可能なモデルです。この類のモデルが与えられたとき、開発者は無遠慮なモデルを参考に、改めて技術的に実現可能なモデルへと組み替える作業を行うことになります。そのようにしてできあがったモデルは、重要な知識が欠けていることもあれば、不要な知識にまみれていることもあります。

ドメインに対する気づきは対話の場ではなく、設計や実装の段になって表れることもあります。モデルが設計と断絶していると、そうした気づきをフィードバックして、ドメインモデルを成長させる機会を失うことになります。

ドメインとコードはモデルを通じて繋げることができます。そしてお互いを常に行き来することで、ソフトウェアにとって役に立ち、なおかつドメインの知識を凝縮したドメインモデルを手にいれることができるのです(**図15.4**)。

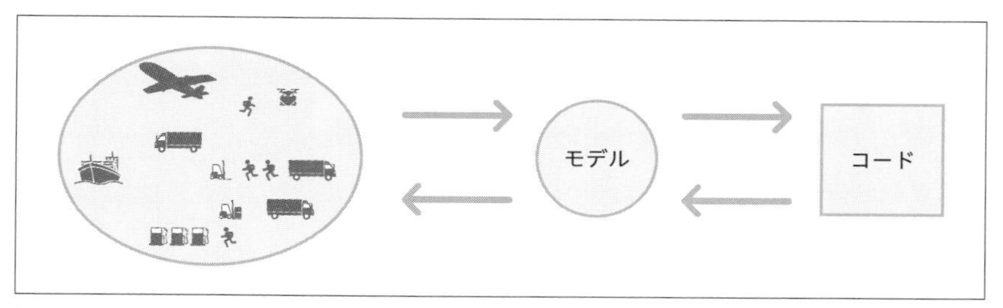

図15.4：モデルとコードの相互的フィードバック

DDD 15.3 ユビキタス言語

人はみな、言葉によって意思疎通を図ります（**図15.5**）。プログラミングにおけるパターンはその代表です。ここまでこの本を読み進めたみなさんであれば「エンティティ」という言葉の指すモノが何なのかをもう十分にわかるはずです。人間はモノやコト、概念に名前を付け、それに対する認識を共有することで、意思の疎通を図ることができます。

当然のことながら、もしもひとつの概念に複数の名前が付けられていたら混乱を引き起こします。本来であればそんなことは避けるべきことのはずですが、しかしソフトウェア開発の現場においては容易に起こります。

たとえば先の例のドメインエキスパートは「ユーザを登録する」と表現しているのに、開発者は「ユーザを新規保存する」と表現しているような場合がまさにそうです。同じ操作のことを表現しているのにドメインエキスパートと開発者とで表現が異なってしまっています。

図15.5：名前による認識の共有

開発者の頭の中は常に技術的なことでいっぱいです。「ユーザの登録」と聞くとすぐさまリレーショナルデータベースとSQLが頭を過り、ユーザを登録するという本質ではなく「ユーザのデータをデータストアに新規保存する」という具体的な処理に集中してしまいます。これは職責上、仕方がないことで、何ら責められるいわれはありません。

しかしドメインエキスパートと開発者がまったく異なる言葉で会話することは、意思疎通をする上で大変な障害になりえます。開発者はドメインエキスパートから価値あるドメインモデルを引き出す必要があります。そのためにもドメインエキスパートと同じ言葉で会話をしなくてはなりません。

もちろん開発者同士であっても、言葉の揺れは問題になります。たとえば「ユーザを登録する」というユースケースに変更が加わったときのことを考えてみましょう（**リスト15.1**）。

リスト15.1：ユーザを登録する処理はいずこに

```
public class UserApplicationService
{
  public void SaveNew(UserSaveNewCommand command);
  public void Update(UserUpdateCommand command);
  public void Remove(UserRemoveCommand command);
}
```

クラスの定義を確認しても「ユーザを登録する」処理が見当たりません。もちろんプロジェクトに慣れ親しんだ開発者であれば、UserApplicationService.SaveNewメソッドが「ユーザを登録する」処理であることを知っているので、すぐさまこのメソッドの修正に取り掛かることはできます。しかしプロジェクトに参画したばかりの開発者であったならば、「ユーザを登録する」処理に相当するメソッド名は見当たらないので、まずはコードを吟味することから始める必要があります。

このようなわずかな言葉の揺れが小さなストレスとなり、それが積み重なって膨大なコストになるのです。言葉の変換に労力を費やすよりも、もっと本質的なことに集中する方が有意義です。開発者同士であっても共通の言語で会話をするに越したことはないでしょう。

プロジェクトには認識の齟齬や翻訳にコストをかけないためにも共通言語を作ることが求められます。そういったプロジェクトにおける共通言語のことをユビキタス言語といいます。ユビキタスは「いつでもどこでも存在する」といった意味です。つまり、ユビキタス言語には、プロジェクトのいたるところで使われなくてはならないという意味が込められています。ドメインエキスパートとの会話はもちろん、開発者同士の会話においてもユビキタス言語は使われ、そしてコードにもユビキタス言語は現れます。

ユビキタス言語は開発者の言葉ではなくドメインエキスパートの言葉で会話をすることから、一見すると開発者が譲歩して彼らの言葉で語るように促しているように見えますが、それほど単純なものではありません。ユビキタス言語はプロジェクトのために作られる共通言語であって、決してドメインエキスパートの言葉をそのまま扱うことではないのです。彼らの言葉はシステムにとって扱いづらいことがあります。

もしも会話をするうちに言葉の定義が不正確であったり曖昧であることが発覚したときには、より適した表現を探すことになります。それはドメインエキスパート側から指摘することもあれば、ときに開発者の指摘により訂正されることもあります。

そうして双方向にユビキタス言語を改良し合うことで、開発者はドメインに対する理解を深め、ドメインエキスパートは開発者が欲する知識がどういったものかの感覚を養っていくのです。

言語は文化です。お互いの言葉をかみくだき会話を行うための言語基盤を作ることは、まさにお互いの文化を知るための交流です。

15.3.1 深い洞察を得るために

モデルに対する深い洞察を得るためにはユビキタス言語による会話が重要なファクターとなります。

私たちは自身の母国語でない言葉で会話を行うとき翻訳を必要とします。集中すべきはその会話の内容であるにもかかわらず、その言葉の意味を考えることに躍起となります。そこにかけられる労力は大なり小なり必ず存在し、無意識的にコストを支払っていることになります。そのコストは同じ言語で会話をしていたのであれば、存在しなかったものです。翻訳はコミュニケーションを停滞させる原因のひとつです。

ユビキタス言語が十分に浸透していない、あるいはまったく使われないプロジェクトは常に翻訳をしている状況です。ドメインエキスパートは技術的な専門用語やシステムのことを理解せず、独自の専門用語で会話を行い、開発者たちはその言葉を自分たちの言葉へ翻訳することに躍起となります。そこに支払われるコストは如何ほどのものでしょうか。

議論の背後にあるニュアンスは刹那的なものですが、ときにそれが重要な概念のヒントにもなります。ドキュメントにすら表れないそれを見逃さないために、私たちは会話に集中する必要があります。翻訳などにかまけている暇はありません。

開発者たちはよくわからないドメインを理解しようと努力をしますが、ドメインエキスパートの協力を得られなかった結果として待っているのは中途半端な理解、あるいは誤解です。その理解や誤解は開発チームの中で共有され、最終的にはドメインの概念とは程遠いオブジェクトとして具現化されます。物語の結末としては大層笑える悲劇でしょう。

こうした喜劇然とした悲劇を防ぐためにもっとも重要なことは、双方が同じ国の言語で会話をしていたとしても、実は方言で会話をしていることに気づくことです。そこに断絶があることを認識することです。

中途半端な理解や誤解はプロジェクトが進むにつれて深刻な問題を引き起こしていきます。同じコストを支払うのであれば翻訳のコストではなく、プロジェクト共通の言語であるユビキタス言語を策定し、維持することにコストをかけた方がずっと有意義です。

最初はうまくいかないでしょう。新しい言語を覚えるときと同様、ギブスを嵌められたような感覚になるのも当然です。しかし、習得しさえすれば、翻訳を常に行いながら会話をするときよりもずっと流暢に会話できるようになるのです。

ユビキタス言語を使い会話をしていくと、ドメインの概念を伝える際に扱いにくい用語や曖昧な言葉に気づくことがあります。これこそが深い洞察のきっかけです。どうして扱いにくいのか、何が曖昧なのかといったことを開発者とドメインエキスパートで指摘し合うことによりモデルはより深い洞察をもって洗練され、ドメインの知識を語るようになるのです。

15.3.2 ユビキタス言語がコードの表現として使われる

ユビキタス言語はいたるところで利用されます。つまり、会話はもちろん、ドキュメントにおいてもユビキタス言語を用いて記述を行い、最終的な成果物であるコードにも利用されます。

「ユーザの名前を変更する」という表現がドメインにとって自然な表現であれば、「名前を変更する」という言葉を忠実にコードで表現すべきです（**リスト15.2**）。

リスト15.2：ドメインにとって自然な表現をする

```
public class User
{
  public void ChangeName(UserName name)
  {
    (…略…)
  }
}
```

もしも開発者が「変更する」という自然な表現を無視し、実装上の仕組みであるデータの更新に着目してしまった場合、コードは更新を推し出す形になります（**リスト15.3**）。

リスト15.3：ドメインにとって不自然な技術的表現をしてしまう

```
public class User
{
  public void UpdateName(UserName name)
  {
    (…略…)
  }
}
```

結果としてUserクラスの定義の上からは「変更する」という表現は消えてしまいます。このコードと付き合っていくには、ドメインエキスパートが「名前の"変更"」と表現するたびに、開発者は意識的にコード上では「名前の”更新”」で表現されているという変換を行う必要があります。これほど見通しのよいコードであれば問題は起こりづらいですが、もっと深い齟齬 —— それこそクラス名からして異なるような場合には、翻訳作業が困難になっていきます。

また、「名前の変更」というユビキタス言語にしたがって表現していないと、修正の正当性を関係者すべてが理解できるというチャンスを失うことになります。たとえば「名前の変更」におけるルールが変更になったとき、UpdateNameを変更したことの正当性は開発者にしかわかりません。それが「名前の変更」ではなく「名前の更新」だからです。

コードがドメインモデルをそのまま表現できていれば、ドメインの変化はそのままコードへ適用できるようになります（**図15.6**）。モデルをコードで表現するときにユビキタス言語を利用することは設計とコードを結びつける大切な作業です。

図15.6：ドメインの変化がコードへ伝わる

COLUMN

ユビキタス言語と日本語の問題

一般的にプログラムコードであるクラスの定義やメソッドの定義は英数字により構成されます。そこで問題になるのが英語と日本語の壁です。

本文中でも出てきた「ユーザは名前を変更する」という表現を正確にコードに表すと**リスト15.4**のようになるべきです。

リスト15.4：ユーザのエンティティを日本語で記述する

```
public class ユーザ
{
  private ユーザ名 name;

  public ユーザ(ユーザ名 name)
  {
```

```
      this.name = name;
    }

    public void 名前を変更する(ユーザ名 name)
    {
      if (name == null)
        throw new ArgumentNullException(nameof(name));
      this.name = name;
    }
}
```

リスト15.4のコードはユビキタス言語にしたがったものですが、日本語でコーディングするのはかなり強烈な制約です。英数字でないとコードエディタのインテリセンス（コード補完）の恩恵を受けることができなかったり、そもそもプログラミング言語によってはマルチバイトでの記述が不可能な言語も存在します。

反対にドメインエキスパートに対して英語で会話をするよう要請するというのも不可能です。彼らには彼らの業務があります。そこまでの助力を得ることは難しいでしょう。

結局のところ会話は日本語で行い、それを英語に翻訳したものをクラス名やメソッド名に採用するというのが現実的な妥協案であると考えます。もちろん、英訳として最適なものが何かといった問題はつきまとうことになるのですが。

DDD 15.4 境界付けられたコンテキスト

ユビキタス言語と並ぶほど大きなトピックが境界付けられたコンテキストです。境界付けられたコンテキストはドメインの国境のようなものです。国の境を越えると扱う言語が異なるようにドメインにも境が存在し、その境を越えるとユビキタス言語は変わることがあります。

ビジネスが一枚岩であることは稀です。ユビキタス言語を策定しながらビジネスへの理解を深めていくと、同じものを指しながら言葉が少し違ったりすることや、逆に言葉が同じでありながら意味が少し異なるといった状況に出会います。これは定義が揺れていることを必ずしも示しているわけではありません。もしそのような状況に直面したのであれば、あなたはいま複数のコンテキストの境界に立っている可能性があります。

たとえばこれまでサンプルにしてきたアプリケーションをベースに考えてみましょう。いまアプリケーションにはユーザとサークルの2つのモデルが存在します。ユーザは利用者がソフトウェアを利用し始めるときに必ず登録をする、いわばシステム上の分身です。サークルは趣味を共有するなどの目的をもったグループです。ユーザはサークルを作ったり、任意のサークルに所属したりできます。ここまでは問題ありません。

ところでシステムを利用するときのログインはどうでしょうか。利用者はユーザとしてログインを行うことで、システムの利用を開始します。ログインの際にはIDとパスワードが必要です。IDについてはユーザ名を代用したりすることもできますが、パスワードについては専用のフィールドが必要です。**リスト15.5**のコードはUserクラスに新たなパスワードの属性を追加し、認証できるようにしています。

リスト15.5：パスワードの認証ができるようにメソッドを追加する

```
public class User
{
  private UserName name;
  private Password password;

  public User(UserId id, UserName name, Password password)
  {
    if (id == null) throw new ArgumentNullException(nameof(id));
    if (name == null) throw new ArgumentNullException➡
(nameof(name));
    if (password == null) throw new ArgumentNullException➡
(nameof(password));

    Id = id;
    this.name = name;
    this.password = password;
  }
```

```
  public UserId Id { get; }

  public void ChangeName(UserName name)
  {
    if (name == null) throw new ArgumentNullException(nameof➡
(name));

    this.name = name;
  }

  public bool IsSamePassword(Password password)
  {
    return this.password.Equals(password);
  }
}
```

パスワードは値オブジェクトでその実態はハッシュ化されたダイジェスト値を保持し、ダイジェスト値同士の比較を行うことでパスワードが一致しているかの確認を行います。ここで問題となるのはパスワードが同じであるかを比較するメソッドをユーザというドメインモデルを表現するUserオブジェクトのふるまいとして定義すべきかということです。

サークルを作ったり、所属したりするユーザとシステム上のユーザは同じ単語でありながら、その背景や目的がまったく異なっています。もともとのユーザの活動にパスワードという概念はなかったはずです。これは視点が変わることにより、着目すべき内容が変わっていることを意味しています。

こうしたとき、無理に同じオブジェクトに同居させるよう固執する必要はありません。同じ名前でありながら、まったく別のオブジェクトとして定義してしまう方が素直でしょう（**リスト15.6**）。

リスト15.6：別のオブジェクトとして定義する

```
namespace Core.Model.Users
{
  public class User
  {
```

```
    private UserName name;

    public User(UserId id, UserName name)
    {
      if (id == null) throw new ArgumentNullException➡
(nameof(id));
      if (name == null) throw new ArgumentNullException➡
(nameof(name));

      Id = id;
      this.name = name;
    }

    public UserId Id { get; }

    public void ChangeName(UserName name)
    {
      if (name == null) throw new ArgumentNullException(nameof➡
(name));

      this.name = name;
    }
  }
}

namespace Authenticate.Model.Users
{
  public class User
  {
    private Password password;

    public User(UserId id, Password password)
    {
```

```
        if (id == null) throw new ArgumentNullException➡
(nameof(id));
        if (password == null) throw new ArgumentNullException➡
(nameof(password));

        Id = id;
        this.password = password;
      }

      public UserId Id { get; }

      public bool IsSamePassword(Password password)
      {
        return this.password.Equals(password);
      }
    }
}
```

同名のクラスを存在させることは不可能ですので、パッケージによって分割します。CoreパッケージとAuthenticateパッケージは同じドメイン上にあっても別のシステムです。これによりそれぞれのユーザはまったく別のモデルとして表現することが可能になります。

さらにいえばコンテキスト同士は別のシステムですので、同じデータソースを利用していたとしても、データソースを操作する具体的な技術基盤が異なっていても構いません。一方ではＳＱＬを組み立てて直接実行しているのに対して、もう片方ではORMを利用するといったことも可能です。こうした構成はレガシーなシステムと同居する際によく見られます。

システムが大規模になればなるほど、統一したモデルを作ることは現実的でなくなってきます。それでも無理に統一した結果としてできあがるコードは、巨大でしがらみの多いオブジェクトです。それぞれのコンテキストの事情により複雑化したそれは、変化することに強い抵抗を生むでしょう。

変化に対する摩擦を防ぐためには、モデルに対する捉え方が異なる箇所でシステムを分割します。そうしてできあがったそれぞれの領域ごとに言語の統一を目指します。領域を分けることは境界を引くことと同義で、まさに境界付けられたコンテキスト（文脈）というわけです。

DDD 15.5 コンテキストマップ

境界付けられたコンテキストにより細分化することは各コンテキストの理解のしやすさに貢献はしますが、反対にコンテキストが連なったドメインの全体像をぼやけさせます。ソフトウェアを変化させるために特定のコンテキスト内で改修を行っていると、ひとつのコンテキストに集中するあまり、それ以外のコンテキストとの関係は見落としがちになります。

たとえばリソースの問題で節約せざるを得ないとき、Authenticateパッケージのモジュールを開発するチームがユーザの識別子を現在のUserIdではなくUserNameに変更しようとしたときを仮定しましょう。Authenticateパッケージの Userは**リスト15.7**のように変化します。

リスト15.7：ユーザ名を識別子とする

```
namespace Authenticate.Model.Users
{
  public class User
  {
    private Password password;

    public User(UserName id, Password password)
    {
      if (id == null) throw new ArgumentNullException(nameof➡
(id));
      if (password == null) throw new ArgumentNullException➡
(nameof(password));

      Id = id;
      this.password = password;
    }

    public UserName Id { get; }
```

```
    public bool IsSamePassword(Password password)
    {
      return this.password.Equals(password);
    }
  }
}
```

リスト15.7だけを見たときは問題ないように見えます。問題はCoreパッケージのUserで発生します（**リスト15.8**）。

リスト15.8：Coreパッケージも変更しなくてはいけないはずが

```
namespace Core.Model.Users
{
  public class User
  {
    private UserName name;

    // 識別子はUserIdのまま
    public User(UserId id, UserName name)
    {
      if (id == null) throw new ArgumentNullException(nameof➡
(id));
      if (name == null) throw new ArgumentNullException(nameof➡
(name));

      Id = id;
      this.name = name;
    }

    public UserId Id { get; }

    // 識別子となったUserNameが変更できてしまう
    public void ChangeName(UserName name)
    {
```

```
      if (name == null) throw new ArgumentNullException(nameof➡
(name));

      this.name = name;
    }
  }
}
```

CoreパッケージではUserNameを識別子とする修正が行われていません。そのためAuthenticateパッケージを取り扱うチームの修正はCoreパッケージに伝わらず、Userの仕様が異なってしまっています。コンテキストが分けられた結果、それ以外のコンテキストに対する影響を失念していたのです。

こういった混乱を避けるために、コンテキスト同士の関係を定義し、ドメイン全体を俯瞰できるようなものとしてコンテキストマップを作る必要があります（**図15.7**）。

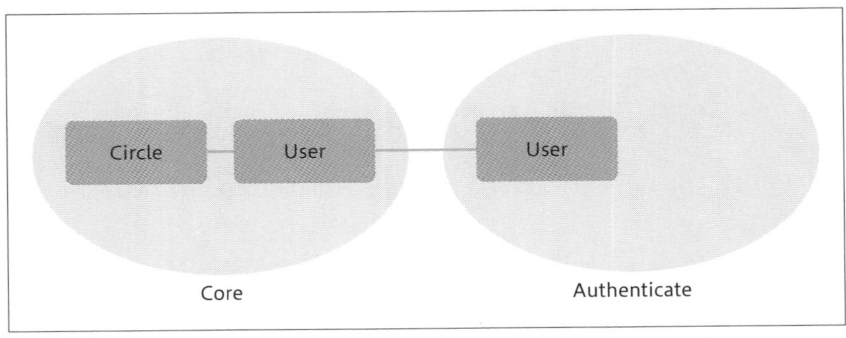

図15.7：CoreパッケージとAuthenticateパッケージのコンテキストマップの一例

開発者はコンテキストマップを確認して、モデル同士の関係性を把握しながら開発を行っていきます。

15.5.1 テストがチームの架け橋に

システムが大きくなるにつれて、開発チームも段々と大きくなっていきます。すべての開発者が均等に巨大なドメインに対峙するのは効率的でないため、チームは分割される必要があります。境界付けられたコンテキストはチームの輪郭になるでしょう。

自身のコンテキストにおいて変更が必要になったときにはコンテキストマップを確認し、もしも隣接するコンテキストに影響があるようであれば、該当するコンテキストを管理するチームと交渉を行う必要があります。

場合によっては一方の管理するコンテキストのモジュールに変更を加えて提供してもらう必要がある場合もあり、コンテキスト同士の関係は上流と下流に分かれることもあります。この関係性は上流のチームに余裕があれば問題はありませんが、たとえば他にも下流となる多くのチームを受けもち、そこからの要望を捌(さば)ききれなかったりすると問題になります。

上流チームは基本的に自分たちがクリティカルパスであることを認識しており、下流チームの要望を叶える必要があることも認識しています。しかし、現実問題として作業する人員が不足していたとしたら複数のチームの要望を同時に満たすことはとても困難です。こうしたとき、2つのチームを繋ぐ架け橋はテストです。

つまり、下流チームは上流チームと協力して、期待する仕様のテストを作り上げるべきです。上流のチームはテストを実行することで、仮に修正による影響が意図せず破壊をしたとしても、テストがそれを検知することで上流のチームはその例外に気づくことができます。

理想は下流のチームが上流を意識せず集中できるようにすることです。さもなければ継続的なモデルの変更を行うなど夢のまた夢なのです。

もしもあなたがプロバイダならクライアントに対して協力を要請してください。もしもあなたがクライアントならプロバイダに対して協力を表明してください。2つのチームを繋げるものはテストです。

DDD 15.6 ボトムアップドメイン駆動設計

ものごとに対するアプローチはトップダウンとボトムアップの2種類があります。ドメイン駆動設計は果たしてどちらでしょうか。

筆者はドメイン駆動設計はボトムアップのアプローチであると捉えています。

ドメイン駆動設計においてはドメインが主役です。何のソフトウェアを作るのかは二の次です。実際にドメインエキスパートが必要と判断したものが、問題を紐解いていった結果、見当違いであると判明することもあります。作るものありきでなく、まずは問題を紐解くことから始めるアプローチは、まさにボトムアップであるといえます。

本書のアプローチもまたボトムアップです。ドメイン駆動設計の構成する要素のうち、もっとも根底にあるものからひとつひとつ解説してきました。そして、その解説自体も、トップダウンにそれが何であるかを紹介するのではなく、必ずそこにある問題を提示し、紐解く作業を添えています。本書はドメイン駆動設計のパターンを伝えると同時に、その実践の手本として、新たな知識との向き合い方を伝えているのです。

ある知識を得るために、前提となる知識が必要となることは多くあります。なるほど知識は連鎖するものです。ボトムアップに知識を積み上げていけば、必ずや理解へ到達することでしょう。

DDD 15.7 まとめ

本書で解説してきたようにボトムアップにドメイン駆動設計を実践するだけでもコードは驚くほど見違えたものになります。その先には輝かしいソフトウェアの発展が待ち受けているでしょう。

ドメイン駆動設計の目的はドメインとコードがモデルを通して繋がり、反復的に改善を行っていくことです。決してパターンに盲目的にしたがうことではありません。利用者にとって真に役立つソフトウェアを開発するためには、まずソフトウェアの利用者のことを知ることです。ドメインにおける問題はドメインの世界を知らない限り、本当に理解することは叶いません。

この章で紹介した「ユビキタス言語」や「境界付けられたコンテキスト」などの解説は概要だけにとどめています。なぜならそれを語るのは筆者の役目ではないからです。

この書籍を読んでドメイン駆動設計を身近に感じ、さらなる高みを目指したいと感じたのであれば、是非とも『エリック・エヴァンスのドメイン駆動設計』を手に取ってみてください。そこにあるのはひとりの開発者の物語です。本書で説明しなかった多くの想いはエリック自身の言葉から受け取ってください。

あなたの目の前のとびらに鍵は存在しません。いまこそドメイン駆動設計のとびらを開くときです。

D Appendix

ソリューション構成

ソリューション構成を紹介します。

ソリューション構成は最初に決定しなくてはいけないことながら、悩みどころでもあります。本書で学んだことをいますぐ実践するためには、このハードルを乗り越える必要があります。
本付録ではレイヤードアーキテクチャを例に取り、どのようなソリューション構成にしてそれぞれのレイヤーを配置していくかについて解説していきます。

DDD A.1 ソフトウェア開発の最初の一歩

ソフトウェアを開発するにあたって、まず最初にしなくてはいけない作業はソリューションの構成を決めることです。しかしながら、ソリューション構成は悩みどころです。なぜなら、ここでの決定はそのプロダクトを手放さない限り長い付き合いになるからです。

もちろん、開発者はリファクタリングに対して前向きです。しかし、プロジェクトをまたがるリファクタや、プロジェクト構成自体を変更するリファクタには抵抗を感じることも否めません。それゆえ、ソリューション構成を決めることは重大に感じられてしまうのです。

こうした事情から、開発者はソリューション構成を決定することに慎重になっています。そこでこの付録では、皆さんの背中を押す意味を込めて、ソリューション構成を決める際の考慮事項と具体的なソリューション構成について提示していきます。

COLUMN

C#特有のプロジェクト管理用語

Visual StudioでC#を使ったプログラム開発を始めると、最初にプロジェクトとソリューションが作られます。

プロジェクトはプログラムを作るために必要なファイルを管理するもので、実際のソースコードや画像などのリソースが収められます。

ソリューションはそれらのプロジェクトを束ねて管理するものです。

Javaに置き換えて説明するならIntelliJ IDEAのプロジェクトがソリューションに相当するもので、モジュールがプロジェクトです（Eclipseではそれぞれワークスペースとプロジェクト）。

4つのレイヤーのパッケージ構成

本付録では第14章『アーキテクチャ』で紹介したレイヤードアーキテクチャを例にパッケージ分けを考えていきます。

ここで例にするレイヤードアーキテクチャは次の4つのレイヤーで構成されています。

- プレゼンテーション
- アプリケーション
- ドメイン
- インフラストラクチャ

ソリューション構成について考える前に、まずはそれぞれのパッケージ構成を確認していきましょう。

なお、プレゼンテーションレイヤーはASP.NET Core MVCのプロジェクトになるのでパッケージ構成の解説は割愛します。

A.1.1 ドメインレイヤーのパッケージ構成

最初に確認するのはもっとも気になるであろうドメインレイヤーです。このレイヤーでは技術的なライブラリに対する依存はしません。

図A.1はドメインレイヤーのパッケージ構成図です。

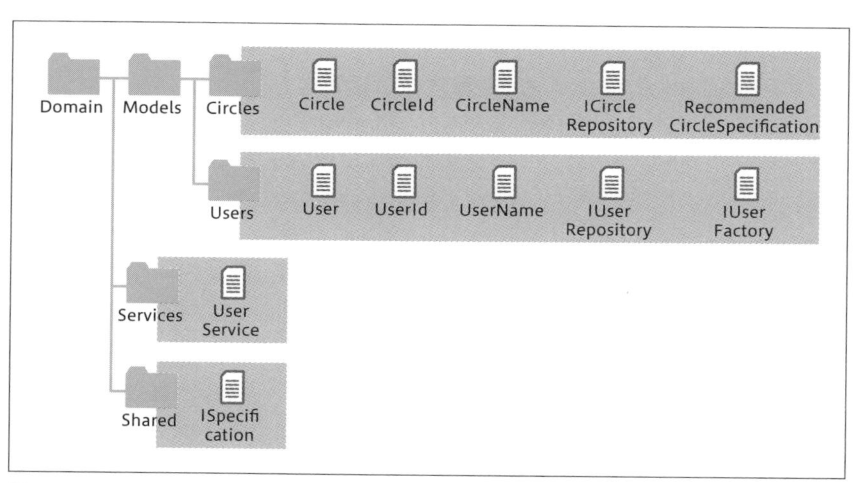

図A.1：ドメインレイヤーの構成

図A.1ではルートパッケージはDomainとなっていますが、実際には境界付けられたコンテキストの名称になるでしょう。ドメインレイヤーのパッケージ構成は大きく3種類に分けられます。

1つ目のDomain.Modelパッケージはドメインオブジェクトが配置されます。集約を構成するエンティティや値オブジェクトはもちろんのこと、集約の生成を担うファクトリやリポジトリ、仕様もここに所属します。

Model直下のパッケージ名がCirclesやUsersといったように複数形になっているのは、C#ではクラス名と名前空間（パッケージ名）が衝突することが許されていないため[*1]です。C#以外のクラス名と名前空間が同じ名前でも問題が起きないプログラミング言語では単数形にすることが多いです。

ところで、ファクトリやリポジトリがエンティティや値オブジェクトといったドメインオブジェクトのパッケージに同居することに驚いたでしょうか。パッケージ分けをする際に、属性に着目するとDomain.FactoriesやDomain.Repositoriesといったパッケージを準備することを思いつくこともあります。しかし、それはあまりよい考えではありません。

たとえば同じ切るものであるからといって、カッターと包丁を同じ戸棚にしまっておくでしょうか。同じすくうものであるからといって、レードルとスコップを同じ引き出しにしまっておくでしょうか。属性に着目したパッケージ分けには、これと同種のおかしさがあります。

Userにはファクトリやリポジトリがあります。ファクトリでオブジェクトは作成され、リポジトリでオブジェクトは再構築されます。Userのコンストラクタは必ずファクトリやリポジトリによって呼び出されることを想定しています。そのことを後続の開発者に気づかせるヒントとするために、Userのファクトリやリポジトリは User と同居する必要があるのです。

常にそれが正しいことではありませんが、パッケージを分ける際には属性に着目するのでなく、意味的なまとまりを意識するとよいでしょう。

また、ファクトリやリポジトリと同じ理由で仕様もドメインオブジェクトと同居します。仕様が多くなってくるようになったらDomain.Model.Circles.Specificationといったように Circles 直下に専用パッケージを作ってもよいでしょう。

次にDomain.Serviceパッケージの解説です。これはドメインサービスが配置されるパッケージです。

サービスオブジェクトは複数種のドメインオブジェクトを操作することがあります。そのため、中立的なDomain.Serviceパッケージに配置しています。ただし、UserServiceはUserクラスと密接に関わるサービスオブジェクトですので、Domain.Model.Usersパッケージに含める選択肢は考慮の余地があります。

残りのDomain.Sharedパッケージは必ずしも必要になるわけではありません。**図A.1**でこのパッケージに配置されているISpecificationは他のプロジェクトでも利用できるものです。共通プロジェクトとして括り出してしまい、Domainパッケージがそれに依存する形に仕立てることも可能です。

[*1] 厳密には衝突しても問題ありませんが、修飾名が必要になってしまいます。

A.1.2 アプリケーションレイヤーのパッケージ構成

アプリケーションレイヤーのパッケージ構成は**図A.2**です。

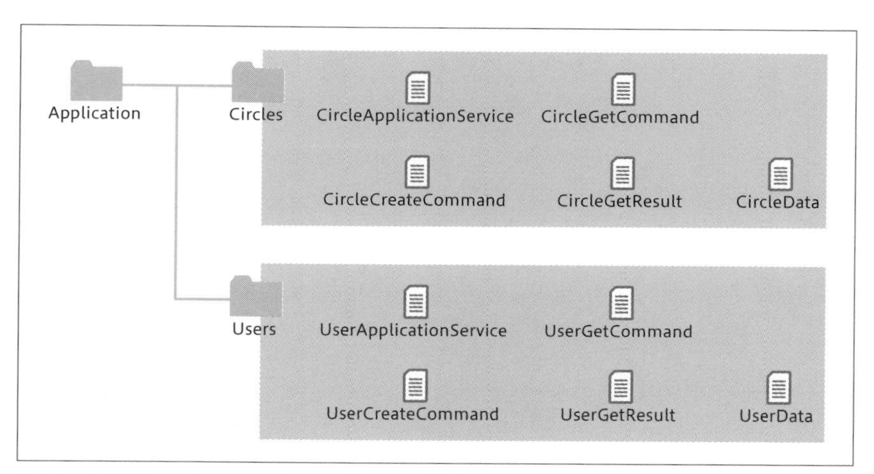

図A.2：アプリケーションレイヤーのパッケージ構成

コマンドオブジェクトなどを利用するために、アプリケーションサービスごとにパッケージを分けています。パッケージ内部のファイルが多くなりすぎる場合には直下にパッケージを作って整理することを考慮します。

なお、第14章『アーキテクチャ』で紹介したクリーンアーキテクチャのようにユースケースごとにクラスを分けた場合は**図A.3**の構成になります。

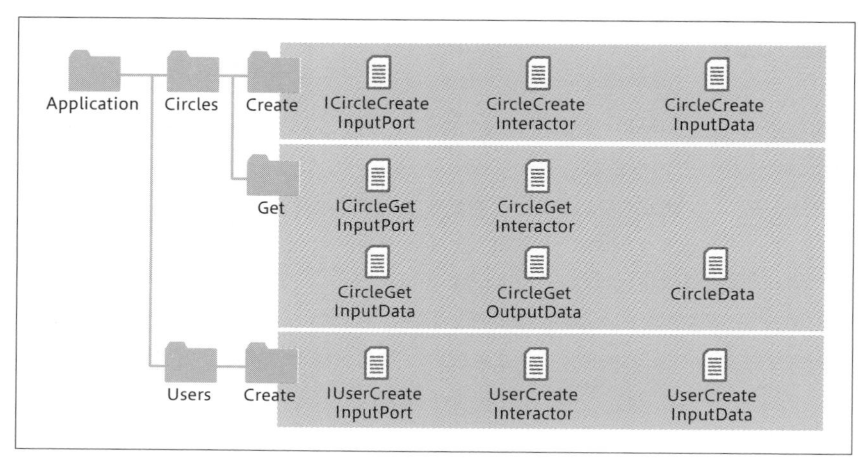

図A.3：クリーンアーキテクチャに寄せた構成

A.1.3 インフラストラクチャレイヤーのパッケージ構成

インフラストラクチャレイヤーのパッケージ構成図は**図A.4**です。

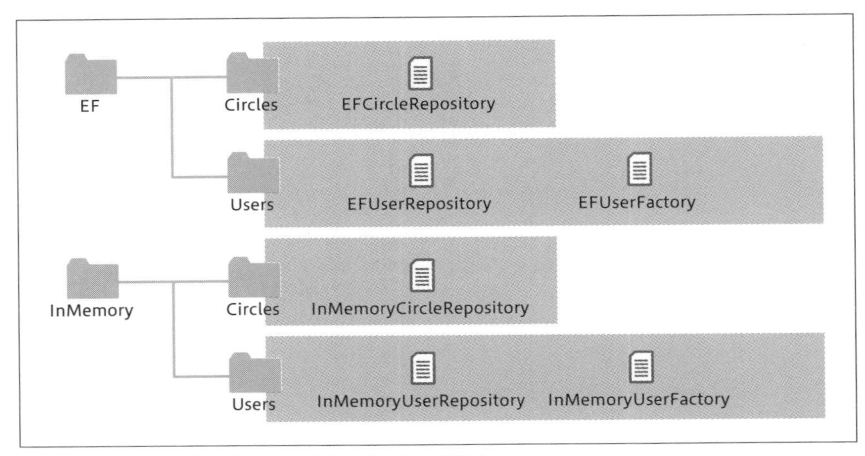

図A.4：インフラストラクチャレイヤーパッケージ構成

インフラストラクチャはベースとなる技術基盤ごとにパッケージを分けていますが、同一のパッケージにする選択肢もあります。

DDD A.2 ソリューション構成

各レイヤーのパッケージ構成を確認したところで、いよいよソリューション構成について確認していきましょう。

ソリューション構成を決めていくにあたって、方針は大きく次の3つに分かれます。

1. すべてをひとつのプロジェクトにする
2. すべてを別のプロジェクトにする
3. アプリケーションとドメインだけ同じプロジェクトにする

この中で推奨したいのは2と3ですので、本付録ではこれら2つを掘り下げて確認していきます。

A.2.1 すべてを別のプロジェクトにする

すべてを別のプロジェクトにしたときのソリューション構成は**図A.5**です。

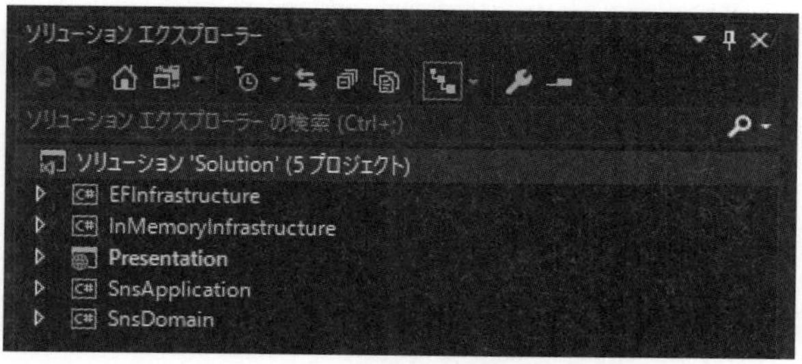

図A.5：インフラストラクチャパッケージの構成

このパッケージ構成はドメインレイヤーの再利用を考慮しています。SnsDomainパッケージは他のプロジェクトからも参照できるので、そこに含まれるオブジェクトを再利用して新たなアプリケーションを作ることが可能です。

その反面、アプリケーションサービスとドメインオブジェクトが別のプロジェクトになるため、**リストA.1**のようにドメインオブジェクトのメソッドをpublicにして公開する必要があります。

リストA.1：ドメインオブジェクトのメソッドがpublicになる

```
public class User
{
  (…略…)


  public void ChangeName(UserName name)
  {
     (…略…)
  }
}
```

メソッドの公開範囲が広がると、本来アプリケーションサービスで呼び出されることを想定したメソッドがどこか他のところで呼び出せるようになります。そのため、本来アプリケーションサービスに記述されるべきコードがプレゼンテーションレイヤーに分散してしまうこともあるでしょう。

もちろんレイヤーをまたぐデータの受け渡しをする際に、確実にDTOに詰め替えを行うことでそれは防げます。しかし、可能であればシステマチックに避けたいところです。

A.2.2 アプリケーションとドメインだけ同じプロジェクトにする

ドメインオブジェクトのメソッドを呼び出せるクライアントはアプリケーションサービスに限定する。そんな願いを叶えるのがアプリケーションとドメインだけ同じプロジェクトにする選択肢です（**図A.6**）。

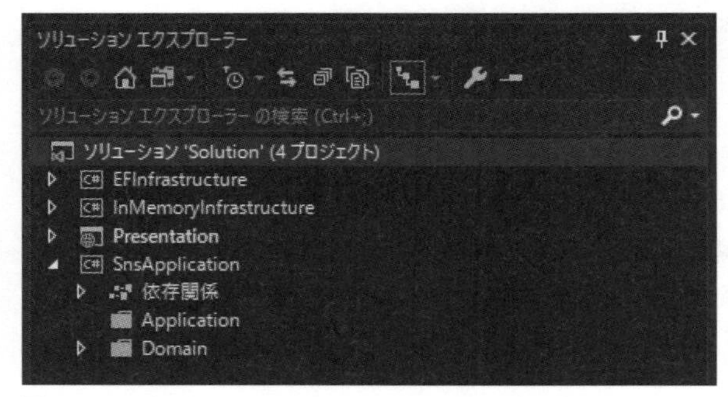

図A.6：アプリケーションとドメインだけ同じプロジェクトにする

この構成であれば**リストA.2**のようにinternal修飾子を使うことで、公開範囲を狭められます。

リストA.2：internal修飾子を使う

```
public class User
{
  (…略…)

  internal void ChangeName(UserName name)
  {
    (…略…)
  }
}
```

internalの公開範囲は同一プロジェクトです。別のプロジェクト（**図A.6**でいうEFInfrastructureやInMemoryInfrastructure、及びPresentation）からはアクセスできません。

この構成であれば、意図せぬメソッド呼び出しを防止できるでしょう。ただし、プロジェクト内に定義されているドメインオブジェクトをそのまま再利用して別のアプリケーションを構築することはできなくなります。

A.2.3 言語機能が与える影響

プログラミング言語にはそれぞれ特色があり、その特色がパッケージ構成に影響を与えることがあります。

たとえばJavaではアクセス修飾子を付けないとパッケージプライベートと呼ばれる公開範囲になります。C#のinternalは同一プロジェクトであればどこからでもアクセスできましたが、パッケージプライベートはそれより狭い同一パッケージに限定します。そのため、本付録で紹介したinternalを使ったアクセス制限のアプローチとはまた異なったやり方になります。

またScalaには限定子と呼ばれる機能があります。これはprivate[A]とすることで、非公開でありながらAとその派生型からのアクセスを許可できる機能です。これを活用するとC#のinternalよりもきめ細かいアクセスの制御ができます。

プログラミング言語の特性はパッケージ構成を左右します。パッケージ構成に決定版はありません。本付録の例はあくまで一例です。参考にしてもよいですし、まったく別の構成を検討しても構いません。いずれにせよ、なぜその構成を選択するのかの理由付けだけは行うようにしてください。

DDD A.3 まとめ

開発者はコードに美しさを感じると同時に、構造にも美しさを見出すことのできる生き物です。考え抜かれたソリューション構成には美しさが宿ります。

後続の開発者にヒントを与えたり、意図せぬ呼び出しの危険性を減らすために、プログラミング言語と相談しながらソリューション構成を決めることは、開発者の楽しみのひとつです。

コードを配置する場所とその理由を自問自答しながら、最適なソリューションの構成を導き出すよう心がけていくことをお勧めします。

参考文献

- 『エリック・エヴァンスのドメイン駆動設計』(翔泳社)
- 『実践ドメイン駆動設計』(翔泳社)
- 『Clean Architecture　達人に学ぶソフトウェアの構造と設計』(アスキードワンゴ)

INDEX

アルファベット

AOP ― 237
ASP.NET ― 185
Aspect Oriented Programming ― 237
C# ― 027
CLI ― 180, 181
Command Query Responsibility Segregation ― 313
Command-query separation ― 313
Commitメソッド ― 239
CQRS ― 313
CQS ― 313
Data Transfer Object ― 122
Dependency Injectionパターン ― 175
Dependency Inversion Principle) ― 165
DTO ― 122
EntityFramework ― 315
Globally Unique Identifer ― 207
GUI ― 180
GUID ― 207, 208
IoC Container ― 184
IoC Containerパターン ― 169, 175
MVCフレームワーク ― 185
NoSQLデータベース ― 077, 091
null ― 094
Service Locatorパターン ― 169, 170
SQL ― 094
Web GUI ― 180
Webアプリケーション ― 194

あ

アーキテクチャ ― 317
アクセス修飾子 ― 122, 280
値 ― 016, 018
値オブジェクト ― 010, 015, 016, 018, 028, 049, 086
アプリケーションサービス ― 010, 113, 114, 144, 153
誤った代入 ― 040
アンチパターン ― 318
依存 ― 160, 161
依存関係 ― 159, 168, 172, 186
依存関係逆転の原則 ― 165
イテレーティブ ― 033
祈り ― 100
祈り信者のテスト理論 ― 099
インスタンス ― 034, 086
インスタンス生成の処理 ― 211
インスタンスの永続化処理 ― 227
インスタンス変数 ― 273
インターフェース ― 092, 152
インフラストラクチャ ― 078
インフラストラクチャレイヤー ― 370
永続化 ― 108, 227
エラー ― 043, 133
エリック・エヴァンスのドメイン駆動設計 ― 001
エンティティ ― 010, 047, 049, 058, 086
オーバーライド ― 102
オブジェクト自身 ― 273
オブジェクト同士の依存 ― 160
オブジェクトの生成 ― 206
オブジェクトリレーショナルマッパー ― 104

か

会計システム ― 003
下位レベル ― 165, 166
カプセル化 ― 220
可変 ― 049
凝集度 ― 144, 147
クエリ ― 309
クラス ― 017, 021, 152
クリーンアーキテクチャ ― 322, 338
軽量DDD ― 344
結果整合性 ― 290
ゲッター ― 107, 219
交換 ― 022
更新 ― 127
コマンドオブジェクト ― 132
コマンドラインインターフェース ― 180, 181
コミット処理 ― 233
コレクション ― 272
コンストラクタ ― 175
コンテキスト ― 356
コンテキストマップ ― 360
コンテナ ― 034
コントローラ ― 191, 195
コントロール ― 159, 168
コンパイラ ― 039
コンパイルエラー ― 176
コンポジション ― 285

さ

サークル機能 ― 253
サークル集約 ― 281
サービス ― 066, 155
再構築 ― 109
採番処理 ― 207
識別子 ― 053, 207

自動採番機能 214
重複確認 260
集約 010, 268
出庫 080
仕様 010, 293, 297, 302, 304
上位レベル 165, 166
上限チェック 271
状態 156
シングルトン 182
シングルトンパターン 182
スーパークラス 248
スタートアップスクリプト 183
整合性 224, 235
セーフティネット 052
セッター 107, 215
属性 027
ソフトウェア開発 009, 366
ソフトウェアシステム 179
ソリューション構成 370

た

退会処理 134
代入 040
遅延実行 314
致命的な不具合 225
抽象 166
直接インスタンス化したオブジェクト 273
ディープコピー 102
データストア 086, 091
データストレージ 106
データ転送用オブジェクト 122
データの整合性 223
データベースコネクション 233
テスト 098
テストの維持 173
テスト用のリポジトリ 100
デバッグ用 188
デメテルの法則 274
同一性 055
等価性 023
ドキュメント性 060
ドメイン 003
ドメインエキスパート 345
ドメインオブジェクト 007, 048, 087, 115
ドメイン駆動設計 001
ドメインサービス 010, 065, 066, 091
ドメインサービスの濫用 070
ドメインの概念 082
ドメインの概念 + DomainServic 082
ドメインの概念 + Service 082
ドメインのルール 267
ドメインモデル 004
ドメインレイヤー 367
トランザクション 231
トランザクション処理 235
トランザクションスコープ 235
トランザクションの開始 233

な

入庫 080

は

バグ 035
パターン 010
パッケージ 152
パフォーマンス問題 307
パラメータ 131
引数として渡されたオブジェクト 273
表現力 037
ファクトリ 010, 205, 206
ファクトリの存在 213
不自然なふるまい 067
不正な値 039
物流拠点のふるまい 079
物流システム 002, 079
不変 019
不変条件 271
不変のメリット 021
ふるまい 033, 056, 156
プログラミング 016, 019
プロダクション用 188
分散トランザクション 236
ヘキサゴナルアーキテクチャ 322, 334
ボトムアップドメイン駆動設計 363
ポリモーフィズム 220

ま

メソッド 218
メソッドのシグネチャ 130
モジュール 161, 165
文字列型 028
モチベーション 036
モデリング 345
モデル 005
漏れ出したルール 263

や

ユーザID 041
ユーザーインターフェース 180
ユーザ登録処理 226, 234
ユーザエンティティ 073
ユーザ作成処理 075, 090
ユーザ情報更新処理 136, 142
ユーザ情報取得処理 120, 127
ユーザ退会処理 148, 150
ユーザ登録処理 138, 149
ユーザの重複 138
ユーザ名 039
ユーザ登録処理 196
ユースケース 073, 115, 258
輸送ドメインサービス 081
ユニークキー制約 228, 230
ユニットオブワーク 239, 241
ユニットテスト 180, 195
ユビキタス言語 349, 355

ら

ライフサイクル 047, 058
リードモデル 309
リポジトリ 010, 085, 086, 087, 091, 092, 096
リレーショナルデータベース 076, 089, 091
ルール 030
ルールの流出 135
例外 133
レイヤードアーキテクチャ 322, 325
レベル 166
ロールバック 246
ロック 289

著者プロフィール

成瀬 允宣（なるせ・まさのぶ）

岐阜県出身。プログラマ。プログラミングにはじめて触れたのは25歳のとき。業務システム開発からキャリアをはじめ、ゲーム、Webと業種を変えながらもアプリケーション開発全般に従事。好きな原則はDRY原則。趣味は車輪の再開発。

装丁・本文デザイン	大下 賢一郎
装丁写真	iStock.com:Imam Fathoni
DTP	株式会社シンクス
編集協力	佐藤 弘文
検証協力	村上 俊一

ドメイン駆動設計入門

ボトムアップでわかる! ドメイン駆動設計の基本

2020年 2月13日 初版第1刷発行
2023年 6月 5日 初版第7刷発行

著　者	成瀬 允宣（なるせ・まさのぶ）
発行人	佐々木 幹夫
発行所	株式会社翔泳社（https://www.shoeisha.co.jp）
印刷・製本	株式会社シナノ

ISBN978-4-7981-5072-7　Printed in Japan